개정판

외식경영학

Foodservice Management

개정판

외식경영학

한경수 · 채인숙 · 김경환

(주)교문사

머리말

외식산업은 업종의 다양화, 해외 외식 브랜드 및 대기업의 참여 확대 등으로 인해 시장의 경쟁이 치열해지면서 메뉴의 다양화 및 전문화, 위생 및 서비스 수준의 향상, 효율적 경영시스템의 도입 등으로 질적 수준이 향상되었다. 이에 따라 외식경영은 고객에게 양질의 음식과 서비스를 제공하기 위하여 외식기업의 인적 · 물적 · 재정적 자원 등을 효과적이고 효율적으로 활용하는 과정이라 할 수 있다.

외식경영학은 외식기업의 목적을 달성하기 위한 경영활동을 효율적으로 수행하는 데 필요한 원리를 종합적이고 체계적으로 연구하는 학문으로 외식사업이 가지는 복합성에 의해 다른 학문들과 연관되어 있다. 미래의 외식기업의 경영자는 정보를 분석, 종합하는 능력이 필요하고, 불확실한 경영환경을 유연하게 헤쳐 나갈 수 있는 전략가(strategist)가 되어야 하며 고객관리, 메뉴운영, 서비스 마케팅, 인사 및 재무관리를 수행할 수 있는 다기능 관리자(multifunction manager)가 되어야 한다. 이 책은 위와 같은 내용에 충실하게 집필되었다.

이 책은 총 4부로 구성되어 있다.

제1부는 외식경영과 경영환경분석에 대한 것으로 외식경영 및 외식경영학의 학문적 정체성, 외식산업의 발전과정 및 현재와 미래에 대한 내용을 담고 있다. 제2부는 외식기업의 생산 · 운영관리와 마케팅에 관한 것으로, 콘셉트 개발 및 입지선정, 메뉴 및 서비스 품질관리와 마케팅에 대해 다루고 있다. 제3부는 외식자원관리로서 외식경영에 필요한 인적자원, 재무관리 및 정보시스템에 대해 소개하고 있다. 제4부는 외식경영 전략과 세계화로서 외식기업의 생존 및 성장을 도모하기 위한 경쟁수단과 해외시장 진출방법에 대한 내용을 다루고 있다.

따라서 외식 · 조리 및 식품 관련 전공의 학부 및 대학원, 외식업계에서 외식경영학의 이론적 체계와 전략적 시사점을 이해하고 활용하는데 도움이 될 것으로 사료된다.

외식산업은 에스닉푸드, 슬로우푸드, 한국음식의 세계화 등의 환경 변화와 함께 외식시장의 규모도 시장별로 급격한 성장 및 저성장 등의 다양한 변화를 맞이하고 있다.

2005년에 처음 펴낸 「외식경영학」은 외식경영을 전공한 학자로서 학문적 정체성을 찾아가는 과정이었다. 개정판은 조금 여유를 가지고 한 발 물러서서 재미있게 외식경영학을 접근하자는 취지로 외식산업의 변화에 따른 각 장별 사례를 첨부하였다. 아울러 외식조리 및 식품전공의 학부, 대학원 등의 수업 도구로서 활용될 슬라이드를 제작하였다

이 책을 집필하고 개정하는 데 도움을 주신 TGIF, 씨즐러, 스타벅스, 롯데리아, 뚜레주르, 삼성에버랜드 FS사업부, 크라제 등 여러 기업의 관계자분들께 깊은 감사를 드리고, 이 책의 출간과 개정에 변함없이 관심과 애정을 가져 주시는 (주)교문사의 류제동 사장님을 비롯하여 마지막 편집, 교정과 출판에 애써주신 양계성 상무님, 정용섭 부장님 및 편집부 직원 여러분에게도 감사를 드린다.

초판에 자료수집과 원고전달에 도움을 준 이현아 박사, 서경미 박사와 박사과정의 표은영과 이번 개정판에서 자료 수집과 정리에 많은 도움을 준 박사과정의 신선화, 이수정과 석사과정의 오명현, 석사를 졸업한 민지은과 연구실 식구들에게도 고마움을 전한다.

2011년 3월
저자 일동

감사의 글

학문적 지지자이신 연세대학교의 양일선 교수님과 옆에서 힘을 주시는 경기대학교의 나정기 교수님, 김기영 교수님, 김명희 교수님, 진양호 교수님께도 감사를 드린다.

지금까지 한결같이 지지해 주고 사랑으로 격려해 주시는 부모님 한 철웅, 장인복님과 든든한 형제 · 자매, 명희, 준아, 기연, 종범과 그의 가족들에게 마음 깊이 감사를 드린다. 너그럽게 지켜봐 주시는 시부모님 김현준, 손몽자 님과 은정 씨와 그의 가족들에게도 감사의 마음을 전한다. 마지막으로 바쁜 아내와 엄마를 항상 신뢰해 주는 남편 김익현, 아들 기홍, 딸 정아에게도 고마움을 전하고 싶다.

— 한경수

직장생활로 인해 소홀함이 많은데도 늘 이해해 주시고 여러모로 염려해 주시는 친부모님과 시부모님께 이 지면을 빌어 깊은 감사를 드리며, 친가와 시가의 형제, 자매 모두에게는 죄송한 마음을 전한다. 평소에 많은 시간을 같이 하지 못함에도 항상 든든한 후원자가 되어주는 남편 허종무, 아들 준석에게 고마운 마음을 전한다.

— 채인숙

나의 즐거움, 사랑하는 아내 미경에게 고마움을 전합니다.

— 김경환

contents

차 례

Chapter 8 외식마케팅

Part 3 외식자원관리

Chapter 9 외식 인적자원관리

Part 4 외식경영전략과 세계화

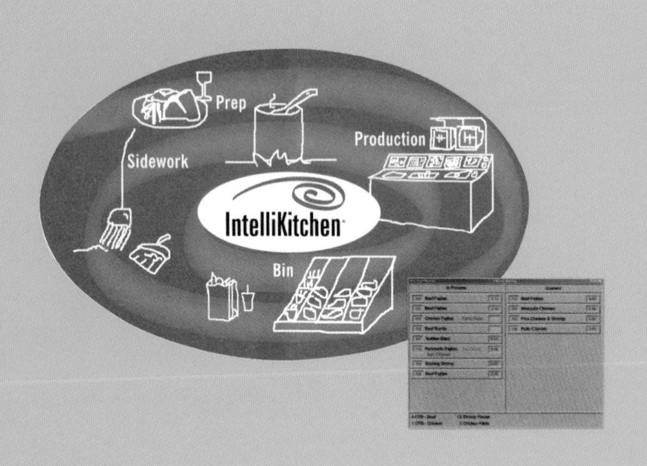
Prep
Production
Sidework
IntelliKitchen
Bin

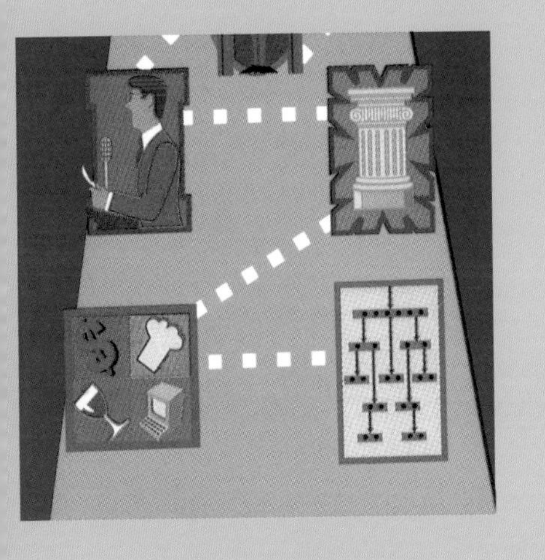

Part 1
외식경영과 경영환경 분석

Chapter 1 외식경영과 경영 형태
Chapter 2 외식산업의 발전과정
Chapter 3 외식산업의 현재와 미래

Chapter 1
외식경영과 경영 형태

외식경영을 어떻게 이해할 것인가?

1. 외식경영
2. 외식경영자
3. 외식기업의 경영 형태

Chapter 1

외식경영과 경영 형태

학습목표

1. 외식과 외식경영의 개념을 이해한다.
2. 외식경영학과 외식경영교육의 중요성을 파악한다.
3. 외식경영의 관리적 · 업무적 및 의사결정의 기능에 대해 파악한다.
4. 외식경영의 수직적 · 수평적 유형과 역할에 대해 이해한다.
5. 외식기업 경영 형태의 유형별 특징을 파악한다.

1. 외식경영

1) 외식경영의 정의

(1) 외식과 외식경영

외식은 가정 외에서 조리된 음식을 가정 내 · 외에서 소비하는 것을 의미하며 외식산업은 음식 · 음료 등을 조리하여 동일한 장소 내 · 외에서 소비되도록 제공하는 업을 말한다. 이는 음식점을 방문한 고객에게 음식과 서비스를 제공하는 것뿐만 아니라 포장판매(take-out), 배달판매(delivery) 및 출장 외식업(catering) 등을 포함한다.

한국의 외식산업에 대기업과 해외 외식브랜드의 진출이 이루어지면서 보다 체계적이고 합리적인 운영이 시도되고 경영이라는 개념이 도입되었다. 경영은 모든 형태의 조직에 필요한 개념으로 조직의 목적과 목표를 효율적으로 달성하는 과정이라 할 수 있다. 따라서 외식경영은 고객에게 양질의 음식과 서비스를 제공하기 위하여 외식기업의 인적 · 물적 · 재정적 자원 등을 효과적이고 효율적으로 활용하는 과정이다.

외식산업을 이끌고 가는 기관차이다. …전 세계를 무대로 한다.

그림 1-1
외식기업이란 무엇인가

(2) 외식경영학과 외식경영교육

외식경영학은 외식기업의 목적을 달성하기 위한 경영활동을 효율적으로 수행하는 데 필요한 원리를 종합적이고 체계적으로 연구하는 학문이다. 외식경영학의 대상이 되는 조직은 외식기업 및 점포이다. 외식기업은 고객을 창출함으로써 최소한의 자원으로 최대효과를 추구하여 이윤을 극대화하는 기관으로 종사원에게는 능력의 개발과 자아실현의 장이고 나아가서 가정, 지역사회, 국가 차원의 사회적 · 윤리적 책임을 수행해야 한다. 점포는 외식기업의 기본 운영단위로서 실제 외식경영활동의 장소라 할 수 있다.

외식경영학은 외식기업이 가지는 복합성에 의해 다른 학문들과 연관되어 있는 종합적 학문으로 경영학 및 경제학, 식품학 및 영양학, 심리학, 사회학, 법학, 호텔 및 관광경영학, 수학 및 통계학, 건축학, 산업공학 등과 관련되어 있다.

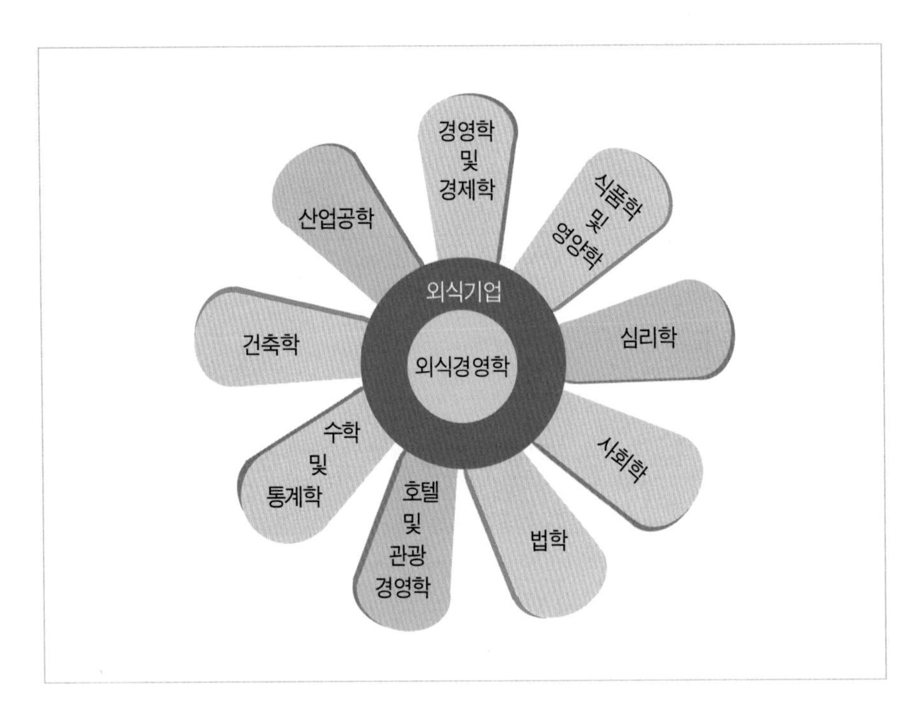

그림 1-2 외식경영학의 다른 학문과의 연계

2010년 현재 55개의 4년제 대학교와 216개의 2년제 대학에서 외식 · 조리 관련 전공학과를 개설 운영하고 있으며 여기서 총 300개의 학과에서 대학생들이 매년 외식 · 조리를 전공하고 있다(한국교육개발원 교육통계연구센터). 또한 관광경영 및 호텔경영, 식품영양, 식품공학 및 가정 교육 등의 전공에서 분과되어 외식 · 조리 전공이 개설되는 경우가 계속 증가하고 있다.

미국은 외식분야의 인력에 대해 Foodservice Management Professional (FMP), Certified Food and Beverage Executive(CFBE), ServSafe Food Protection Manager 등의 자격인증제도를 운영하고 있다.

호텔 · 레스토랑경영 전공 학생들의 직장선택에 영향을 주는 요인

미국 내 19개 대학의 호텔 · 레스토랑경영 전공 학생 550명을 대상으로 직장선택에 영향을 주는 20가지 요인의 순위를 조사한 결과 고객으로서의 회사에 대한 경험, 제3자(교수진, 동료)의 구전효과, 회사대표의 특성, 학생들의 구전효과, 수업에서의 초빙강의, 3개월간의 인턴십, 회사의 채용박람회 참여 등의 순으로 중요한 선택기준이 되었다.

순위	요인	순위	요인
1	고객으로서의 회사에 대한 경험	11	회사제공 인쇄물 정보
2	교수로부터의 구전	12	회사가 지원하는 세미나, 교육 프로그램
3	동문으로부터의 구전	13	6개월 산학실습, 인턴십
4	회사대표의 특성	14	회사의 대중매체 광고
5	학생들로부터의 구전	15	회사가 지원하는 오픈 하우스
6	수업에서의 초빙 강의	16	회사 광고
7	회사대표의 외양	17	회사가 지원하는 장학금
8	3개월 산학실습, 인턴십	18	회사 비디오
9	회사의 채용박람회 참여	19	회사가 지원하는 사회 이벤트
10	회사가 지원하는 투어	20	회사 인터넷 광고

2) 외식경영의 기능

외식경영기능은 실제 경영활동이 이루어지는 관리적 기능, 각 부문별 업무적 기능, 의사결정의 기능으로 나누어진다.

(1) 관리적 기능

관리적 기능(management functions)은 외식기업 및 점포의 목표를 효율적으로 달성하기 위해 요구되는 기본적인 경영기능이다. 이러한 관리적 기능은 조직의 규모가 확대되고 업무가 복잡해질수록 더욱 요구된다. 관리적 기능의 세부기능으로는 계획 수립(planning), 조직화(organizing), 지휘(leading), 통제(controlling) 등이 있다.

외식운영(operation)이란 경영활동을 정해진 방식과 체계에 따라 수행하는 것을 말한다. 외식경영을 수행하는 데 있어서는 다음과 같은 6가지 자원(6M)을 잘 활용해야 한다.

- 원료(materials) : 식재료와 양념류
- 사람(men) : 외식기업 및 점포에 필요한 노동력과 기술
- 자본(money) : 외식기업 및 점포 운영에 필요한 자금
- 방법(methods) : 표준화된 조리법, 서비스 품질 통제 방법
- 기계(machines) : 음식을 생산하고 제공하는 데 필요한 기기나 설비
- 시장(market) : 외식기업 및 점포의 고객(실제 고객, 잠재 고객)

(2) 업무적 기능

경영활동에 따른 각 업무를 기능별로 구분한 것이 업무적 기능인데, 외식기업에서는 구매, 조리작업(생산), 품질경영, 마케팅, 인사, 재무, 정보관리 등으로 업무의 기능을 구분할 수 있다.

(3) 의사결정의 기능

의사결정기능으로서의 경영활동은 전략적 의사결정, 관리적 의사결정, 기능적 의사결정으로 나누어진다.

■ 전략적 의사결정

외식기업의 장기목표 및 자원배분과 관련하여 외식기업 전체에 영향을 미치는 의사결정으로 주로 최고경영자층에서 이루어지는 활동이다.

■관리적 의사결정

외식기업의 목표를 달성하기 위한 자원의 획득 및 효율적인 사용과 관련된 활동으로 이는 중간관리자층에서 주로 이루어진다.

■기능적 의사결정

외식기업에서 특정 업무의 효율적이고 효과적인 수행과 관련된 의사결정으로 이는 하급관리자층에서 주로 행해지는 활동이다.

조직은 경영에 따른 활동들을 원활히 수행하기 위해 조직의 방향을 결정하고 경영활동을 직접 수행하는 경영자가 있어야 한다. 모든 조직은 제각기 다른 목적을 추구하게 되며 조직을 이끄는 사람은 그 조직의 목적을 달성하기 위해 능력을 발휘하게 된다. 이러한 능력을 발휘하는 사람을 경영자라고 하며 경영자와 조직은 내 · 외부로부터 조직의 목적이 효율적으로 달성되었는지에 대한 평가를 받게 된다. 즉, 경영자란 조직체의 전략 및 관리운영활동을 능동적으로 주관하는 사람이다.

따라서 외식경영자는 외식기업의 경영을 총괄하면서 물적 · 인적자원을 비롯한 조직 내의 제반 자원들에 대한 책임을 지고 있는 사람이다.

2. 외식경영자

1) 외식경영자의 유형

외식기업에는 다양한 직무와 책임을 가진 여러 가지 유형의 경영자들이 있다.

(1) 수직적 위계에 따른 분류

외식경영자는 위치에 따라 역할과 책임이 달라질 수 있다. 외식기업에서의 경영자는 경영계층(managerial level)에 따라 최고경영자(top man-ager), 중간경영자(middle manager), 하부경영자 또는 일선 감독자(first-line manager or supervisor)의 세 계층으로 나눌 수 있다. 외식기업에서의 경영계층은 흔히 피라미드 형태의 구조를 갖고 있다.

최고경영자는 조직의 최상위층에 위치한 경영자로서 조직 전체에 대해 궁극적인 책임을 진다. 조직의 중장기 목표와 전략의 결정, 조직 방침과 비전의 설정, 사회적 · 법률적으로 우호적인 관계의 형성 등이 이들의 주요 책임인데 여기에는 최고경영자(chief executive officer : CEO)와 임원이 포함된다.

중간경영자는 조직의 중간계층에 위치한 관리자로서 부장, 사업본부장, 점장, 본사의 지원팀장 등이 이 계층에 속한다. 이들은 상위경영자의 조정과 하위

외식기업의 최고경영자 유형

- CEO(chief executive officer) : 회장이나 대표이사, 사장 등 기업의 모든 분야를 총괄하고 책임지는 경영자를 말한다.
- COO(chief operating officer) : 영업담당 임원
- CFO(chief financial officer) : 재무담당 임원
- CIO(chief information officer) : 정보담당 임원
- CDO(chief design officer) : 디자인담당 임원
- CKO(chief knowledge officer) : 지식담당 임원
- CTO(chief technology officer) : 기술담당 임원

미래의 외식경영자의 역할

- 전략가(strategist)
- 다기능경영자(multifunctional manager)
- 변화의 중개인(change agent)
- 기술자(technologist)
- 지식근로자(knowledge worker)
- 정보경영자(information manager)
- 지도자(leader)
- 가치창출경영자(value-adding manager)

경영층의 업무에 대한 통솔을 책임진다. 중간경영자는 외식기업의 규모에 따라 계층이 다양하다.

하부경영자는 조직의 가장 하위계층에 위치한 경영자로서 주방 매니저, 홀 매니저 등이 여기에 속한다. 이들은 기술적인 능력을 갖추고 있으면서 주로 종사

표 1-1 외식기업 중간경영자의 직무기술서

직무명	• 점장
보고	• 지역매니저
지도감독	• 영업점 내 전직원 및 매니저
업무요약	• 점장은 이윤, 판매 그리고 직원을 포함한 모든 운영의 책임을 맡는다. • 식품, 음료 및 임금을 조절해 이윤을 최대화한다. • 판매를 높이기 위해 모든 분야를 기업의 기준과 일치시킴으로써 손님 접대와 만족을 실현시킨다. • 주방과 홀을 포함한 점포의 모든 부분과 활동을 집행하고 감독한다. 매니저를 비롯한 모든 직원의 교육과 발전을 감독한다.
주요 역할 및 책임	• 식품, 음료 그리고 임금을 포함한 모든 손익을 관리한다. • 교육 중인 모든 매니저와 직원을 감독한다. 매니저의 임무와 목표를 확실하게 해주며 매니저와 직원에게 목표와 계획을 알려준다. • 점포의 모든 부분을 감독하고 중대사에 따른 결단을 내린다. • 매주 경영자 만남, 직원과의 일 대 일 만남, 상 · 하반기 성과 보고, 점포 내의 다양한 임무에 따른 위임을 통해 경영의 발전을 실현한다. • 점포의 안전이나 현금과 물품취급에 따른 안전절차가 지켜지는지 확인한다. • 모든 분야에서의 서비스가 기업의 기준과 일치하도록 관리한다. • 점포의 수행계획을 준비하고 감독한다. • 교대 시간 등과 같은 직원 스케줄링 관리를 한다. • 판매촉진을 위해 지역 내 상점 마케팅 수단과 국내의 마케팅을 감독한다. • 책임자에게 신속하고 자세히 모든 문제점이나 비정상적 사항을 즉각 알리고 적합한 수습 수단을 이행하거나 다른 방안을 제안한다. • 본 직책의 총체적인 목적을 달성하기 위해 기업의 방침에 맞게 모든 업무를 빠르고 효과적으로 이행한다. • 직원들의 사기, 생산성 및 능률의 최대화를 위해 협동적이고 온화한 분위기 양성을 위해 타 직원들과 원만한 관계를 유지한다.
직무의 자격요건	• 기업의 레시피, 방침, 규칙, 원리에 대한 지식과 과거의 임무 수행에 있어서 성공적인 사례를 갖춘 매니저로서 최소 2년의 경력을 갖고 있다. • 경영상의 업무를 완성하기 위해 컴퓨터에 관한 지식을 갖고 있다. • 유창한 언어 구사력, 중재 능력 및 인력개발 기술을 갖추어야 한다.

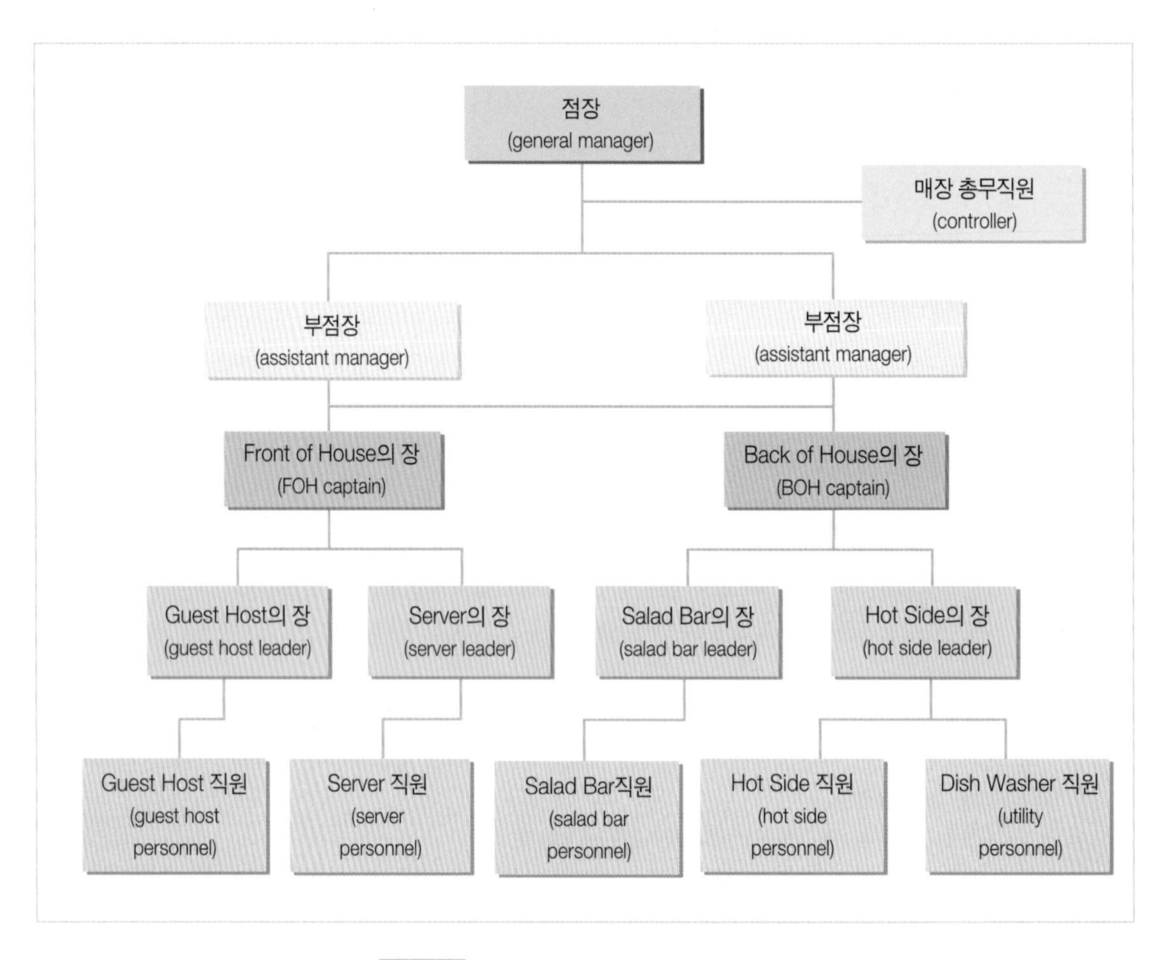

그림 1-3 외식점포 경영자의 수직적 분류

원들의 고충, 일정계획 및 종사원들의 행위에 대한 관리책임을 가지며 종업원들의 매일의 업무수행을 감독하기 때문에 일선감독자라고도 한다.

카츠(Katz)는 경영자란 다른 사람에게 활동을 지시하며 이러한 노력을 통해 정해진 목표를 달성하는 것에 대한 책임을 수행하는 사람이라고 정의하였다. 카츠는 경영자에게 필요한 기본적인 관리기술(managerial skill)을 개념적 기술(conceptual skill), 인력관리기술(human skill), 실무기술(technical skill)로 표현하였으며 관리자 계층에 따라 관리기술의 상대적 중요성이 달라진다고 하였다.

개념적 기술은 외식기업 전체를 거시적으로 바라보며 하부 부문과의 관계와 변화를 인식하고 조직의 정치적, 사회적, 경제적 영향력을 이해하는 기술을 말하

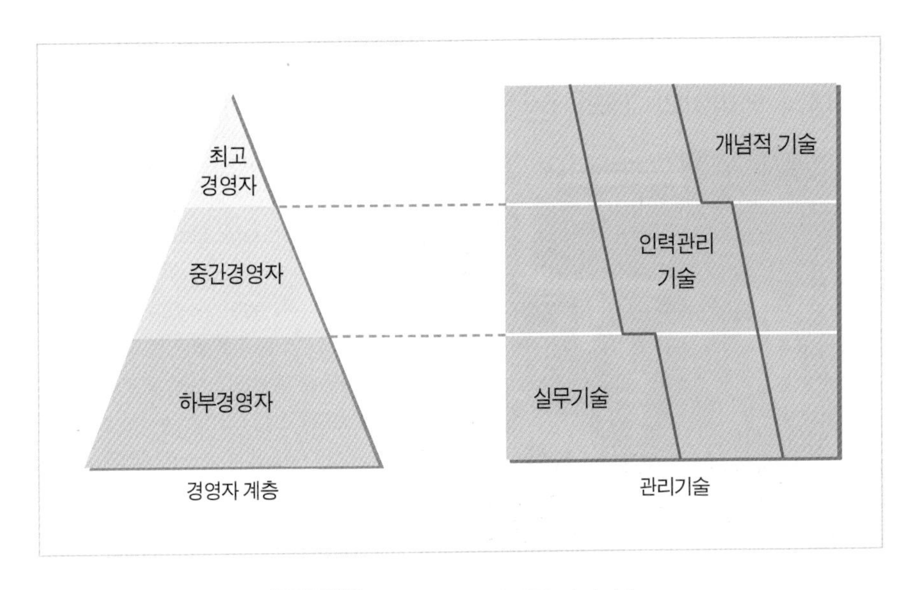

그림 1-4 경영자 계층에 따른 관리기술

며 최고경영자로 갈수록 더 많이 요구된다. 인력관리기술은 효과적인 의사소통과 동기부여를 통해 협동적인 분위기와 팀워크(teamwork)를 이끌어내는 기술을 말하는데 이는 계층과 상관없이 모든 계층의 경영자에게 요구되는 기술이다. 실무기술은 자신이 책임을 맡고 있는 분야의 전문지식과 실무능력, 기기 및 도구 사용에 대한 전문성을 가지는 기술로서 하부경영자에게 더 많이 요구된다.

최근 전사적 품질경영(total quality management : TQM)의 중요성이 부각되면서 경영자 계층구조가 TQM 관리계층으로 변화되고 있다. 고객만족을 목표로 하는 전사적 품질경영 철학을 도입할 경우 피라미드 형태의 전통적 조직모형과는 정반대의 역피라미드 조직모형을 취하게 된다. 즉, 고객을 직접 상대하고 음식을 생산하여 제공하는 고객 접점의 하급관리층과 종사원들이 조직의 가장 상위층에 위치하게 된다. 또한 최고경영층과 중간관리층은 이들을 지원하는 기획자나 촉진자 및 지도자로서의 새로운 역할을 수행해야 한다.

데니 메이어의 '배려'

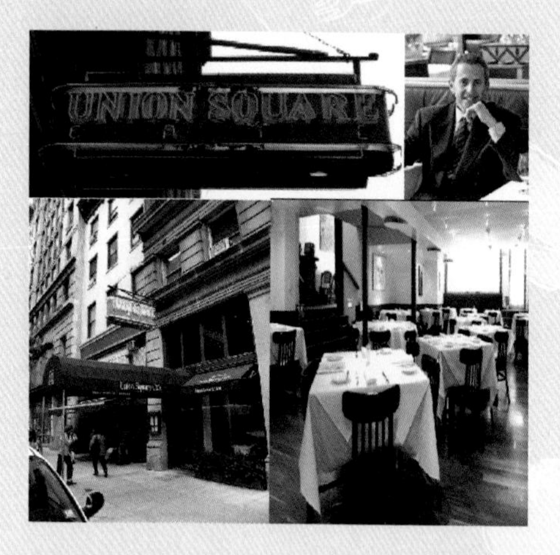

데니 메이어(Danny meyer)는 유니온스퀘어 호스피탤리티 그룹(Union Square Hospitality Group)의 CEO로 27세에 뉴욕에 '유니온스퀘어 카페'를 오픈한 후 26년 동안 특색 있는 레스토랑들을 개업하며 뉴욕 최고의 레스토랑 그룹 CEO로 성공하였다. 유니온스퀘어 호스피탤리티 그룹의 레스토랑으로는 유니온 스퀘어 카페(Union Square Cafe), 그래머시 태번(Gramercy Tavern), 일레븐메디슨 파크(Eleven Madison Park), 마이알리노(Maialino), 블루스모크(Blue Smoke), 재즈 스탠더드(Jazz Standard), 셰이크(Shake Shack), 더 모던(The Modern), 카페 2(Cafe 2), 테라스 5(Terrace 5), 허드슨야즈 캐터링(Hudson Yards Catering) 등이 있다.

2006년 미국의 쟈갓서베이(Zagat survey)가 선정한 '뉴욕 최고의 맛집 18선'에서 1위와 2위를 차지한 그래머시 태번(Gramercy Tavern)과 유니온 스퀘어 카페(Union Square cafe)를 운영하며 뉴욕 최대의 외식기업경영자로 평가받고 있는 데니 메이어(Danny meyer)는 외식기업의 성공비결을 배려(hospitality)라고 말한다. 데니 메이어 가 말하는 배려는 고객에 대한 배려만을 뜻하지 않는다. 고객에 대한 배려보다 중요한 것은 곧 직원에 대한 배려라는 것이 그의 주장이다. 여기서 직원에 대한 배려라 함은 직원 스스로 밝은 마음으로 신바람 나게 활기차게 일할 수 있는 환경과 분위기가 우선되어야 한다는 말이다.

"서비스와 배려의 차이를 이해하는 것은 성공의 기본 조건이다. 서비스는 어떤 상품을 기술적으로 전달하는 것이라면, 배려는 그 상품을 전달받는 사람의 느낌을 중요시 하는 것이다. 서비스는 무엇을 어떻게 할 것인지 결정하고 일방적으로 서비스의 기준을 정하는 반면, 배려는 손님의 입장에서 모든 감각을 사용해서 귀를 기울이고 계속해서 사려 깊고 호의적이고 적절한 반응을 보여주는 것이다. 최고가 되기 위해서는 훌륭한 서비스와 훌륭한 배려, 둘 다 필요하다." 라고 데니 메이어는 서비스와 배려에 대해 말하였다.

자료 : 월간식당(2008년 4월호).

(2) 수평적 차원의 분류

경영자는 조직 내의 책임 및 역할 범위에 따라 총괄책임경영자와 기능경영자로 나뉜다. 총괄책임경영자(general manager)는 하부조직 및 종사원들을 감독하는 역할을 담당하며 조직 전체의 전략 방향을 결정한다. 즉, 총괄책임경영자는 외식기업 및 점포에서 발생하는 모든 일에 대한 책임을 지는 관리자를 말한다. 기능경영자(functional manager)는 음식 또는 서비스 생산이나 마케팅 등과 같이 외식기업 및 점포 내의 특정 업무나 기능부서에 대해서 책임을 맡고 있는 경영자로서 외식점포의 주방 매니저가 이에 해당된다.

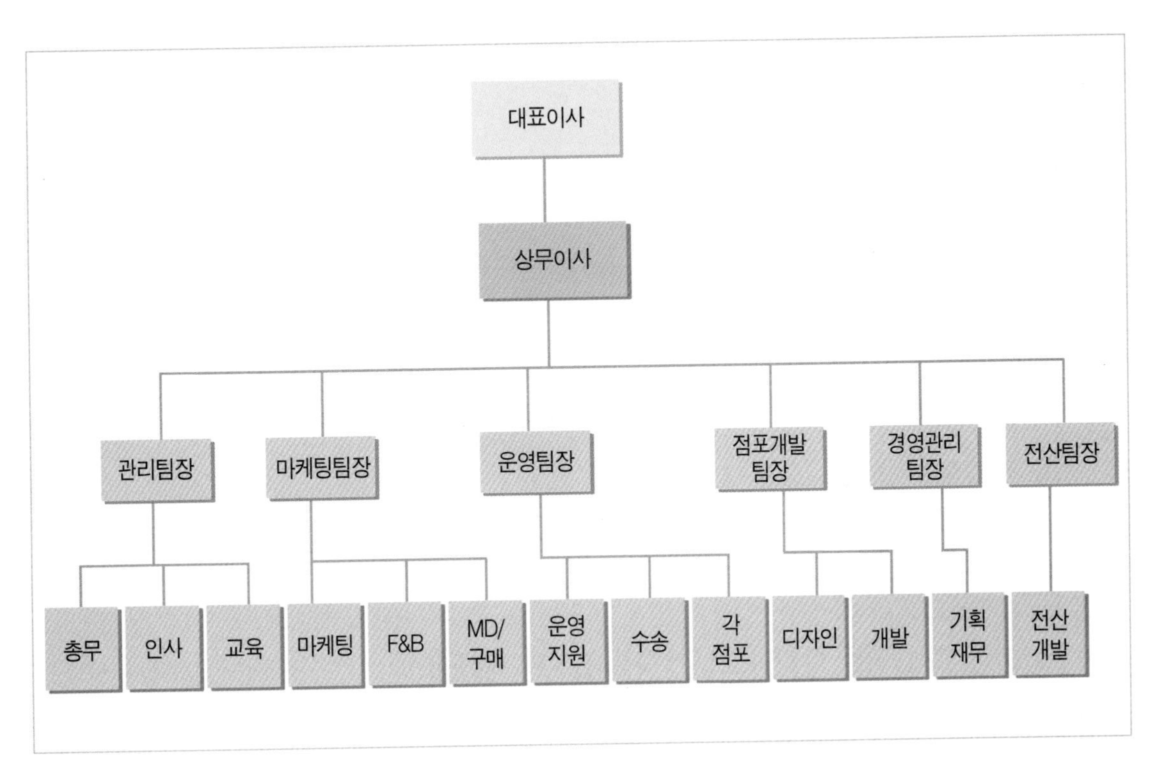

그림 1-5 외식기업 경영자의 수평적 분류

2) 외식경영자의 역할

민츠버그(Minzberg)는 경영자의 역할에 대해 대인간 역할(interpersonal roles), 정보관련 역할(informational roles), 의사결정 역할(decisional roles)의 세 가지로 분류하고 이를 다시 10개의 세부 역할로 구분하여 제시하였다.

(1) 대인 간 역할

대인 간 역할은 사람들과의 관계에 초점을 두며 대표자(figurehead), 지도자(leader), 연결자(liaison)로서의 역할을 의미한다.

(2) 정보 관련 역할

정보 관련 역할은 정보탐색자(monitor), 정보제공자(disseminator), 대변인(spokesman)으로서 올바른 의사결정을 위해 정보를 수집하여 조직 내 다른 사람들에게 이를 전달하고 조직의 정보를 대변하는 역할을 의미한다.

(3) 의사결정 역할

의사결정 역할은 기업가(entrepreneur), 문제해결사(disturbance handler), 자원배분자(resource allocator), 협상자(negotiator)로서의 역할을 의미한다.

3. 외식기업의 경영 형태

외식기업을 시작하고자 할 때 어떠한 경영 형태를 선정하느냐 하는 것은 사업의 승패와 투자의 효율성에 중요한 영향을 미친다. 외식기업의 경영 형태는 투자 유형과 업종·업태에 따라서 독립적으로 외식기업 및 점포를 창업하는 직영 형태, 프랜차이즈 시스템으로 운영하는 가맹점 형태, 기존 업장을 인수하여 컨셉을 바꾸는 형태 및 위탁경영형태의 4가지로 구분된다.

외식기업의 경영 형태는 유형에 따라 초기 투자, 경험도, 사업운영 책임도, 실패율, 재정위험도, 보상 등에 있어서 장·단점을 갖고 있다.

1) 직영 및 위탁운영 형태

(1) 직영운영 형태

직영운영 형태(self operated management)는 소유건물이나 임차한 건물 또는 임차한 토지에 외식기업 또는 개인자금으로 필요한 시설 또는 건물을 갖추어 직접 운영하는 방식이다. 영업이익이나 손실 등 영업에 대한 모든 책임은 외식기업 또는 개인에게 있다.

이 형태에서는 외식기업 또는 개인 자금으로 건설된 점포를 종사원이 운영하므로 경영자의 지시나 방침이 의도대로 전달되고 광고나 판매촉진활동 등이 경영자의 결정 방침에 따라 획일적으로 행해질 수 있어 효과가 빨리 나타난다. 반면, 점포의 수가 많아질 경우 막대한 자금이 소요되는 단점이 있다.

(2) 위탁운영 형태

위탁운영(contracted management)형태는 외식기업 경영능력이 부족하거나 많은 부동산을 가지고 있는 개인이 운영능력이 있는 기업에 위탁하여 경영하게 하는 방식으로 소유와 경영이 분리되어 있다. 개인소유주는 외식점포 경영에 필요한 토지, 건물, 시설, 집기, 운영자금 등을 제공하고 위탁경영기업은 외식점포

표 1-2 외식기업 경영 형태의 장·단점

구분 / 방법	초기 투자	경험도	사업운영 책임도	실패율	재정위험도	보상
직영	높다	높다	높다	높다	높다	높다
가맹	보통 이하	최저	보통	보통	보통	보통 이상
인수	보통	높다	높다	높다	높다	높다
위탁	없음	보통 이상	보통	보통	보통	보통 이하

경영에 필요한 모든 권한을 위임받아 경영한다. 법적으로는 위탁경영기업에서 파견된 직원이 건물의 소유주에게 고용되어 위탁경영하는 대리인이 되므로 경영과정에서 발생하는 문제 중 고의성이 있는 것을 제외하고는 소유주가 모든 책임을 지게 된다. 예를 들어 위탁경영기업이 잘못된 판단을 하여 재무적인 피해가 발생하였다든지, 법적 소송이 야기되어 패소 당했다든지 등에서 야기되는 모든 책임은 궁극적으로 개인소유주에게 귀결된다.

개인소유주는 경영의 노하우, 기존 시스템의 활용 및 경험이 많은 직원들에 의한 운영으로 안정성을 이룰 수는 있으나 높은 위탁경영비용의 부담을 안고 있다.

또한 경영권을 가진 위탁경영기업은 높은 수익을 창출할 수 있고 재무위험요소를 회피할 수 있는 장점이 있는 반면 개인소유주의 관여와 모든 운영자금을 개인소유주에게 의존해야 하므로 과감한 경영이 어렵다는 단점이 있다.

2) 가맹운영 형태

가맹운영 형태인 프랜차이즈(franchise)는 '노예상태가 아닌(free from servitude)'의 의미로서 외식기업이 점포망을 확대함에 있어 다점포 체계로 널리 활용되어지고 있는 운영형태이다.

공정거래위원회에서는 가맹사업자(franchisor)와 가맹계약자(fran chisee)를 다음과 같이 정의하고 있다. 가맹사업자(franchisor)는 가맹계약자에게 상호, 상표, 서비스표, 휘장 등을 사용하여 동일한 이미지로 상품판매의 영업활동을 하도록 허용하고 그 영업을 위하여 교육 · 지원 · 통제를 하며, 이에 대한 대가로 가입비(franchise fee), 정기납입경비(royalty) 등을 수령하는 사람을 말한다. 가맹계약자(franchisee)는 가맹사업자의 상호, 상표, 서비스표, 휘장 등을 사용하여 동일한 이미지의 상품판매 영업활동을 하도록 허용받고 그 영업을 위하여 교육 · 지원 · 통제를 받으며, 이에 대한 대가로 가입비(franchise fee), 정기납입경비(royalty) 등을 지급하는 자를 말한다.

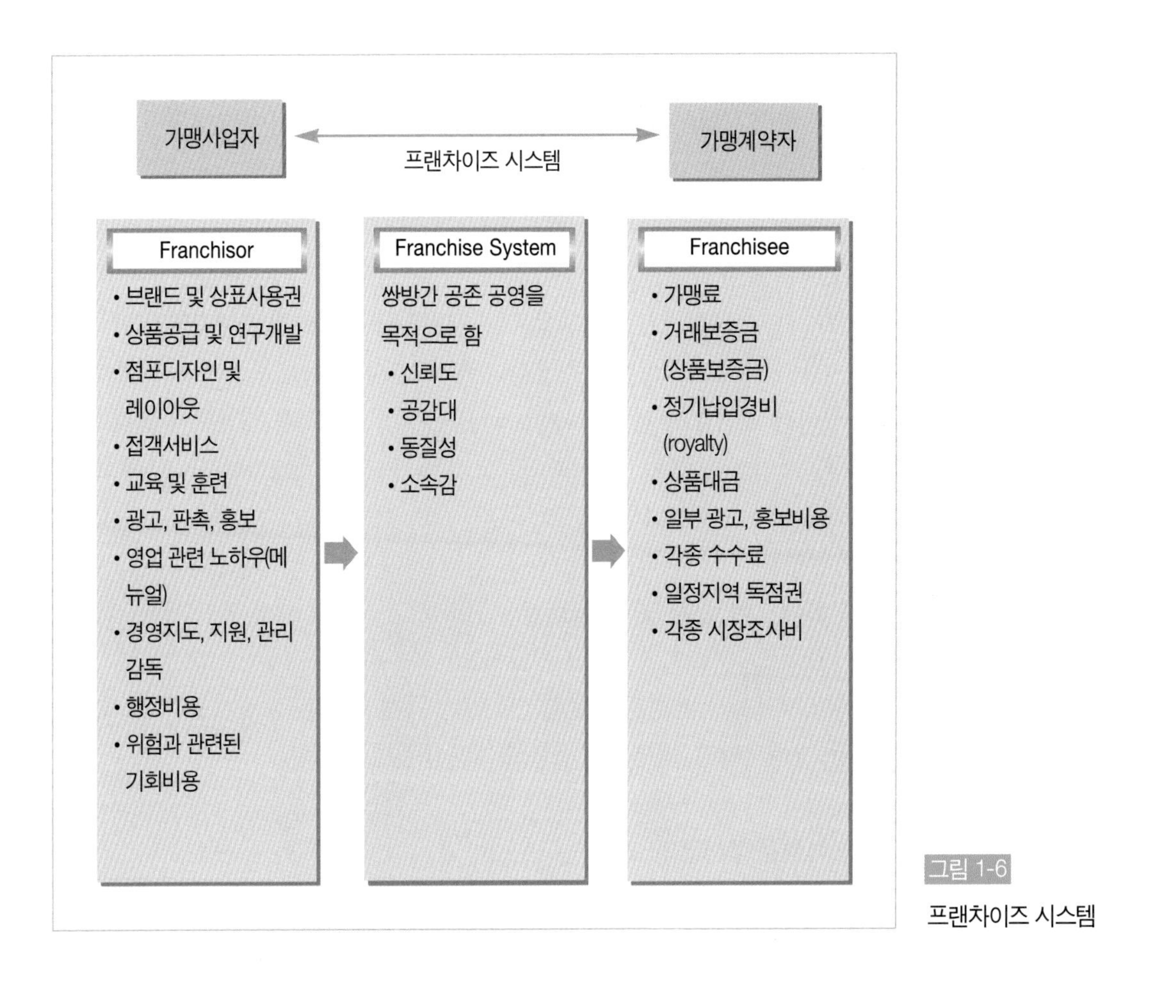

그림 1-6
프랜차이즈 시스템

(1) 가맹운영 형태의 유형

가맹운영 형태는 프랜차이즈시스템의 제공 형태, 지역 및 권한에 따라 구분된다. 제공 형태에 의해서는 상품형 프랜차이즈와 사업형 프랜차이즈로 분류할 수 있다. 상품형 프랜차이즈란 가맹계약자에게 상호, 상표 등 영업을 상징하는 표지의 사용을 허락함과 동시에 상품만을 공급하고 영업에 관한 노하우를 제공하지 않는 프랜차이즈를 말한다. 사업형 프랜차이즈는 상호, 상표 등 영업을 상징하는 표지의 사용, 상품의 공급, 점포의 선정, 직원교육, 사업확장, 광고, 시장조사 등 영업전반에 관한 노하우를 제공받는 형태이다.

지역 및 권한에 따른 유형에는 단일 프랜차이즈(direct unit franchise), 지역 프랜차이즈(area franchise), 마스터 프랜차이즈(master franchise)가 있다. 단일 프랜차이즈는 일정기간 동안 일정지역 내에서 어떤 개인이나 집단에게 하나의 영업점포에 한해 모든 영업권을 부여하는 것이다. 지역 프랜차이즈는 일정기간 동안 일정지역 내에서 어떤 개인이나 집단에게 여러 개의 영업점포에 대한 영업권을 부여하는 것으로 가맹사업자는 지역개발계약을 맺고 개발비를 지불한 일정지역의 개발에 대한 권리를 획득하게 된다. 마스터 프랜차이즈(master franchise)는 일정기간 동안 일정지역 내에서 어떤 개인이나 집단에게 가맹사업자의 권리를 부여하며 이 권리를 부여받은 중간 가맹사업자(subfranchisor)가 다시 프랜차이즈 권리를 중간 가맹계약자(subfranchisee)에게 부여하는 형태로서 중간가맹사업자는 중간가맹계약자에게 교육을 포함한 가맹사업자로서의 서비스를 제공하고 가입비를 받게 된다.

(2) 가맹운영 결정 시 고려사항

가맹운영자로서 가맹운영을 결정할 때는 가맹계약자, 상품 또는 서비스, 시장현황, 가맹사업자, 가맹계약 등을 고려해야 한다.

(3) 가맹운영사업의 과정

가맹운영형태의 사업과정은 가맹사업자의 가맹점 모집과 가맹계약 희망자에 관한 자료수집에서부터 계약조건 검토, 견적서 확인 및 계약체결, 행정법규에 의

표 1-3 프랜차이즈 시스템의 장 · 단점

구 분	장 점	단 점
가맹사업자 (Franchisor)	• 많은 자본 투자 없이 단기간에 점포 확대 • 대량구매, 판매 등으로 원가 절감 • 로열티, 가맹금 등의 수익 발생	• 직영에 비해 가맹사업자의 통제력이 약함 • 영업의 결과의 책임소재가 가맹사업자인지 가맹계약자인지 불명확함
가맹계약자 (Franchee)	• 외식기업 운영경험 없이 점포경영 가능 • 지속적인 경영, 교육, 광고 및 홍보 제공 받음	• 가맹계약자의 의견을 가맹 계약 및 경영에 반영하지 못함 • 운영, 재계약 및 해제시 본부와 가맹점의 이해가 상반되는 경우 거래상 문제 발생 • 가맹사업자가 부실경영이 될 경우 가맹계약자는 경영상 연쇄 부담

한 검사 및 인·허가 수속, 점포공사 검수, 교육훈련, 시범 운영, 개점의 순으로 진행된다.

서브웨이(SUBWAY)의 마스터 프랜차이즈 Q&A

Q : 마스터 프랜차이즈란?

A : 예를 들면, 국내의 'A' 라는 회사가 외국계열의 'B' 라는 브랜드를 가지고 사업을 전개하기 위해 양사간의 계약, 협약 그리고 그에 해당하는 금액 또는 조건을 지불하여 계약기간 동안 운영하는 것을 말한다. 즉 'A' 라는 회사는 'B' 라는 브랜드에 대한 국내에서의 모든 권한을 행사하게 된다.

Q : SUBWAY의 DA(Development Agent, 지사장)체계란?

A : 각 나라마다 미국 본사에서 임명된 지사장을 파견하고, 해당지역에 파견된 지사장이 미국 본사와 가맹계약자와의 계약 및 오픈, 개발, 컨설팅 등의 관련된 모든 업무를 총괄 관리하는 체계이다.

Q : 한국 내에서 SUBWAY를 창업하려면?

A : 우선 SUBWAY 사업에 관련된 질문이나 그 밖의 모든 상황들에 대하여 한국 지사를 통해 상담 및 컨설팅을 받고 가맹점계약은 미국 본사와 각 점포의 점주가 정해진 서류와 절차에 따라 맺으며 서류 및 진행절차는 한국 지사가 승인 및 진행을 한다.

Q : 창업비용 중 가맹비는?

A : 미국 본사와 점주와의 최종 가맹에 있어서 점주는 가맹비 $10,000을 미국 본사로 송금해야 한다. 가맹비를 송금하면 고유 가맹계약자번호를 부여 받게 된다. 가맹계약자 번호는 20년 동안 유지되며, 제3자에게 양도나 명의 이전이 가능하고, 장소를 변경해도 사용이 가능하다. 단, 환불은 되지 않는다.

Q : 두 번째 점포를 개설할 때는?

A : 두 번째 매장 개설부터는 가맹비 $2,500을 지불한다. 무조건 두 번째 점포을 개설할 수 있는 게 아니라 첫 번째 점포의 신용도나 운영상태에 따라 개설이 결정된다.

자료 : 서브웨이.

■ 가맹점 모집 및 가맹계약희망자 자료수집

가맹점을 모집하는 방법은 신문, 잡지, 라디오, TV 광고, 인터넷 홈페이지, 전단지 등에 의한 광고, 기존 직영 및 가맹계약자의 권유, 입지가 좋은 토지 및 건물 소유자에 의한 방문, 가맹사업자 직원의 퇴사시 독립 등이 있다.

표 1-4 가맹운영 결정 시 고려사항

항 목	고려사항
가맹계약자	• 시간과 자본을 투자하고 위험부담을 안을 각오가 되어 있다. • 충분한 운영자금이 있다. • 과거의 신용실적이 좋다. • 사업을 영위하기에 도움이 될 수 있는 과거 경험이나 교육을 받은 적이 있다. • 사업을 위해 갖추어야 할 법적 기준을 이해하고 있다 • 타인으로부터 협조나 지원받는 것을 좋아한다. • 다른 사람들과 조화를 이루어 일할 수 있다. • 가족으로부터 지원을 받을 수 있다.
상품 또는 서비스	• 다른 상품이나 서비스에 비해 경쟁력이 있다. • 기존 시장에서 시도되어 성공한 상품이나 서비스이다. • 상품이나 서비스의 공급처가 신뢰할 만하다. • 특허나 상표보호를 받는 상품 또는 서비스이다. • 광고로 잘 알려진 상품이나 서비스이다. • 식품위생 및 안전 측면에서 정부의 기준에 적합하다.
시장 현황	• 관련 시장의 수요가 증가하고 있다. • 가격 및 품질면에서 타업체에 비해 경쟁력이 있다. • 상품이나 서비스가 계절과 상관없이 1년 내내 판매가 가능하다. • 상품주기(product life cycle)가 길다. • 주변인구가 증가하고 있다.
가맹사업자 및 계약	• 가맹사업자가 성공적으로 직접 운영하는 모델점포가 20~30% 존재한다. • 가맹운영의 예상 수익과 이익의 근거가 적절하다. • 가맹운영에 필요한 자금 및 초기에 필요한 현금 규모가 적절하다. • 가맹비(franchise fee)가 적당하다. • 지속적으로 지불해야 하는 정기납입경비(royalty fee)가 적당하다. • 입지 선정의 기준 및 책임여부가 명료하다. • 가맹운영의 물품 구매를 위한 안정적인 공급처가 있다. • 가맹사업자가 제공하는 교육 프로그램이 있다. • 광고비의 부담여부와 금액이 적당하다. • 가맹운영 시작시 가맹사업자의 지원항목이 적당하다. • 계약 종료와 갱신기간의 규정이 적절하다. • 가맹사업자의 지원부서가 지속적으로 가맹운영정보를 제공한다. • 다른 가맹계약자들과 정보나 의견교환을 위한 정기적인 회의가 있다.

평가항목		A	B	C	D	가중치
창업동기		본인생업	가족 간 생업	부업	타인생업	15
		15	12	7	5	
점포 여건	실점포 운영자	부부공동	본인+가족	본인 1인	동업/위탁	10
		10	7	5	3	
경력		서비스업종사자	일반기업/자영	전업주부	사회경험 無	10
		10	7	5	3	
인성	외모	호감&단점	비호감&단점	호감&비단점	비호감&비단점	10
		10	7	5	3	
	성격	외향적/적극적	내성적/적극적	내성적/소극적	대인기피 /눌변자	15
		15	12	7	3	
연령		30~40대	25~29 41~45	46~55	56~60	10
		10	7	5	3	
투자(자산규모)		100%	80%	70%	60%	15
		15	12	7	5	
기대손익		시중금리감안 수준 2~2.5%	3%	4%	대단한 수익률 추구	15
		15	12	7	5	
결격사유		• 전체 투자비용 중 자기자본 비중 60% 미만인 경우 • 60세 이상 25세 이하로서 점포 운영능력이 부적합하다고 판단된 경우 • 신규 택지개발지역에 입점시 손익분기점에 미도달할 경우				
총 점					합격	불합격

※평가방법 : 합격기준은 70점 이상이며, 합격자 중 결격사유가 있는 경우 불합격으로 처리

그림 1-7 외식기업의 가맹 계약자 평가표

가맹사업자는 가맹계약자를 모집하기 위해 사업설명회를 개최하는데, 가맹계약자가 되고자 할 때는 여러 번 참가해서 자세한 설명을 듣는 것이 좋다. 사업설명회는 제한된 시간 내에 진행되고 많은 인원이 참석하므로 가맹계약 희망자가 궁금한 사항을 모두 알아내기 어렵다. 따라서 사업설명회에서는 1차적인 자료를 수집하고, 직접 가맹사업자를 방문하여 보다 자세한 사업내역을 알아보아야 한다.

우리나라는 1998년 12월에 개정된 가맹사업의 불공정거래행위의 기준고시 제5조에 의하여 가맹사업자의 정보를 사전에 공시하도록 되어 있다. 미국이나 일본 등에서는 공시할 주요 내용을 반드시 서면으로 공시하도록 하고 있다.

또한, 가맹계약 희망자는 인구, 세대수, 주거형태, 연령별 인구 구성 등의 인구통계학적 상황과 상권규모, 통행인구, 경쟁 점포 및 상권변화의 전망 등 상권조사를 해야 한다. 입지를 선정할 때는 고객과의 근접성 및 편리성, 경쟁점포의 위치 등을 고려한다.

■ 계약조건 검토

상권 및 입지조사가 완료되면 가맹계약 희망자는 해당 지역에서의 점포 예상매출액을 추정하고 점포조사 결과를 근거로 점포의 설비, 집기, 비품 등 시설 설치에 필요한 소요비용을 추산하여 해당 점포의 개설을 위한 총비용을 산출한다.

예상매출액을 기초로 향후 3년간 정도의 월별 매출액과 이익을 추산하는 추정손익계획을 수립하여야 하며 계절요인, 차입금, 마케팅과 시장여건, 자금운용 등 관련 요인을 점검해야 한다.

또한, 가맹계약 희망자는 계약서의 조항 하나하나를 구체적으로 살펴보고 충분히 이해해야 하며, 계약서를 작성한 후에는 가맹사업자와 가맹계약자간에 상호 권리와 의무사항을 파악해야 한다.

■ 견적서 확인 및 계약 체결

가맹계약자는 점포 출입구의 위치와 방향, 객석과 카운터의 배치, 주방기기 및 가구 배치 등 점포 내부의 인테리어, 점포의 외관, 주차장의 배치, 도로와 차량 입·출구의 위치 등 점포 외부의 설계에 이르는 전체적인 점포의 내외 시설에 대해 가맹사업자와 협의를 해야 한다.

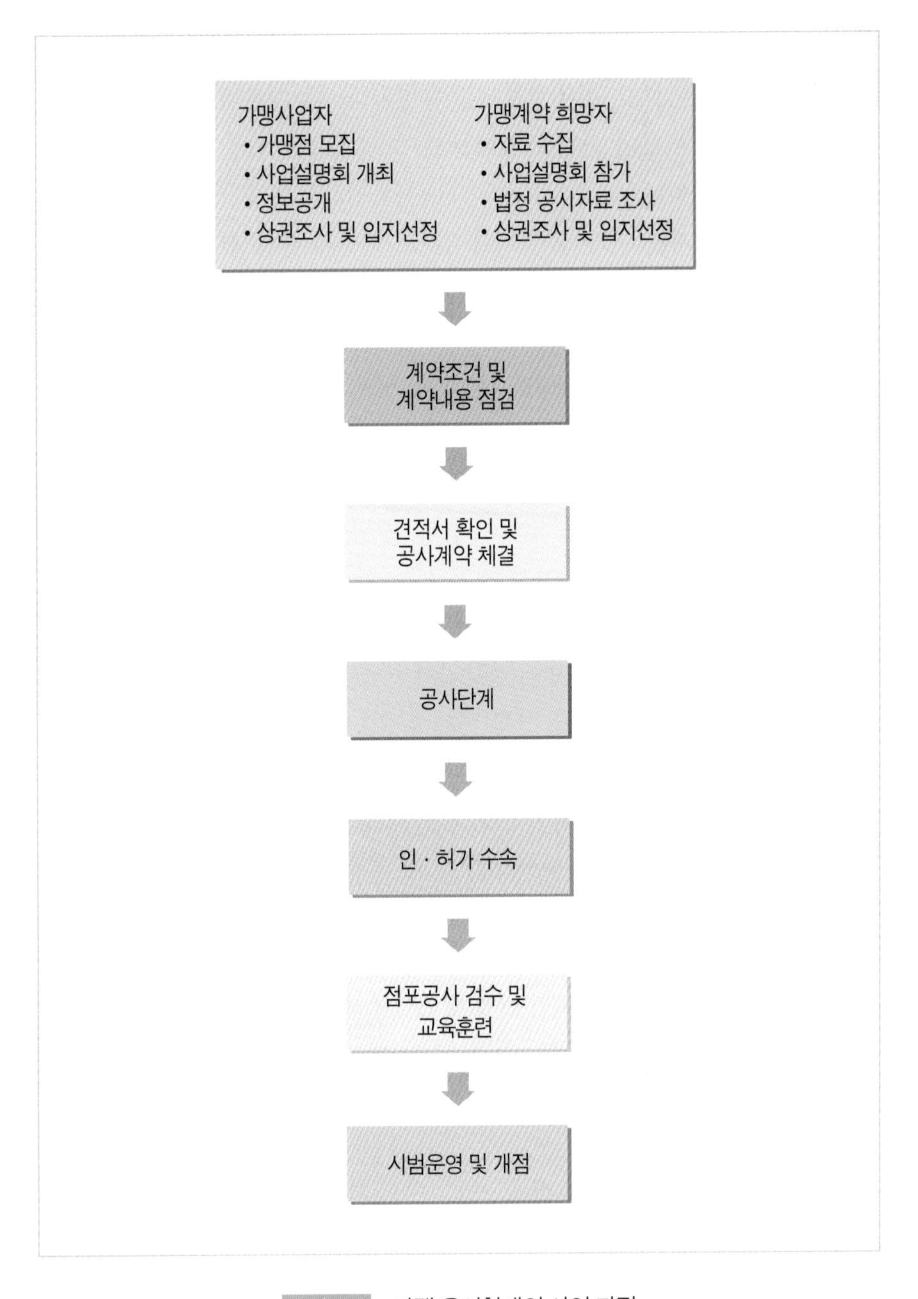

그림 1-8 가맹 운영형태의 사업 과정

가맹계약자는 점포 설계가 완성되면 점포조사서 및 설계도를 기초로 한 공사비 견적서를 받아보고, 최종계획서를 확정한다. 이 단계에서는 가맹사업자와 가맹계약자가 서로의 의견을 제시하고 그 내용들이 최종계획서에 반영될 수 있도록 하여야 한다.

또한, 가맹계약자는 기기 및 설비와 집기·비품에 관한 견적서를 확인해야 한다. 기기 및 설비 견적서는 점포에 설치될 기기 및 대형설비 등 점포 설계에 직접 관련되는 것으로, 가맹사업자는 품목과 구입방법(본사 공급 혹은 가맹계약자 직접 구입), 가격 및 결재방법, 설치 및 시운전 방법 등에 관한 정보를 가맹계약자에게 알려주어야 한다.

가맹계약자는 가맹사업자로부터 점포에 필요한 집기·비품의 일람표와 가격 및 구입방법에 관한 정보를 얻어야 한다. 구입방법은 가맹사업자로부터 직접 구입하는 방법과 가맹사업자가 지정 또는 알선하는 업체로부터 구입하는 방법 그리고 가맹계약자가 직접 구입하는 방법 등이 있다.

공사를 개시하기 위해서는 먼저 발주자와 시공자간에 계약을 체결하여야 한다. 가맹사업자가 공사를 맡는 경우는 가맹사업자와 가맹계약자, 가맹사업자가 지정 또는 알선한 업체가 시공하는 경우는 가맹계약자와 그 업체간에 공사계약을 체결한다. 계약서 날인(서명)은 당사자 쌍방과 필요하면 보증인이 각각 서명하고 날인하도록 한다.

■ 인·허가 수속

점포공사가 완성단계에 이르면 관계 행정법규에 의한 위생검사, 소방서의 검사 등을 받아야 한다. 검사가 끝나면 가맹계약자는 인·허가를 신청하고, 기타 필요한 절차를 완료하여야 한다.

■ 점포공사 검수 및 교육훈련

점포 내·외장공사는 일반적으로 1개월 내외의 기간이 소요된다. 공사가 완료되면 가맹계약자, 시공업체 및 가맹사업자가 점포의 시공상태를 점검하여야 하며, 설계에 따른 시공 여부와 기기류의 정상 작동 여부 등을 확인해야 한다.

가맹사업자는 공사기간을 이용해서 가맹계약자에게 개점전 연수훈련을 실시한다. 연수기간은 일반적으로 2~4주 정도이나 가맹사업자의 방침에 따라 달라진다. 연수내용은 대개 경영관리에 관한 강좌와 가맹사업자의 직영점에서의 실무훈련 등으로 구성된다. 대규모 가맹계약점포의 경우에는 상당 인원의 종사원을 고용하게 되므로 종사원에 대한 훈련을 가맹사업자가 일괄적으로 실시하는 경우가 많다. 그러나 종사원 수가 적을 경우에는 가맹계약자가 가맹사업자와 협력해서 훈련을 담당하기도 한다.

■ 시범운영 및 개점

가맹계약자는 개점 전 1~2일 동안 점포에서 가맹사업자로 부터 파견된 수퍼바이저(supervisor)의 협력을 통해 종사원이 각자의 위치에서 분담업무를 원할히 수행할 수 있도록 점포 운영에 관한 모든 과정을 시험 운영해 본다.

개점 전 홍보방법은 전단지를 활용하는 경우가 많다. 개점 전 홍보는 개점 1주일 전, 3일 전, 개점 당일 이렇게 3회 정도 전단지를 배포하도록 하며, 개점 당일은 역세권 일대에서 배포하는 방법을 많이 활용하고 있다.

일반적으로 가맹사업자는 개점 전 1~3일은 상품, 원재료의 구입, 상품의 진열, 판촉 물품확보 등에 관해서 지원활동을 하게 되며 가맹계약자가 개점 준비를 완료하고 개장을 하게 되면 개점 당일부터 그 후 3일까지 전단지 배포 등 영업에 관한 사항을 지도하고 지원한다.

외식기업의 점포개설과정의 개선

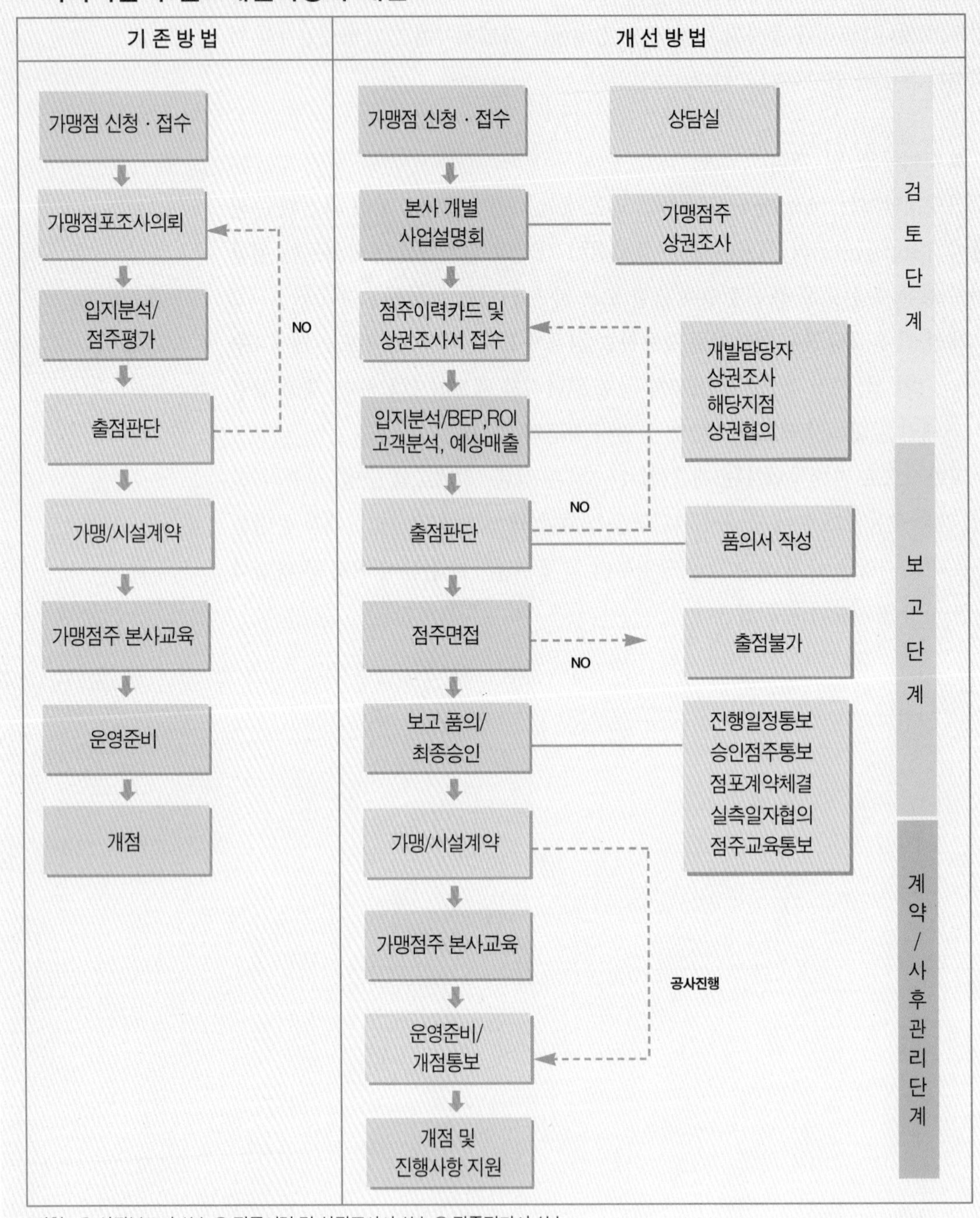

*별첨 : ① 상권보고서 1부, ② 점포이력 및 상권조사서 1부, ③ 점주평가서 1부

사례연구

"외식기업의 사회적 책임"

▣ 스타벅스 셰어드 플래닛 : 구촌 사회 공헌 캠페인

스타벅스는 2008년 11월, 지난 35년간 지속적으로 전개해 온 사회 공헌 활동을 통합한 CI인 '셰어드 플래닛(Shared Planet, 함께 나누는 지구)'을 발표 했다. 셰어드 플래닛은 책임 있는 사업 전개를 위한 스타벅스의 약속이다. '윤리 구매' '환경보호' '지역사회 참여'의 3대 핵심 분야를 기반으로 2015년까지 달성해야 할 13가지 실행 목표를 공표했다. 친환경 재배 및 윤리 거래된 커피 원두 구매율 100% 실현, 음료 컵 100% 재사용 또는 재활용, 에너지 및 물 절약, 재활용 및 친환경 매장 설계, 연간 지역사회 봉사활동 100만 시간 달성 등을 주요 골자로 한다. 이러한 일련의 노력은 미국을 비롯한 전 세계 스타벅스와 지역사회, 고객들의 참여 속에 진행되며 추진 현황을 파악하고 결과를 측정해 공유하고 있다.

◐ 윤리구매

스타벅스는 가격과 품질 사이에 직접적인 연관이 있다고 믿고 커피 농가 및 중간 수출 업체 등에게 공정한 수익성에 따른 품질 관리를 강조한다. 커피 농가 신용 지원, 커피 원산지에 대한 사회 시설 투자, 농가 지원센터 운영 등 스타벅스는 전 세계 18만 5,000여 커피 농가와의 장기적 동반자 관계 수립에 앞장서고 있다.

스타벅스가 2008년 한해 전 세계 커피 농가로부터 구매한 약 1억 700만kg의 최상급 아라비카 커피 원두 평균 구매 가격은 국제 거래 시세(kg당 $2.99)보다 높은 kg당 $3.28이다. 같은 해 농가 신용 대출로

〈2008년 스타벅스 원두 구매 단가와 국제 시세 비교〉

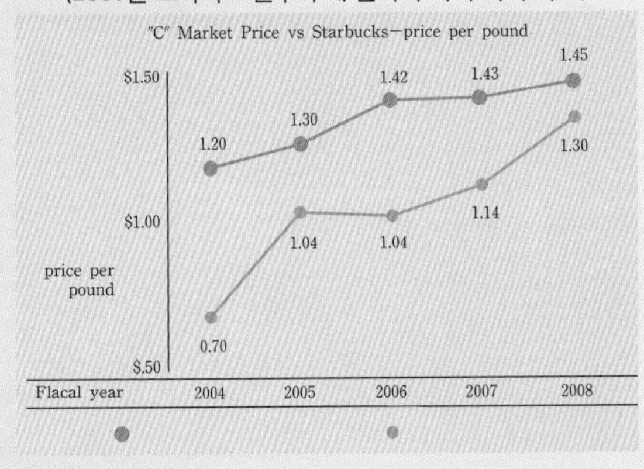

〈스타벅스 원두 구매 예〉

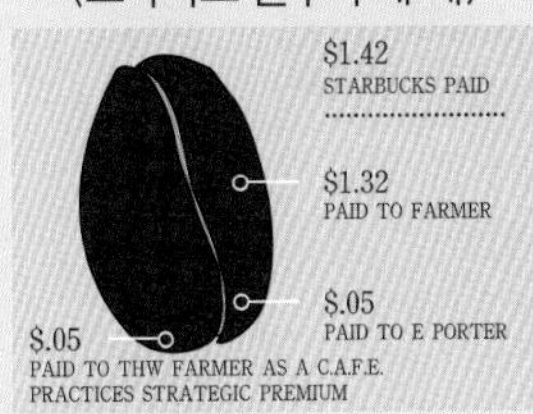

(1.42달러 중 1.32달러는 커피 농가에, 0.05달러는 수출업자에게 지불)

1,250만 달러, 50개 사회 개발 및 지역 사회 프로젝트에 150만 달러를 지원했고, 총 원두 구매량의 77%를 자체 친환경 윤리 구매 가이드라인을 통해 구매하였다.

◐ 환경보호

스타벅스는 원두 구매 시 친환경 윤리 구매 가이드라인을 통해 구매를 하므로 환경보호활동에 앞장서고 있으며, 재활용 상품 고객 증정 및 환경미화원 가족 장학금 전달, 직원 환경 자원봉사 실시 등 다양한 캠페인을 전개하고 있다.

또한 매장별 그린데이 행사를 정기적으로 주변 환경정화활동을 실시하고 있으며 지역환경단체 및 고객과 다양한 환경보호 운동에 참여하고 있고, 매장 내 재활용활동을 늘리고 있는 등 환경보호에 노력을 기울이고 있다.

◐ 지역사회 참여

스타벅스 코리아는 국내 커피 산업을 이끌어 오며 사회적 책임을 적극적으로 실천하고자 다양한 사회 공헌 활동을 벌이고 있다.

그 일환으로 전국 사회복지시설을 방문해 김장김치를 담가 전달하는 바리스타 김치데이를 10년째 전개해 오고 있으며, 사랑 나눔 바자회를 비롯해 결손가정 어린이와 독거노인 등 불우이웃을 위한 다양한 봉사활동을 꾸준히 하고 있다.

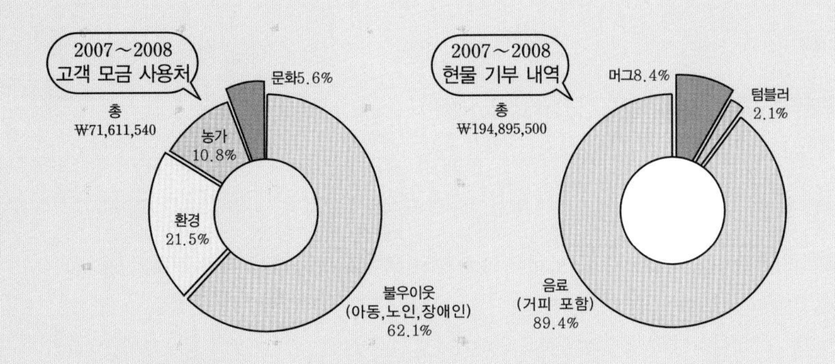

1999～2008 사회 공헌 활동 결산	
직원 자원봉사 활동	18,798 시간
회사 기부금	₩367,050,470
한경미화원 장학금	₩144,.000,000
지역사회 연계 단체	100개 달성
무료 커피 세미나	3,036회
커피 매스터 양성	1,387명 배출회
직원 희망배달 기부금	₩148,974,000

스타벅스 셰어드 플래닛 목표(Global & Korea)

구분	비전	글로벌 목표(2015년 목표)	한국 2008 결과	한국 2010 목표
윤리 구매	커피 원도 100% 친환경, 윤리 구매	• 커피 원두 윤리 구매 100% 달성 • 농가 지원금 연간 2,000만 달러 증액	• 공정무역 농가 지원 기부금 총액 : 13,371,429원 • 무료 커피 지원행사 : 34,940잔 무료 커피 제공	• 기부금 목표액 : 20,000,000원
		• 멕시코 치아파스 및 인도네시아 수마트라 기후 변화 방지 시범 프로젝트 실시	• 공정무역, 친환경 커피 소개 세미나 : 997회	• 공정무역, 친한경 커피 소개 • 세미나 : 1,300회 돌파 • 공정무역 인증 커피 판매 20% 증가
환경보호	• 모든 컵은 100% 재사용 또는 재활용 가능 • 에너지 및 물 절약, 재활용 및 친환경 매장 설계 등을 통해 환경 발자국을 획기적으로 줄인다.	• 2012년까지 재사용, 재활용 가능 컵 개발 • 컵 25% 재사용 가능 • 매장 내 재활용코너 설치 • 2010년까지 직영 매장 에너지 50% • 재생 가능 에너지원으로 대체 • 2010년까지 에너지 사용 25% 줄여 온실가스 배출 감축 • 물 사용의 획기적인 감소 • 신규 직영 매장 친환경 매장 인증 • 기후 변화 방지 위해 열대 우림 지역 보호 캠페인	• 평방미터당 월 전기 사용량 : 62kw/m² • 평방미터당 월 물 사용량 : 2.5tons/m² • 일회용 컵 재활용량 : 총 67,353kg • 개인컵 현금 할인액 : 91,606,130원 • 커피 찌꺼기 무료 배포 : 약 750,000개 • 49개 신규 매장 친환경 페인팅 사용 • 매장 그린데이 활동 : 4,712시간 • 국내 환경단체 기부금 : 31,418,000원	• 물, 전기 사용량 5% 절감 • 매장 내 머그 사용율 30%증가 • 농어촌 식수 개선 캠페인 연 1회 실시
지역사회	전 세계 봉사 활동 연간 100만 시간을 달성한다.	• 50,000명의 사회적 운동가 지원하여 100,000명의 활동 지원	• 전 직원 저소득층 어린이 돕기 급여 공제 : 62,748,000원 • 현금 기부 : 330,225,827원 현물 기부 : 206,303,400원	• 희망 배달 급여 공제 캠페인 참여율 80% 달성 • 현금 • 현물 기부 : 경상이익의 2% 달성
		• 전 세계 100만 시간 봉사활동 달성	• 전 직원 봉사 활동 : 9,453시간(1인당 4.7시간) • 제휴 단체 수 : 74개(활동 횟수 : 485회)	• 전 직원 봉사 활동 : 12,000시간 돌파 • Youth Action Grant 3개 프로젝트 시행

참고문헌

김경환 · 차길수(2002). 호텔경영학. 가산출판사.
양일선 외(2008). 급식경영학. 교문사.
조동성(2002). 21세기를 위한 경영학. 서울경제경영.

Association of Small Business Development Centers(ASBDC)(1998). *Franchising 101*. Upstart Publishing Company.
Keup, E.J.(1990). *Franchise Bible*. The Oasis Press.
Knan M.A.(1999). *Restaurant Franchising*. John Wiley&Sons, Inc.
Lundberg, D.E. & Walker, J.R.(1993). *The Restaurant From Concept to Operation*. John Wiley&Sons, Inc.
Olsen, M.D., Tse, E.C & West, J.J.(1998). *Strategic Management in the Hospitality Industry*. John Wiley&Sons, Inc.
Sciarmi, M.P. & woods, R.H.(1997). Selecting that First Job. The Cornell HRA Quarterly. 38(4) : 76~81.
Shook, C & Shook, R.L.(1993). *Franchising: the business strategy that changed the world*. Prentice Hall.
Spears, M.C. & Gregoire, M.B.(2004). *Foodservice Organizations*. Prentice Hall.
Walker J.R.(1996). Introduction to Hospitality. Prentice Hall.

Chapter 2
외식산업의 발전과정

한국, 미국, 일본의 외식산업은 어떻게 발전되었을까?

1. 한국의 외식산업
2. 미국의 외식산업
3. 일본의 외식산업

Chapter 2

외식산업의 발전과정

학습목표

1. 한국 외식산업의 시대에 따른 발전과정을 이해한다.
2. 미국 외식산업의 시대에 따른 발전과정을 파악한다.
3. 일본 외식산업의 시대에 따른 발전과정을 알아본다.

1. 한국의 외식산업

한국의 외식산업은 1960년대 경제개발계획이 추진되면서 그 기초가 마련되었으며, 1980년대 들어 해외 외식브랜드의 도입과 함께 서구식 음식문화가 소개되었다. 이와 더불어 국내에서 자생된 프랜차이즈 형태의 중소형 브랜드가 많이 생겨나면서 외식산업이라는 용어가 사용되었다.

1) 외식산업의 초기

1900년대는 주로 가내주도형인 이문설렁탕, 한일관, 조선옥, 남포면옥 등과 같은 전통 한국음식점과 제과점인 고려당이 태동한 시기이다.

1945년 해방과 함께 6 · 25전쟁을 겪게 되면서 식량사정이 극도로 악화되어 미국의 원조품에 의존하게 되었는데 정부는 이의 해결을 위해 식생활의 개선문제와 더불어 분식을 장려하였다. 이 시기에 개인들이 음식을 판매하기 시작하면서 영세하고 소규모이지만 음식점들이 대거 출현하기 시작하였다.

1960년대에는 경제개발계획의 추진에 따른 국민소득의 점진적 증대와 문화수준의 향상으로 외식산업의 기초가 마련되었다.

1970년대에는 경제개발 시작과 더불어 식생활이 향상됨에 따라 단순히 생존을 위해 먹는 기본적 욕구에서 벗어나 교양 및 여가에 대한 관심이 나타나기 시작하였으며 이에 따라 외식소비지출이 증가하면서 많은 음식점들이 출현하였다.

삼국 · 고려 · 조선시대의 외식산업

「삼국사기」에 의하면 490년에 신라의 수도 경주에 처음으로 시장이 설치되었고 509년에는 동시, 695년에는 서시 · 남시 등의 상설시장이 개설되었는데, 시장 안에는 각지에서 온 상인 또는 장사꾼을 위해 음식을 판매하는 장소가 생겼다.

고려 983년에는 개성에 성례 · 락빈 · 옥장 · 영액 · 연령 · 희빈 등의 이름을 가진 식당을 개설했다는 기록을 「고려사」에서 찾아볼 수 있다. 또한 1103년에는 지방의 각 고을에도 술과 음식을 팔고 숙박도 겸하는 상설식당이 개설되었는데 이것이 후일의 물상객주 · 보행객주 등의 시초가 되었다. 전주에서 생겨난 주막과 목로집은 오늘날의 식당에 숙박을 겸하는 형태이다.

조선왕조 1398년(태조 7년)에는 숭교방(지금의 명륜동)에 국립대학인 성균관을 두었는데, 이 안에는 유생들이 강의를 듣던 명륜당이 있었고 약 2백 명 정도의 유생들이 거처하던 곳과 식당이 있었다. 이 때부터 처음으로 음식을 먹는 장소로서의 '식당(食堂)'이라는 말이 기록되었고 음식을 날라다 주는 사람을 일컫는 식당지기라는 말도 생겨나게 되었다.

2) 외식산업의 도입

요식업, 식당업, 음식업 등과 같이 여러 가지로 사용되던 용어가 외식산업이라는 단일화된 용어로 사용되기 시작하였다. 1977년에 림스치킨에 의해 국내 최초로 프랜차이즈 형식이 도입되고 1979년 일본 롯데리아(Lotteria)와 합작으로 국내 롯데리아가 개점하면서 국내에서도 본격적인 프랜차이즈 시스템(franchise system) 시대가 열리게 되었다.

서양요리가 우리나라에 전래된 경로

우리나라에 서양요리가 전래된 정확한 시기는 알 수 없지만 개화기를 맞아 서양인들의 왕래가 빈번해지면서 서양음식이 전해졌을 것으로 추측된다. 「조선기행」을 쓴 독일인 오페르트는 1866년 이후 우리나라를 방문하면서 자기 배에 찾아온 조선사람들에게 양식을 대접했다는 기록을 남기고 있다. 고종 말년에는 궁중에서 프랑스음식을 만들어 먹었던 것으로 전해지고 있지만 서양요리가 왕실과 몇몇 사람을 벗어나 널리 전파되기 시작한 것은 호텔에서부터라고 할 수 있다. 따라서 우리나라에서 서양요리의 변천사는 곧 호텔의 발달사와 밀접한 관련이 있다.

서양요리가 공식적으로 첫 선을 보인 것은 1888년 인천에 일본인이 최초로 외국인을 대상으로 한 대불(大拂)호텔을 건립하면서부터인 것으로 추정된다. 물론 그 이전에도 조선을 방문한 외국인 선교사들을 위해 음식을 만들어 준 조선인이 있었지만 활동기록이 전혀 남아있지 않으므로 개인적으로 활동한 서양식 조리사가 있었다고는 볼 수 없다. 단지 우리나라 대사관의 외국인 조리사를 모방하면서 시작되었다고 할 수 있다.

한국의 서양조리가 시작된 곳은 1902년 10월에 러시아공사 웨비르(Weber)의 처형인 손탁(Sontag)이 정동에 세운 손탁호텔에 프랑스식 레스토랑이 출현하면서부터이다. 이 때 일본인들이 우리나라에 들어오면서 서양식당을 운영하였다.

한국의 서양조리는 1914년 3월 조선호텔이라는 서구식 호텔이 생기면서 일대 전환기를 맞게 되었다. 그 후 1925년에 철도식당인 서울역 내 그릴(grill)이 탄생함으로써 서양조리의 기술을 향상시키는 데 크게 이바지하였다. 1930년 9월 경성부인회에서 국내 최초로 「션영대죠 셔양료리법(The Seoul Women' s Club Cook Book)」이라는 서양조리책이 영문과 국문 대역판으로 발간되었다. 한편 1936년 개관한 목정(木町)호텔이 호텔 양식당을 갖추어 서양음식을 제공하였다는 기록이 있다.

아시안게임(1986)과 서울올림픽(1988)을 전후하여 국내 외식산업은 괄목할만한 성장을 이루어 하나의 산업으로서 자리를 잡기 시작하였다. 또한 국내 경제 산업구조의 호황으로 식생활에서도 고급화와 다양화에 대한 욕구가 증대되면서 해외 외식브랜드 도입과 프랜차이즈 시스템이 확대되었다.

한국 외식산업이 황금시장으로 인식되면서 롯데(롯데리아), 미도파(코코스), 두산(KFC, 버거킹) 등의 대기업이 외식산업에 진출하기 시작하였다. 1980년대에는 버거킹(1984)이 국내에 체인점을 개설한 이후 브랜드 도입 등의 형태로 해외의 외식브랜드가 국내시장에 상륙하기 시작하였고 활발한 패스트푸드의 진출과 더불어 1985년 베스킨라빈스에 의해 벌크(bulk)제품 중심의 아이스크림 전문점이 등장하였다. 또한 같은 해에 피자헛이 도입되면서 국내에 피자가 널리 보급되었으며 그 후 많은 피자업체들이 생겨났다.

1988년에는 미도파가 국내 최초의 해외 외식브랜드인 패밀리레스토랑 코코스를 도입하면서 외식산업이 성장하는 계기가 되었다.

한편 1980년대 후반에 놀부, 송가네, 초막집 등이 프랜차이즈 시스템에 의해 한국 고유의 음식인 보쌈, 족발 등의 메뉴를 상품화하였다.

한국의 패스트푸드 시장의 역사

1979년 롯데그룹이 일본의 롯데리아와 합작하여 국내 최초로 「롯데리아」 체인점을 개설하였다. 패스트푸드의 대명사인 햄버거를 주메뉴로 하는 롯데리아에 이어 한국에 도입된 브랜드는 「버거킹」, 「KFC」, 「맥도날드」, 「하디스」, 「파파이스」, 「BBQ」 등이다.

- 1979년 롯데리아 법인체 설립, 국내 최초 패스트푸드 소공점 오픈
- 1980년 롯데리아 연수센터 설립
- 1984년 버거킹 1호점(종로점) 개점
- 1984년 Kentucky Fried Chicken 1호점(종로점) 개점
- 1986년 맥도날드 한국법인 설립
- 1988년 맥도날드 1호점(압구정점) 개점
- 1990년 하디스 ㈜세진푸드시스템 설립/ 하디스 1호점 개점
- 1991년 Kentucky Fried Chicken이란 로고를 KFC로 변경
- 1992년 맥도날드 맥드라이브 1호점, 부산 1호점 개점
- 1992년 롯데리아 국내 최초 100호점 개점
- 1993년 ㈜해마로 설립과 파파이스 외식사업부 출범
- 1994년 파파이스 1호점(압구정점) 개점
- 1994년 중국 북경 롯데리아 1호점 개점
- 1995년 ㈜제너시스 설립(브랜드명 : BBQ) 1호점 전곡점 개점
- 1996년 BBQ 업계 최초로 '투자 리콜제' 실시
- 1997년 맥도날드 한국형 메뉴 '불고기 버거' 출시
- 1998년 크라제버거 1호점(압구정점) 개점
- 1999년 국내 프랜차이즈업계 최초로 BBQ 1,000호점 개점
- 2000년 B.B.Q 치킨대학 개관 및 현대식 물류센터 준공
- 2005년 굽네치킨 1호점(김포북변점) 개점

최초의 패스트푸드점 개장 모습

최초의 외식기업 신문광고

최초의 패스트푸드점 종사원 유니폼

그림 2-1 초기의 외식기업

자료 : 롯데리아.

3) 외식산업의 성장

1989년 해외여행 자유화 조치 이후 1990년대에 접어들면서 국민소득이 향상되어 해외여행, 핵가족화 및 맞벌이부부가 증가함으로써 가족단위의 외식이 증가하였다. 국내 대기업들에 의해 해외 외식브랜드가 본격적으로 도입되어 체계적인 외식기업으로 발전하였고 소규모의 개인 영세업체에서 벗어나 기업화된 다점포 외식기업이 증가하였다.

패스트푸드 진입이 국내 외식산업의 시작이 되었다면 패밀리레스토랑은 본격적인 성장과 기술적 · 경영적 발전의 기틀을 마련하였다. 1990년대 중반 이후 외식의 고급화로 인해 셀프서비스(self-service)가 아닌 풀서비스(full-service) 레스토랑을 찾는 고객이 많아지면서 패밀리레스토랑은 실내장식, 메뉴, 경영방식 등에 있어서 새로운 형태로 주목을 받았고 이로 인해 패스트푸드 시장의 성장이 둔화되었다. 또한 CJ 푸드빌은 해외에 로열티를 지급하지 않는 국내 자생 브랜드로서 한국 문화에 맞는 패밀리레스토랑 빕스와 한국 전통음식을 상품화한 한쿡(Hancook)을 개발하였다.

이러한 여건 속에서 한국의 피자점은 포화되는 시장에도 불구하고 꾸준하게 점포가 확장되었고 중소 피자브랜드 또한 증가하였다. 피자배달 전문기업인 도미노피자와 피자헛의 배달 · 포장판매 전문 매장의 도입으로 배달판매에 의한 피자시장이 자리를 잡고 매출이 확대되었다. 또한 (주)썬앳푸드는 스파게티의 대중화라는 기치 아래 국내 자생 브랜드인 스파게띠아를 개발하였다.

한편 (주)놀부는 1991년에 충북 음성에 중앙조리장(central kitchen)을 준공하여 프랜차이즈 시스템을 확장하였고 1997년에는 한국 전통 반상차림인 '놀부집'을 개점하여 한국 전통음식을 외식기업의 메뉴로 보편화시켰다. 국내 자생 브랜드인 BBQ는 기존의 상권과 차별화된 주택가의 소규모 점포 운영방식과 배달서비스 중심의 경영으로 급성장하였고 1996년에는 업계 최초로 가맹계약시 투자 리콜제를 실시하여 가맹점포가 급증하였다.

한국 피자시장의 역사

피자헛이 1985년에 도입된 이래로 배달전문업체인 「도미노피자」와 일본기업과 기술제휴한 한국 「미스터피자」가 도입되었다.

- 1985년 한국 피자헛 1호점(이태원점) 개점
- 1990년 도미노피자 1호점(오금점) 오픈
- 1990년 ㈜미스터 피자 Japan사와 기술제휴하여 ㈜한국미스터피자 설립, 1호점(이대점) 개점
- 1991년 피자헛 익스프레스(조각판매) 매장 도입
- 1992년 피자헛 배달 · 포장판매 전문점 매장 도입
- 1995년 미스터피자의 고급화된 피자레스토랑인 제시카 1호점(연대동문점) 개점
- 1996년 미스터피자 가맹사업 시작
- 1998년 도미노피자 배달가방 내부에 전기충전식 'Heat Wave' 개발
- 1999년 피자헛 콜 센터 설립 및 서울 · 수도권 지역에 원 넘버(1588-5588) 서비스 실시
- 2000년 미스터피자 쌀로 만든 라이스피자 출시, 미스터피자 중국 북경 1호점(건국문점) 개점
- 2002년 피자헛 배달 보온시스템 '핫 박스 시스템' 도입
- 2003년 고급화된 피자 레스토랑 피자헛 플러스 1호점(대학로점) 개점
- 2003년 파파존스 1호점(압구정점)과 2호점(가락점) 동시 개점

한국의 패밀리레스토랑의 역사

한국의 패밀리레스토랑은 「코코스」를 시작으로 「T.G.I. Friday's」, 「씨즐러」,「스카이락」, 「베니건스」, 「토니로마스」, 「마르쉐」, 「아웃백스테이크하우스」, 「빕스」 등이 도입되었으며 「판다로사」,「데니스」,「플래닛 헐리우드」 등은 1990년대에 국내에 도입되었으나 정착에는 실패하였다.

- 1988년 미도파에서 국내 최초 기업형 패밀리레스토랑 코코스 1호점 개점
- 1991년 ㈜아시안스타 미국의 T.G.I. Friday's와 계약
- 1992년 T.G.I. Friday's 1호점(양재점) 개점
- 1994년 토니로마스 타워호텔 외식사업부 발족
- 1994년 제일제당에서 스카이락 1호점(논현점) 개점
- 1995년 타워호텔 외식사업부에서 독립법인인 ㈜이오 설립, 토니로마스 1호점(압구정점) 오픈
- 1995년 동양제과㈜에서 베니건스 1호점(대학로점) 개점
- 1995년 씨즐러 1호점(청담점) 개점
- 1996년 ㈜덕우산업에서 마르쉐 1호점(역삼점) 개점
- 1997년 ㈜오지정에서 아웃백스테이크하우스 1호점(공항점) 개점
- 1998년 제일제당에서 빕스(VIPS) 1호점(등촌점) 개점
- 2000년 토니로마스 ㈜이오에서 ㈜썬앳푸드로 사명 변경
- 2000년 스카이락, 빕스(VIPS) 회사분리 독립 후 푸드빌 출범
- 2000년 덕우산업에서 테이크아웃 전문 브랜드인 카페 아모제 1호점(신세계백화점 강남점) 개점
- 2001년 ㈜덕우산업이 ㈜아모제로 사명 변경
- 2001년 썬앳푸드의 매드포갈릭 1호점 개점
- 2002년 베니건스 동양제과㈜에서 독립법인인 라이즈온(riseON)으로 분리
- 2002년 롯데그룹의 T.G.I. Friday's 인수
- 2006년 불고기브라더스 1호점 개점
- 2007년 멕시칸 패밀리레스토랑인 온더보더 1호점(신촌점) 개점

T.G.I. Friday's

아웃백스테이크하우스

토니로마스

베니건스

씨즐러

마르쉐

빕스

불고기브라더스

4) 외식산업의 성숙

IMF 이후 패스트푸드 및 패밀리레스토랑의 경영상황이 악화되면서 포장(take-out) 및 배달 형태의 점포가 생겨났고 실직으로 인한 창업이 증가하면서 중소형 프랜차이즈 가맹점포가 급증하였다. 외환위기라는 경제적 어려움 속에서도 성장한 패밀리레스토랑은 양적 증가와 함께 서울 위주에서 벗어나 지방으로 진출을 시도하면서 경쟁이 가속화되었다.

2000년대 이후 패스트푸드시장은 경제현황의 악화로 소비가 위축되고 이에 대한 대응전략으로 실시한 가격할인행사와 타사와의 과열경쟁에 따른 광고비 지출 급증으로 이익이 감소하였고 더욱이 광우병 파동으로 매우 어려운 시장 여건을 맞이하였다.

최근 들어 편이성을 추구하는 경향이 강해지면서 가정식대용(home meal replacement : HMR)에 대한 관심이 증대되어 카페 아모제 등과 같은 포장판매(take-out) 전문점인 활발하게 운영되고 있다. 생활수준의 향상으로 다양하고 고급화된 메뉴와 높은 수준의 서비스를 제공하는 전문음식점이 증가하면서 스타벅스 등의 커피전문점과 정통 이탈리안 피자를 제공하는 피자헛 플러스가 생겨났다. 웰빙(well-being)에 대한 관심이 고조되면서 녹차, 호밀, 고구마 등을 이용한 건강메뉴가 상품화되었고 유기농 아이스크림과 저지방 아이스크림을 판매하는 점포가 증가하였다.

또한 한국의 전통음식을 주메뉴로 하는 국내 외식브랜드의 해외진출(브랜드 역수출)이 경기침체, 식자재 원가와 인건비의 상승, 부동산 비용의 증가, 가격경쟁 심화 등에 의해 활발해지고 있고 특히 중국 시장에 대한 관심이 가속화되고 있다.

경기불황이 지속된 2000년대 후반 국내 외식산업은 이전과 뚜렷하게 달라져 투자형 보다 생계형 외식업체가 급격히 늘어나 작지만 내실 있는 소형 점포들이 시장성을 갖게 되었고 많은 메뉴들이 나타났다가 사라졌다. 2000년대 중반 이후 건강을 추구하는 고객들의 트렌드와 함께 한자리에서 다양한 음식들을 즐길 수 있는 시푸드 뷔페가 성장했으나 서서히 퇴보하고 있다. 그러나 전 세계적으로 메뉴의 트렌드가 안전, 안심, 건강이 대세로 이어지고 있으므로 건강을 중심으로 한 친환경 혹은 유기농 식자재를 이용한 자연식 메뉴를 제공하는 외식점포들이 등장하고 있다. 국내에서도 2009년부터 정부의 강력한 원산지표시제 정책으로 인해 많은 외식기업들이 가능하면 국내산을 사용하려 노력하고 있으며, 더 나아가 안전, 안심을 추구하는 식자재 사용을 지향하고 있다.

2. 미국의 외식산업

미국의 외식산업 발전은 짧은 역사에도 불구하고 제2차 세계대전 이후 우수한 과학기술과 실용적이고 합리적인 경영방법을 바탕으로 세계의 외식산업을 선도하고 있다.

1) 외식산업의 초기

미국의 초기 외식산업은 마차를 타고 여행을 했던 여행자들을 위해 잠자리를 제공했던 여관(inn)에서 식사를 제공하는 형태였다. 시민전쟁(Civil War) 이후에 철도가 전국으로 빠르게 확산되면서 작은 호텔들이 역 주변에 건설되었고 이와

그림 2-2

기차역 주변의 미국 초기 레스토랑

자료 : Dorf(1992).

하베이 레스토랑 종사원

하베이 레스토랑의 모습

그림 2-3 하베이 레스토랑

자료 : Dorf(1992).

동시에 많은 레스토랑들이 생겨나기 시작하였다.

1670년 보스턴에 최초의 커피하우스(coffee house)가 등장한 이후 뉴욕, 필라델피아, 보스턴 등의 큰 도시에 많은 커피하우스가 세워졌다. 1827년 델모니코(Del-Monico)사는 메뉴를 품목별로 영어와 프랑스어로 표기하였으며 피로연이나 파티를 여는 방식으로 국제적인 명성을 얻었다. 1876년에는 영국에서 이민 온 프레드 하베이(Fred Harvey)가 캔사스의 토페카(Topeka)역, 애치슨(Atchison)역, 산타페(Santa Fe)역에 레스토랑을 개점하였는데 이것이 오늘날 다점포 레스토랑의 효시라 할 수 있다.

1919년에 로이 알렌(Roy Allen)과 프랭크 라이트(Frank Wright)는 캘리포니아에서 「A & W」라는 상호로 루트 비어(root beer)를 판매하여 최초의 프랜차이징 사업을 시작하였다. 1921년 달라스에는 최초의 드라이브 인(drive-in) 레스토랑인 피그 스탠드(Pig Stand)가 세워졌고, 1926년에는 톰슨(John R. Thomson)이 중서부와 남부를 중심으로 126개의 레스토랑을 셀프서비스 방식으로 운영하였고 인건비 절감과 메뉴 가격의 저렴화를 위하여 중앙조리(central kitchen) 방식을 도입하면서 외식산업의 본격적인 태동기를 맞이하였다.

1930년대는 외식산업이 본격적으로 산업화되기 시작하였고 대도시 교외의 도로 주변에 커피하우스와 레스토랑이 폭발적으로 늘어났다. 제2차 세계대전 이후 외식산업이 급속도로 발전하였으며 1948년에는 맥도날드 형제(Tom & Maurice McDonald)가 캘리포니아주에 드라이브 인(drive-in) 햄버거점을 개점하였는데 이것이 패스트푸드가 등장한 계기가 되었다.

레스토랑의 출현

대략 1600년경 프랑스에 최초의 커피하우스(coffee house)가 출현하였고 이는 곧 유럽의 전도시로 빠르게 확산되었다. 커피하우스에서는 커피와 포도주 등 간단한 음료와 술이 판매되었고 이는 레스토랑의 시초가 되었다.

1760년에 몽 블랑제(Mon Boulanger)가 양고기로 만든 소스를 판매하였는데, 이 요리를 'Restaurers' 이라 하였다. 이 요리를 먹는 장소를 '레스토랑(Restaurant)' 으로 불렀다. 현대적인 레스토랑의 기원은 18세기말 앙뜨완 보빌리에(Antoine Beauvilliers)가 개점한 'Grande Taverne de Londres' 로서 조직, 서비스, 와인, 음식 등을 체계적으로 갖춘 레스토랑이었다.

프랑스의 초기 커피하우스

프랑스의 초기 레스토랑

자료 : Dorf(1992).

2) 패스트푸드의 등장

1950년대 이후 경제수준이 높아지면서 미국인들은 외식을 여가생활의 수단으로 즐기기 시작하였다. 이 시기에는 패스트푸드가 저렴한 가격, 빠른 서비스(quick service) 및 포장판매(take-out) 등의 새로운 서비스방식으로 인기를 얻었다. KFC(1952), 피자헛(Pizza Hut, 1953), 버거킹(Burger King' s, 1954), 웬디스(Wendy' s, 1959) 등이 잇달아 개점하면서 본격적인 패스트푸드 시대가 열렸다.

1955년 크락(Kroc, R.A.)이 맥도날드 형제로부터 햄버거점을 인수하여 세계 최대의 햄버거 체인인 맥도날드(McDonard' s)를 탄생시켰고 이로 인해 미국의 외식산업은 일대 전환기를 맞이하게 되었다. 맥도날드는 패스트푸드뿐만 아니라 외식산업 전반의 비약적 발전에 영향을 주었고 이 기업의 전략적 요소인 Q(quality), S(service), C(cleanliness)는 외식산업의 3대 기본원칙이 되었다.

그림 2-4 1950년대의 맥도날드

자료 : Dorf(1992).

한편 이 시기에는 많은 근로자들이 공장, 사무실, 기타 상업지역 등에서 식사를 하게 되면서 대중적이고 저렴한 커피하우스와 레스토랑이 생겨났다. 그리고 근로자가 일하는 공간 안에 5센트짜리 동전으로 음식을 먹을 수 있는 자동시스템이 등장하였는데 이것이 바로 오늘날의 자동판매기(vending machine)의 시작이었다. 또한 이 시기에 외식산업 전반에 걸쳐 냉장고, 믹서기, 자동식기세척기 등 많은 자동주방기기가 등장하였다.

3) 세계 외식산업의 중심

1960년대는 프랜차이즈 시스템의 도입으로 다점포경영이 확립된 시기이며 오늘날까지도 명성을 떨치고 있는 타코벨(Taco Bell), 아비스(Arby' s), 롱존 실버(Long John Silver), 레드 랍스터(Red Lobster) 등도 이 시기에 탄생하였다.

1970년대는 치열한 경쟁 속에서 타 기업과 차별화된 마케팅전략을 모색하면서 외식산업의 최대 호황기를 누리게 되었다. 반면 프랜차이즈 가맹점이 많아지면서 가맹사업자(franchisor)와 가맹계약자(franchisee)간의 분쟁이나 소송이 빈번해짐에 따라 1979년에 미연방 통상위원회(Federal Trade Commission : FTC)에서 승인된 프랜차이즈 관련법이 시행되었다.

1980년대 들어 미국의 외식산업은 포화상태가 된 입지문제와 시장성장률의

다국적 기업인 「맥도날드」

「맥도날드」는 1967년에 미국 외 지역으로의 첫 번째 점포를 캐나다에 열었고, 1969년에는 활발한 해외 진출의 초석이 될 국제사업부(international division)를 만들었다. 1971년에는 아시아 지역 중 일본, 유럽지역에서는 네덜란드에 첫 진출을 하였고, 서울올림픽이 개최된 1988년에 압구정점을 1호점으로 한국에 진출하였다. 1988년 유고슬라비아와의 계약 체결을 시작으로 1990년 모스크바와 북경에 점포를 개점하면서 「맥도날드」는 사회주의 국가로까지 진출을 시작하였다. 「맥도날드」는 2004년 현재 121개국에 2만 9,000여 개 매장을 운영하고 있다.

「맥도날드」는 세계로 진출함에 있어 각 나라에 맞는 제품을 개발하여 판매하였다. 소를 신성시하는 인도에서는 쇠고기 패티 대신 양고기를 사용하였고 이스라엘에서는 코셔(kosher) 맥도날드가 별도로 설치되어 있어 안식일과 종교 휴일을 엄수하고 유제품을 판매하지 않는 등 철저한 지역화(localization)에 힘쓰고 있다. 또한 이집트에서는 콩을 갈아 튀긴 파라펠이라는 전통음식을 이용한 맥파라펠, 일본에서는 데리야키 치킨을 넣은 데리야키 버거를 선보였다. 한국 「맥도날드」는 한국인의 입맛을 고려해 불고기버거, 새우버거, 맥너겟, 김치버거 및 맥빙수를 개발하여 판매하고 있다.

치킨버거

불고기버거

새우버거

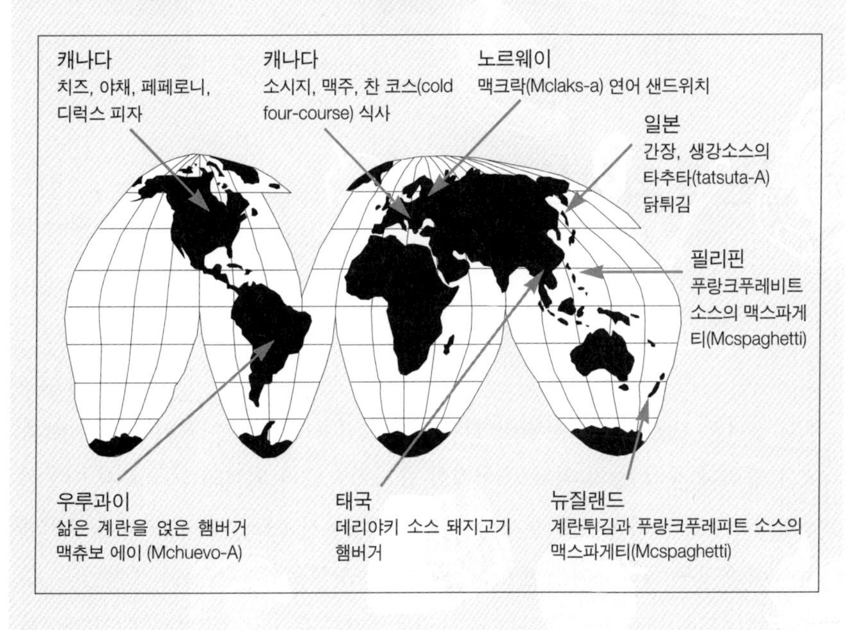

둔화 등으로 경쟁이 심화되었으며 이를 계기로 외식기업의 자본집약화 및 선진화된 경영시스템을 토대로 세계시장으로의 활발한 진출을 도모하였다.

1990년대는 베이비붐 세대들이 중장년층이 되면서 직장생활을 하는 여성, 맞벌이 부부 및 활동적인 노인인구가 증가된 시기로 이러한 배경으로 외식산업에 대한 요구가 다양해졌다. 따라서 미국의 외식산업은 음식 및 서비스 품질의 중시, 편리성의 추구, 기술 향상 및 TV 등의 대중매체광고로 인해 진보하게 되었다. 또한 해외 진출의 무대가 유럽에서 동아시아 및 태평양연안 지역으로 까지 확대되었고 각 나라에 맞는 제품을 개발하여 판매하는 지역화(localization)전략으로 인해 미국의 외식산업은 더욱 발전되었다.

2000년대 이후 미국의 외식산업은 유기농 식품의 장점이 소비자들에게 많이 알려지면서 친환경 레스토랑 시장이 많이 생겨나고, 유기농 패스트푸드를 제공하는 점포들이 등장하고 있다. 즉, 유기농 식품으로 알려진 풀 먹인 쇠고기나, 유기농으로 생산된 계란과 같은 식품들이 영역을 확대해 나가고 있고 고객들에게 보다 신선한 음식을 제공하기 위해 친환경 레스토랑의 주 메뉴는 유기농 식자재를 기본 아이템으로 하고 있다. 또한, 로컬푸드를 지향하는 레스토랑들이 주목을 받기 시작했으며 에너지 등 자원 및 환경을 고려하는 외식기업들이 고객들로부터 신뢰를 얻고 있다.

3. 일본의 외식산업

1) 외식산업의 근대화

1960년대는 일본의 외식산업이 근대화된 시기로 일본 음식점의 성장은 둔화되고 서양이나 중국 등의 외국 음식점이 증가함으로써 외식의 서구화가 이루어진 시기였다. 또한 자동차 운전자와 장거리 트럭운전자들을 위해 교외 도로변에 위치한 휴게실을 대신하여 드라이브 인(drive-in) 형태의 음식점이 생겨났다. 한편 요코하마역에 빌딩을 신축하면서 건물의 30%를 음식점으로 할당하였고 이를 중심층인 5층에 집중시켜 기존의 외식사업의 입지와 사업성에 대한 인식을 크게 바꾸어 놓았다.

1964년의 동경올림픽은 일본이 선진국 대열에 진입하는 계기가 되었고 세계 각국의 선수단 및 보도진을 위한 식사를 준비하면서 과학적 시스템을 활용한 음식 생산과 서비스 훈련으로 외식산업을 발전시키는 계기가 되었다.

2) 외식산업의 성장

1969년에 제2차 자본자유화를 계기로 기술 제휴 및 합병 등에 의한 외국기업의 새로운 경영기술 도입이 가능해지면서 KFC, 맥도날드, 웬디스, 미스터 도너츠(Mr. Donuts) 등 미국의 외식 브랜드도 일본에 도입되었으며이로 인해 외식산업의 도약기를 맞이하였다. 세계 석유파동에 따른 불황 속에서 일본의 외식산업은 비용을 절감하는 방안으로 중앙조리(central kitchen)방식, 서비스의 매뉴얼화 및 시간제 직원의 채택 등을 시도하였다.

일본의 미쯔비스기업은 외식산업계의 주목을 받으면서 미국의 KFC와 함께 일본 KFC를 출범시켰고 1970년 나고야에 기존의 일본 음식점과는 달리 포장판매(take-home) 방식 위주로 개점하였다. 더스킨은 미국의 미스터 도넛과 계약을 맺고 일본에서는 최초로 다점포 경영시스템을 도입하여 오사카 교외에 1호점을 오픈하였다. 1971년 7월 동경의 긴자 거리에 아시아에서는 처음으로 맥도날드 1호점이 개점되어 많은 인기를 얻었고 다양한 마케팅전략을 시도하였다. 1973년에는 미국 브랜드인 데니스(Denny' s)가 일본 기업과 프랜차이즈 계약을 맺었다.

일본 자생 외식브랜드인 요시노야는 다점포화된 패스트푸드점으로 최초로 코카콜라를 제공하였다. 1971년에는 일본의 패밀리레스토랑인 로얄호스트가 도로변에 1호점을 개점하였고 주방의 동선과 에너지 절약을 위한 설비디자인, 중앙조리장(central kitchen)에 의한 생산시스템, 원재료 해외 직구매 등의 방법으로 경영수준을 향상시켰다. 이 시기에 일본의 대표적 패밀리레스토랑인 스카이락(Sky Lark)은 대규모 점포로 등장하였고 1977년에 중앙조리장(central kitchen)을 도입하면서 음식 품질의 표준화 및 매뉴얼화, 작업의 단순화를 실시하였다.

1972년에 일본 자생브랜드인 롯데리아(Lotteria' s)가 해외 외식브랜드의 일본 진출에 대항하여 햄버거를 주메뉴로 하여 개점하였다.

3) 외식산업의 성숙

1980년대 일본은 내수의 고급화와 여가생활을 중시하는 생활방식이 부각되면서 외식이 보편화되었고 이로 인해 다양한 외식기업들이 등장하게 되었다.

대형 슈퍼마켓을 운영하던 자스코는 미국의 레드 랍스터와 계약을 맺었고 더스킨은 미국의 죠 스톤 크랩(Joe' s Stone Crab)과 제휴하여 고급스러운 패밀리레스토랑을 개점하였다.

일본의 맥도날드는 1982년에 총 매출액 700억 엔을 달성하면서 창업 12년만에 일본 외식기업 중 최고의 매출을 기록하였다. 1985년에는 배달을 전문으로 하는 미국의 도미노피자가 일본에 진출하였으며 1989년에는 외식기업인 로얄이 미국의 씨즐러(Sizzler)와 매스터(master) 프랜차이징 계약을 체결하였다.

1990년대 들어 일본의 거품경제가 붕괴되면서 외식에 대한 수요가 감소되었고 이로인해 외식기업의 매출이 감소하였다. 외식기업들은 이에 대한 방안으로 다양한 전략을 가진 점포를 개발하였는데 가스트(gast) 노선과 가든(garden) 노선이 대표적이다. 가스트 노선이란 스카이락이 처음 개발한 것으로서 음식의 품질은 그대로 유지하면서 가격을 과감하게 낮춘 것을 의미한다. 또한 스카이락은 가스트노선에 이어 가격은 유지하면서 상품가치를 크게 높인 가든노선도 개발하였다. 로얄호스트, 카사, 코코스 등은 스카이락과 달리 음식의 품질과 서비스를 지속적으로 개선시켰다. 로얄호스트는 양식요리를 더욱 발전시켰고 카사는 '거리의 양식당', 코코스는 남부캘리포니아를 이미지화한 서비스를 정착시켰다. 이 시기에 일본의 외식산업에는 키오스크(kiosk)점포가 확산되었는데 이는 한정된 메뉴, 간단한 장비 및 저비용으로 대학교, 병원, 쇼핑센터, 푸드코트, 스포츠센터, 경기장 등에 출점하는 점포를 의미한다.

2000년대 중반 이후 일본 외식업계는 불황이 지속되는 가운데 낮은 가격, 위험부담이 낮은 점포 및 메뉴를 선택하는 경향, 슬로 접객 서비스를 가리키는 3低 현상의 특징을 보이고 있다. 1970년 1호점을 시작으로 최대 전성기였던 1993년까지 730호점을 냈던 「스카이락」(객단가 1000엔)은 2009년 10월을 끝으로 전 점포의 폐점을 단행한 한편 일부 점포는 스카이락 그룹의 중저가 브랜드인 「가스토」(객단가 750엔)로 전환 중이다. 최근에 등장한 '서서 먹는 회전 스시전문점'도 짧은 시간에 보다 저렴하게 즐길 수 있다는 것이 3低 현상의 일면이라 할 수 있다. 또한, 일본의 외식산업도 세계적인 트랜드인 친환경이 보편화되어 있으며 더 나아가 지역의 특산물을 이용한 지산지소(地産地消)를 지향하는 외식점포들이 지역 내 번성점포로 자리잡고 있다.

참고문헌

김경환 · 차길수(2002). 호텔경영학. 가산출판사.
김헌희 · 이대홍(2007). 글로벌시대의 외식산업경영의 이해. 백산출판사
롯데리아 20년사(1999).
김의근 · 선동규 · 최창권(2009). 외식사업경영론. 백산출판사.
양일선 외(2008). 급식경영학. 교문사.
조동성(2002). 21세기를 위한 경영학. 서울경제경영.

Dorf, M.E.(1992). *Restaurants That Work,* Whitney.
Han, K.S. & Seo, K.M.(2004). The content analysis of the korear restaurant market focused on western restaurant brands. *International journal of tourism sciences, 4*(2) : 41-57.
Lundberg, D.E. & Walker, J.R.(1993). *The Restaurant From Concept to Operation.* John Wiley & Sons, Inc.
Walker, J.R.(1996). *Introduction to Hospitality.* Prentice Hall.
Reynolds, D(2003). *On-site Foodservice Management.* John Wiley&Sons, Inc.
Spears, M.C. & Gregoire, M.B.(2004). *Foodservice Organizations.* Prentice Hall.
Walker, J.R.(1996). *Introduction to Hospitality.* Prentice Hall.

Chapter 3
외식산업의 현재와 미래

21세기의 환경변화에 외식산업은 어떻게 나아갈 것인가?

1. 외식산업의 현재
2. 외식산업의 환경변화와 미래

Chapter 3 외식산업의 현재와 미래

학습목표

1. 외식산업의 유형에 따른 분류를 이해하고, 외식산업의 현황을 파악한다.
2. 외식산업에 영향을 주는 환경요인을 알아보고, 외식산업의 전망을 제시한다.

1. 외식산업의 현재

1) 외식산업의 분류

한국의 외식산업 분류는 관련기관 및 단체에 따라 분류기준이 달라 통일성이 없고 혼동되어 사용됨으로 인해 외식시장의 통계자료 산출의 근거를 제시하기 어려우므로 외식산업 분류기준의 재정비가 시급한 실정이다.

한국표준산업분류는 산업관련 통계자료의 정확성 및 비교성을 확보하기 위해 사업체가 주로 수행하는 산업활동을 유사성에 따라 분류한 것이다. 한국표준산업분류 제9차 개정(2008년)에 의하면, 외식산업은 대분류인 숙박 및 음식점업 내에 중분류인 음식점업 및 주점업을 포함하고 음식점업은 일반음식점업, 기관 구내식당업, 출장 및 이동음식업, 기타 음식점업으로 세분된다(표 3-1). 또한 외식산업은 식품위생법의 식품접객업 분류에 의하면 일반음식점, 휴게음식점, 단란주점 영업, 유흥주점 영업, 위탁급식 영업의 5종으로 구분된다.

표 3-1 한국표준산업분류에 의한 외식산업 분류

대분류	중분류	소분류	세분류	세분류
I 숙박 및 음심적업	56 음식점 및 주점업	561 음식점업	5611 일반음식점업	한식 음식점업, 중식 음식점업, 일식 음식점업, 서양식 음식점업, 기타 외국식 음식점업
			5612 기관구내식당업	기관 구내식당업
			5613 출장 및 이동 음식업	출장 음식 서비스업, 이동 음식업
			5619 기타 음식점업	제과점업, 피자햄버거샌드위치 및 유사 음식점업, 치킨 전문점, 분식 및 김밥 전문점, 그 외 기타 음식점업
		562 주점 및 비알콜 음료점업	5621 주점업	일반유흥 주점업, 무도유흥 주점업, 기타 주점업
			5622 비알콜 음료점업	비알콜 음료점업

미국 레스토랑협회(National Restaurant Association)에서는 외식산업을 외식업(eating places), 위탁급식업(managed services), 숙박시설(lodging places), 기타 외식업으로 구분하고 있다(표 3-2).

또한 미국에서는 1997년에 서비스산업 분류를 명확하게 하기 위해 표준산업분류(Standards Industrial Classification : SIC)를 북미산업분류체계(North American Industry Classification System : NAICS)로 개편하였다. 북미산업분류체계(NAICS)에서는 외식산업을 서비스 유형과 수준을 근거로 분류하였고 각각에 대한 정의와 사례가 구체적으로 명시되어 있다. 2002년 북미산업분류체계(NAICS)에 의하면, 외식산업은 숙박 및 외식업(accommodation and food services) 내에 외식업(food services and drinking places)에 속한다. 외식업은 풀서비스 레스토랑(full-service restaurants), 한정된 서비스 외식업(limited service eating places), 스페셜 외식업(special food services), 주점업(drinking places)으로 구분된다(표 3-3).

표 3-2 미국 레스토랑협회(NRA)에 의한 외식산업 분류

분류	중분류	세분류
상업적 외식업 (commercial restaurant services)	일반외식업체 (eating places)	• 일반음식점(Eating Restaurant) • 전문음식점 • 카페테리아(Cafeteria) • 출장음식(Catering) • 일반음식, 아이스크림 판매점 • 간식판매점 • 바, 선술집
	위탁경영 (food contractors)	• 구내식당 • 공장, 사무실, 대학, 병원 등 • 기내식 • 공공시설 구내식당
	숙박업음식점 (lodging places)	• 호텔 레스토랑 • 모터 호텔(Motor hotel)레스토랑 • 모텔 레스토랑
	기타	• 편의점 • 모바일 식당 • 자판기, 포장마차 등 • 일반오락 및 스포츠장 음식판매
비상업적 외식업 (Institutional restaurant services)		• 직원급식 • 초 · 중 · 고등학교 급식 • 대학교 급식 • 교통시설 급식 • 병원 급식 • 양로원, 고아원, 기타 장기 투숙기관 급식 • 클럽, 스포츠, 오락캠프 급식 • 커뮤니티센터 급식
		• 장교식당 및 장교클럽 • 일반군인 급식

표 3-3 북미산업분류체계(NAICS)에 의한 외식산업의 분류

대분류	중분류	소분류	세분류
72. 숙박 및 외식업 (accom-modation and food services)	722. 외식업 (food services and drinking places)	7221. 풀 서비스 레스토랑 (full-service restaurants)	• 풀 서비스 레스토랑 (full-service restaurants)
		7222. 한정된 서비스 외식업 (limited service eating places)	• 한정된 서비스 레스토랑 (limited service restaurants) • 카페테리아(cafeterias) • 스낵과 비알코올성 음료를 판매하는 바 (snack and nonalcoholic beverage bars)
		7223. 스페셜 외식업 (special food services)	• 알코올 음료 판매점 (alcoholic beverage drinking places) • 알코올 음료를 판매하는 바 (bars, alcoholic beverage) • 칵테일 라운지(cocktail lounges) • 나이트클럽(nightclubs) • 간이주점(taverns)

2) 외식산업의 현황

한국의 외식산업은 해외 외식브랜드의 진출, 시장경쟁의 심화, 업종의 다양화 및 현대화, 대기업 및 호텔의 외식시장 참여 확대 등으로 인해 구조적 변화가 나타나고 있다. 시장의 경쟁이 치열해지면서 음식점 형태의 다양화, 메뉴의 다양화 및 전문화, 위생 및 서비스 수준의 향상, 효율적 경영시스템의 도입 등으로 외식산업의 질적 수준이 향상되었다.

한국의 외식산업은 일반 한국음식점을 비롯하여 패스트푸드, 패밀리레스토랑, 피자 및 파스타업계, 아이스크림 및 커피하우스, 분식 및 도시락업 등 여러 형태로 나뉘어져 있고 해외브랜드를 포함한 전반적인 외식산업시장의 규모가 해마다 증가하고 있다(통계청 「한국통계연보」, 2001).

한국의 외식시장은 1990년 이후 소득의 증가, 여성의 사회활동 증가, 생활양식의 변화 등과 같은 사회 · 문화적 여건 변화로 식생활에서의 외식 비중이 증가

함에 따라 연평균 11.7%라는 빠른 속도로 성장하고 있고 2009년 현재 시장규모는 약 69조 원에 이르고 있다. 한국인의 소비지출액 중 식료품비가 차지하는 비율(엥겔계수)은 1969년에는 60.9%였으나 2009년에는 13.8%로 그 비율이 매우 낮아졌는데 이는 한국인의 소득이 매우 높아졌음을 나타내주고 있다. 또한 소비지출액 대비 외식비가 차지하는 비율은 1969년에는 1.3%로 매우 낮았으나 2009년에는 13%로 크게 증가하였다. 식품비 지출대비 외식비 비율은 1969년에는 2.1%였고 2002년에는 41.9%로써 한국인의 식생활에서 외식이 차지하는 비중이 선진국의 수준으로 높아졌다.

보건복지부에서 2007년에 실시한 국민건강·영양조사 결과보고서에 의하면, 조사대상자의 약 25%가 1일 1회 외식을 하는 것으로 나타났으며, 주 1회 이상은 34.9%, 월 1회 이상은 20.2%였다.

외식기업의 2009년도 매출액을 살펴보면 매출액 상위 10개 외식기업에는 패스트푸드, 커피, 패밀리레스토랑, 치킨, 피자가 포함되었다. 매출액 1위는 파리크라상(파리바게뜨)이 10,015억 원, CJ푸드빌(빕스) 6,489억 원, 롯데리아(롯데리아, TGIF, 엔젤리너스) 4,148억 원, 비알코리아(던킨, 베스킨라빈스) 4062억 원, SRS코리아(버거킹, KFC) 2471억 원, 스타벅스커피코리아(스타벅스) 2,040억 원, 제너시스(BBQ) 1,547억 원, 미스터피자(미스터피자) 1,512억 원, 커피빈코리

표 3-4 가계 소비지출액에서 외식비 지출의 추이 및 내역

구 분	1963년	1975년	1985년	1990년	1995년	2000년	2002년	2004년	2006년	2008년
소비지출액(원)	6,300	58,350	317,025	685,662	1,265,890	1,632,298	1,834,812	2,018,1211	2,173,914	2,373,120
식료품비(원)	3,840	28,470	118,898	220,834	367,080	447,018	481,049	509,649	558,342	607,394
식료품비 비율(%)	60.95	48.79	37.50	32.21	29.00	27.39	26.22	25.25	25.68	25.59
외식비(원)	80	560	8,871	44,844	115,745	175,990	201,543	253,882	258,281	281,875
소비지출액 대비 외식비 비율(%)	1.27	0.96	2.80	6.54	9.14	10.78	10.98	12.58	11.88	11.87
식품비 지출액 대비 외식비 비율(%)	2.08	1.97	7.46	20.31	31.53	39.37	41.90	49.82	46.26	46.4

아(커피빈&티리프) 1,111억 원, 교촌에프앤비(교촌치킨) 1,105억 원의 순이었다. 또한 매출액 상위 10개 외식기업 중 국내 자생 외식기업은 5개, 해외브랜드 기업은 1개, 전략적 제휴(strategic alliances) 1개, 합작투자(joint ventures) 3개로 나타나 국내 자생 외식기업이 주도하고 있다.

(1) 패스트푸드

한국의 패스트푸드업계는 상위 8개 외식기업의 성장률이 1990년 이후 연평균 39.7%이고 2002년 기준 매출은 16,181억 원이다. 점포당 매출규모는 1990년 4억 원에서 1995년 8.1억 원으로 성장률이 증가하였으나 1997년 외환위기를 맞이하였고, 2008년에는 5.8억 원으로 감소하였다.

패스트푸드업계의 주메뉴는 햄버거와 치킨이 차지하고 있는데 국내 외식브랜드인 롯데리아는 2002년 기준 매출액 5,400억 원으로 업계 1위를 차지하고 있으며 그 뒤를 이어 해외외식브랜드인 맥도날드, KFC, 파파이스, 버거킹 등의 순으로 매출액을 보이고 있다. 또한 1996년 자생한 비비큐(BBQ)는 해외 외식브랜드와 달리 배달서비스 위주의 경영과 소규모 점포 운영방식으로 급성장하여 현재 패스트푸드 시장 내에서 3위를 차지하고 있다.

표 3-5 패스트푸드 시장규모 추이

(단위 : 억 원)

연도 / 기업	1990		1995		1997		2002		2004		2006		2008	
	매출액	점포당 매출액	매출액	점포당 매출액	매출액	점포당 매출액	매출액	점포당 매출액	매출액	점포당 매출액	매출액	점포당 매출액	매출액	점포당 매출액
롯데리아	274	3.1	1,500	5.8	2,450	6.4	5,400	6.4	4,500	5.4	3,620	5	2,982	4.0
맥도날드	28	7	410	8.5	930	8.1	2,800	7.8	–	–	–	–	1,971	8.4
버거킹	44	3.7	203	7.5	416	8.5	930	10	760	8.4	–	–	919	9.7
KFC	205	5.1	1,087	10.9	1,300	10.2	2,500	11.1	1,700	8.7	1,520	9.4	1,107	7.9
파파이스	–	–	125	3.9	8,706	7.4	1,301	6.2	1,000	5.6	611	5	411	3.6
비비큐	–	–	–	–	1,000	2.1	3,100	2.3	–	–	5,500	3	1,740	1.2
계	552	–	3, 875	–	73,746	–	16,181	–	7,960	–	11,251	–	9,130	–
평균	–	4.0	–	8.1	–	7.5	–	7.3	–	7.03	–	5.6	–	5.8

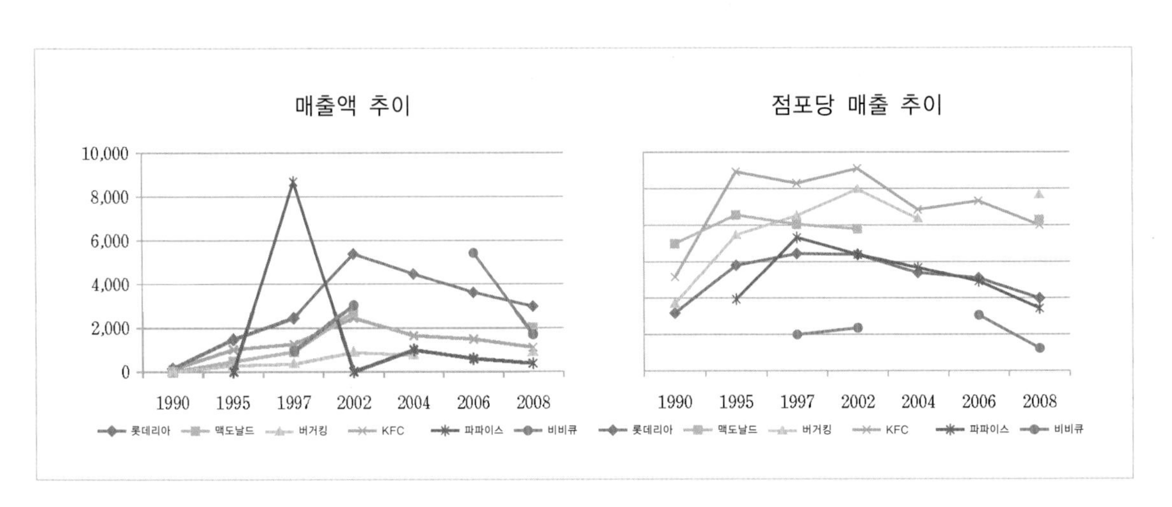

그림 3-1 패스트푸드 시장의 매출 및 점포당 매출 추이

한국의 패스트푸드 업계는 2000년대 이후 매장확대정책보다는 질적성장 위주로 매장의 손익우선정책을 추진하고 있으며, 광우병 파동과 경제 악화로 인한 소비위축 등으로 매우 어려운 상황을 겪고 있다.

또한 고객들이 건강을 중시하는 식재료와 조리법을 선호하게 됨에 따라 기존의 패스트푸드에 대한 인식을 바꾸기 위한 프리미엄 메뉴 개발 등의 지속적인 노력이 요구되고 있다.

(2) 패밀리레스토랑

한국의 패밀리레스토랑업계는 상위 7개 외식기업의 성장률이 1995년 이후 연평균 30.6%였고, 2009년 기준 매출이 8,294억 원이다. 점포당 매출액은 1990년 9.5억 원에서 2004년 31.3억 원으로 증가하였으나 2009년 기준 30억 원으로 성장률이 감소하고 있다.

표 3-6 패밀리레스토랑 시장규모 추이

(단위 : 억 원)

연도 / 기업	1997		1999		2002		2004		2006		2008		2009	
	매출액	점포당 매출액	매출액	점포당 매출액	매출액	점포당 매출액	매출액	점포당 매출액	매출액	점포당 매출액	매출액	점포당 매출액	매출액	점포당 매출액
T.G.I.' F.	362	45.3	388	32.3	850	36.9	1,000	30.3	1,100	21.6	800	26.7	630	20.3
시즐러	362	45.3	388	32.3	850	36.9	1,000	30.3	1,100	21.6	140	28	60	30
토니로마스	65	21.7	75	18.8	144	20.6	146	20.8	150	21.4	476	–	500	–
마르쉐	73	24.3	110	27.5	670	51.5	300	33.3	250	–	520	–	630	–
아웃백스테이크하우스	–	–	75	25.0	590	23.6	1,600	32	3,000	34.1	2,750	27.2	2,774	27.1
빕스	40	40.0	75	25.0	400	28.6	710	32.3	2,450	36.3	2,500	33.8	2,800	37.8
베니건스	176	29.3	286	31.8	760	44.7	826	41.3	1,000	32.2	938	31.3	900	34.6
계	1384	–	1576	–	4434	–	4,762	–	8,170	–	8124	–	8,294	–
평균	–	26.5	–	23.8	–	28.7	–	31.4	–	28.9	–	29.4	–	30

패밀리레스토랑 업계는 국내 자생브랜드인 빕스(VIPS)가 2009년 기준 매출액 2,800억 원으로 업계1위를 차지하였고 아웃백스테이크하우스, 베니건스, T.G.I.F의 순으로 매출액을 보이고 있다. 빕스(VIPS)는 스테이크 및 립 등의 육류 메뉴 중심의 패밀리 레스토랑과는 차별적으로 샐러드바를 같이 운영하여 브랜드의 경쟁력이 강화되었다. 해외 외식브랜드가 주도하던 패밀리레스토랑은 CJ푸드빌에서 운영하는 빕스(VIPS)의 성장가속화로 국내 자생브랜드의 패밀리레스토랑의 입지를 강화시켰다. 패밀리레스토랑 브랜드들의 인지도는 서울과 경기지역 중심으로 형성되었는데 이는 지방에서는 패스트푸드업계와 같은 급속한 확장에 한계가 있기 때문이다.

1990년대 후반 외환위기라는 경제적 어려움 속에서도 고객들의 관심과 호기심 속에 성장한 패밀리레스토랑은 2000년대에 들면서 계속적인 경기침체와 광우병 등으로 인한 어려운 환경 속에서도 꾸준한 성장세를 지속하고 있다. 그러나 새로운 외식경험을 추구하려는 고객들의 요구가 변화되며 그 성장세가 둔화되고 있다.

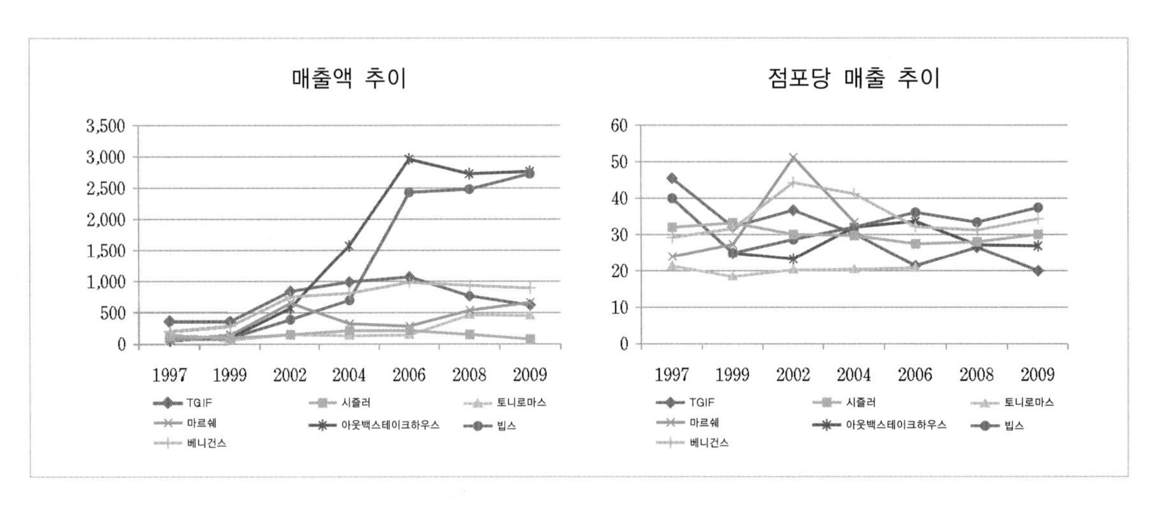

그림 3-2 패밀리레스토랑 시장 매출 및 점포당 매출 추이

(3) 피자업계

한국의 피자업계는 상위 3개 외식기업의 성장률이 1990년 이후 연평균 78.5%이고 2009년 기준 매출은 11,441억 원이다. 점포당 매출규모는 1993년 7.8억 원에서 2002년 4.9억 원으로 감소하였으나 2009년 11.3억 원으로 증가하였다.

피자업계는 미스터피자가 2009년 기준 매출액 4,156억 원으로 업계의 1위를 차지하였으며, 얼마 전까지 부동의 시장점유율 1위를 지켜오던 피자헛과 피자배달 전문업체로서 꾸준히 성장하고 있는 도미노피자가 피자업계를 주도하고 있다.

1985년 피자헛이 도입된 이래로 많은 피자 레스토랑들이 생겨나 시장은 포화수준에 이르고 있고 매장 중심에서 배달 중심으로 경영전략의 변화가 이루어지고 있다. 1991년에 개점한 미스터피자는 후발주자였음에도 불구하고 'Love for women' 이라는 슬로건으로 여성고객의 요구를 반영한 메뉴 개발로 2009년 국내 자생 브랜드로서 업계 1위를 차지하였다.

표 3-7 피자업계 시장규모 추이

(단위 : 억 원)

기업 \ 연도	1997		1999		2002		2004		2006		2008		2009	
	매출액	점포당 매출액	매출액	점포당 매출액	매출액	점포당 매출액	매출액	점포당 매출액	매출액	점포당 매출액	매출액	점포당 매출액	매출액	점포당 매출액
피자헛	1,350	9.9	1,700	10.7	3,000	10.0	3,900	11.5	4,000	11.8	4,300	13.0	4,039	13.0
도미노피자	180	2.2	300	2.4	800	4.1	1500	6.1	2,400	8.5	3,000	9.8	3,246	9.8
미스터피자	130	2.6	92	0.8	98	0.6	1,500	6.8	2,400	8.4	3,900	11.1	4,156	11.1
계	1,660	–	2,092	–	3,898	–	6,900	–	8,800	–	11,200	–	11,441	–
평균	–	4.9	–	4.6	–	4.9	–	8.1	–	9.6	–	11.3	–	11.3

전 세계 84개국에 진출해 있는 글로벌 피자 브랜드인 피자헛이 1985년 국내에 도입된 이래로 국내 시장은 미국, 영국에 이어 세 번째로 실적이 좋은 시장으로 평가받고 있다. 피자헛이 도입된 이래로 많은 피자 레스토랑들이 생겨났으며 새로운 국내 자생 브랜드도 속출하고 있다. 피자업계는 고객의 고급화된 요구에 부응하기 위하여 좋은 식재료와 웰빙트렌드에 맞는 프리미엄 피자 개발에 주력하고 있다.

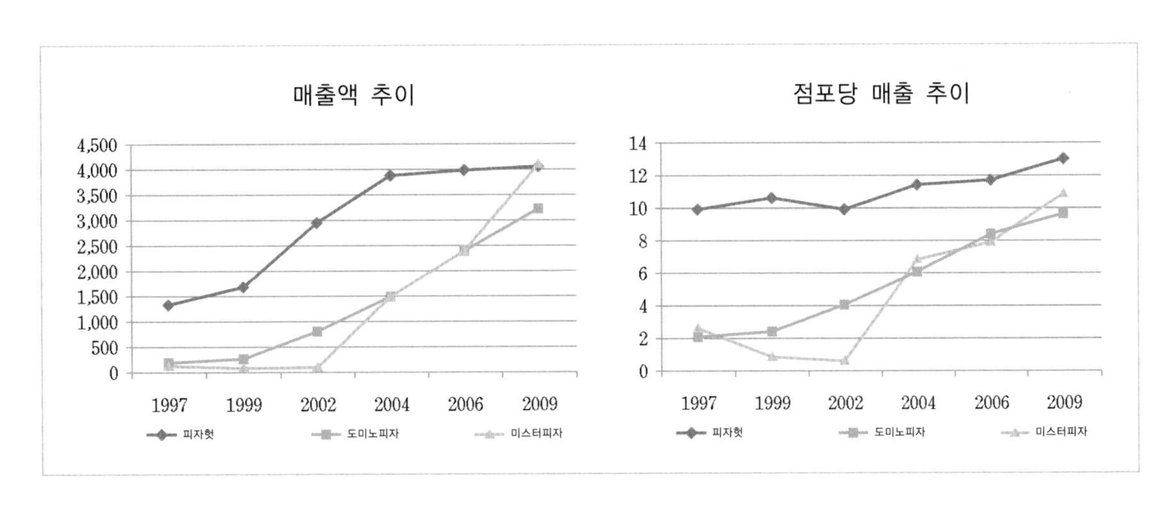

그림 3-3 피자 시장 매출 및 점포당 매출 추이

(4) 한 식

1998년 기준으로 한국음식업중앙회에 등록된 음식점은 한식 56%, 중식 4.7%, 양식 3.3%, 일식 3.3%, 기타 24%로 한식이 가장 많다. 해외 외식브랜드의 진출이 급증하는 가운데 외식기업에서 운영하는 한국음식점들이 경쟁력을 갖추기 위해 내부적으로 경영의 체계화를 이루고 외부적으로는 해외 진출을 모색하고 있는 가운데 개인이 운영하는 중소 한국음식점이 공존하고 있다.

정부의 한식세계화 추진정책과 외식기업의 새로운 시도 등으로 인해 한식이 주목받고 있다. 2000년 초반에는 국내 특급호텔들이 수익성 악화로 인해 한식당 운영이 어려웠으나 2010년 롯데호텔의 무궁화가 재개장하였다.

놀부는 2009년 국내 650개 매장을 운영하는 한식프랜차이즈 외식기업으로서 해외시장 진출을 위한 적극적인 전략을 펼치고 있고 썬앳푸드는 양식 메뉴에 주력하여 왔지만 최근 한식레스토랑 브랜드인 모락과 비스트로서울을 런칭하였다. 한식패밀리레스토랑인 불고기브라더스는 2006년에 강남에 1호점을 개장하였으며 프랜차이즈 업계 최초로 1년 8개월 만에 직영 10호점을 개장하여 2010년 기준 19개 직영매장을 운영하고 있다. 이처럼 많은 외식기업들이 한식세계화 및 사업 확장을 위하여 해외 시장 진출에 적극적인 노력을 펼치고 있다.

(5) 커피업계

한국의 커피업계는 2002년부터 연평균 40.9%의 성장률을 나타내며 꾸준히 시장규모가 증가하고 있다. 1999년 스타벅스가 개점한 이래로 커피빈, 할리스 등의 대형점포 위주의 커피업체가 주도하고 있다.

스타벅스는 2009년 매출 2,400억 원으로 국내 에스프레소와 테이크아웃 커피 전문화를 도입시켰고, 최적의 상권중심의 점포 확대, 매장에서의 1회용품 재활용을 통한 적극적인 환경보호운동 등을 통해 시장을 주도하고 있다. 해외 브랜드를 중심으로 성장해오던 커피업계는 최근 카페베네, 엔제리너스커피, 탐앤탐스, 할리스와 같은 국내 자생브랜드의 성장이 두각을 나타내고 있다.

국내 커피업계는 신세계의 스타벅스, 롯데그룹의 엔제리너스커피처럼 대형 외식브랜드를 중심으로 형성되어 있어 같은 계열사 간의 적극적인 지원은 브랜드 별 매장확장에도 큰 영향을 미치고 있다.

커피업계의 발달과 커피전문점의 확산에 따라 한국의 커피 문화도 꾸준히 성장하게 되었는데, 최근 한 조사에 의하면 커피전문점을 이용하는 가장 큰 이유는 응답자의 56.54%가 커피 자체를 즐기기 위해서이고, 25.9%가 만남을 위해서, 혼자만의 시간을 갖기 위해서라는 응답도 13.3%로 나타났다. 또한 커피를 마시는 이유로는 72%가 커피의 맛과 향 때문이라고 응답하였다(스타벅스코리아, 2009).

최근 커피업계는 고객의 요구에 부합하기 위해 커피 메뉴 외에 다양한 사이드 메뉴를 제공하고 있다. 이전까지는 케이크나 쿠키, 베이글(bagle) 등의 사이드 메뉴를 제공하였으나 샌드위치, 샐러드, 스파게티 등의 음식을 제공하면서 베이커리 카페나 샌드위치 전문점 등과 경쟁하고 있다.

표 3-8 커피업계 시장규모 추이

(단위 : 억 원)

기업 \ 연도	2002		2004		2006		2008		2009	
	매출액	점포당 매출액	매출액	점포당 매출액	매출액	점포당 매출액	매출액	점포당 매출액	매출액	점포당 매출액
스타벅스	440	7.6	712	6.6	1,094	5.8	1,584	5.6	2,040	6.5
커피빈	–	–	312	9.2	–	–	917	6.1	1,220	6.4
파스쿠찌	4.0	13.3	128	9.1	250	8.6	–	–	–	–
엔젤리너스 (구)자바커피	–	–	94	4.5	172	4.6	550	3.8	860	3.7
할리스	–	–	65	3.1	–	–	225	1.2	270	1.2
탐앤탐스	–	–	–	–	–	–	197	2	315	1.9
카페베네	–	–	–	–	–	–	0.24	–	223	–
계	480	–	1,320	–	1,516	–	3,473	–	4,928	–
평균	–	10.5	–	6.5	–	6.3	–	3.7	–	3.9

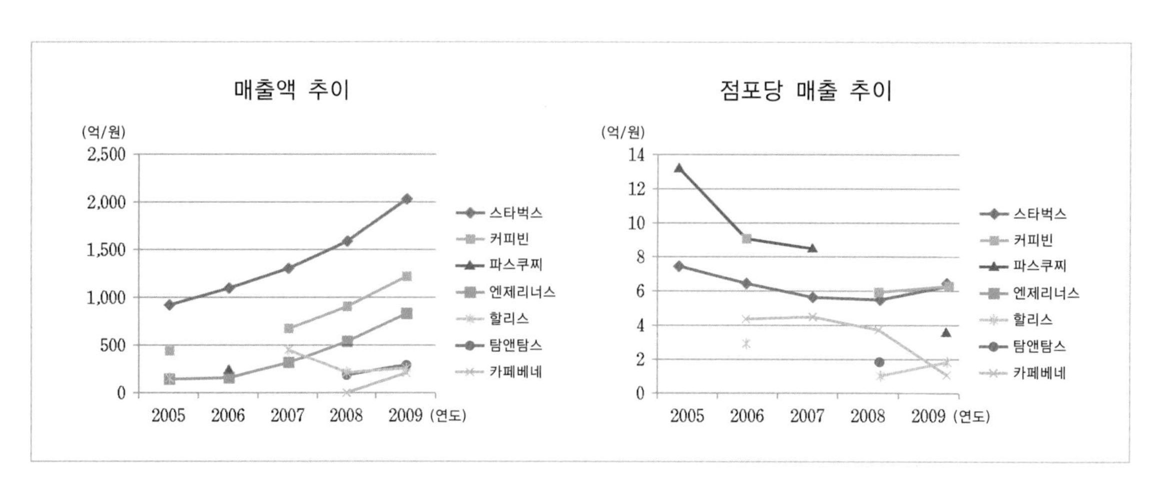

그림 3-4 커피시장 매출 및 점포당 매출액 추이

베이커리 카페의 등장

최근 베이커리 업계의 가장 큰 변화는 '베이커리 카페' 이다. 기존의 베이커리에서 프리미엄 커피와 다양한 음료군을 접목시켜 시장 경쟁력을 확보하겠다는 움직임으로 국내 베이커리업계 1~2위를 다투고 있는 「파리바게트」와 「뚜레쥬르」 등이 카페형 공간을 마련해 인기를 끌고 있다.

커피전문점을 사무실처럼 사용하며 노트북으로 업무를 보거나 혼자서 공부를 하는 사람들이 늘어나면서 베이커리 카페의 이용도 증가하고 있다. 베이커리 카페는 목재를 활용해 테라스를 만드는 한편, 내부 조명 및 인테리어는 편안하고 화려하게, 좌석은 고급스럽고 푹신한 의자로 모두 교체했다.

자료 : 뉴데일리(2010. 08. 15).

(6) 베이커리업계

한국의 베이커리업계는 1980년대 말 파리바게뜨와 크라운베이커리의 개점을 시작으로 매장 수가 5000개에 육박할 정도로 시장이 성숙함에 따라 프랜차이즈 형태가 베이커리 업계를 주도하게 되었다. 국내 외식기업의 매출액 중 1위를 유지하고 있는 파리바게뜨는 2009년 기준 10,015억 원으로 압도적인 1위를 고수하고 있다. 베이커리 기업으로는 CJ푸드빌의 뚜레쥬르와, 크라운베이커리가 주도하고 있다. 파리바게뜨는 2005년 베이커리 카페 열풍을 선도하였으며 모닝세트를 개발해 아침시장을 겨냥하는 등 신규고객을 창출하기 위한 다양한 노력을 펼치고 있다.

국내 베이커리 시장 규모가 점차 증가함에 따라 해외 시장에도 진출하여 활발한 가맹사업을 진행하고 있는데 파리바게뜨는 2010년 기준 미주지역에서 총 14개, 중국에서는 46개 점포를 운영하고 있고, 뚜레쥬르는 미국 16개점, 중국 7개점, 베트남 8개점의 해외점포를 운영하고 있다.

2. 외식산업의 환경변화와 미래

1) 외식산업의 환경변화

소득 향상에 따른 외식인구의 증가와 소비지향적 생활패턴, 관광과 레저의 증가, 고객 요구의 다양화 등은 외식산업의 발전을 촉진시키고 있다. 외식점포 수의 증가와 경쟁의 심화는 외식기업의 경영자들에게 고객의 요구를 충족시켜 주면서 기업의 이익을 극대화할 수 있는 새로운 전략과 효율적이고 차별화된 마케팅 방안을 요구하고 있다.

외식산업에 영향을 주는 환경변화로는 에스닉푸드, 슬로우푸드, 한식의 세계화, 프랜차이즈 시스템 확대, 전략적 제휴, 포장 및 배달판매 시장의 확대, 위생과 안전규제 강화 등이 있다.

(1) 에스닉푸드

에스닉푸드(ethnic food)란 자국에서 경험할 수 없는 타 문화권의 민족 집단의 고유한 문화와 전통이 관련된 음식을 말한다.

소득과 교육수준의 향상은 삶의 질을 추구하고 건강과 맛을 지향하는 소비트렌드로 고객의 외식성향에도 큰 영향을 미쳤다. 고객은 새로운 문화에 대한 동경과 경험의 욕구가 증가하였고, 이국적이고 테마가 있는 레스토랑을 선호하게 되었다. 기존 레스토랑에서도 에스닉푸드의 메뉴를 개발하고 개점하는 에스닉푸드 레스토랑은 내부 및 외부 인테리어를 비롯하여 식기, 음악, 종업원유니폼에도 에스닉의 영향을 받아 문화를 체험할 수 있는 외식공간으로 자리잡고 있다.

2010년의 새로운 메뉴 트렌드

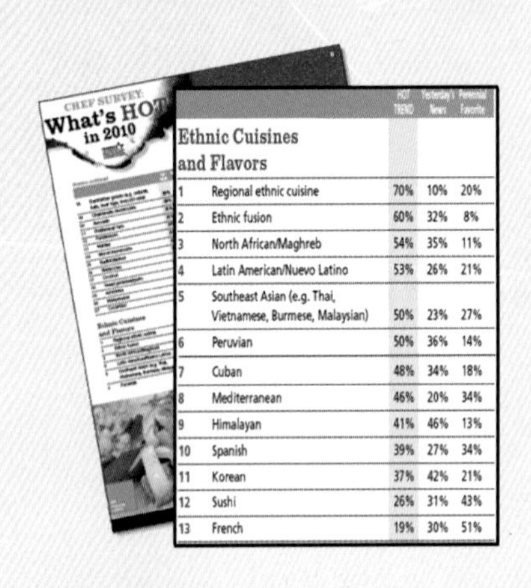

Ethnic Cuisines and Flavors		HOT TREND	Yesterday's News	Perennial Favorite
1	Regional ethnic cuisine	70%	10%	20%
2	Ethnic fusion	60%	32%	8%
3	North African/Maghreb	54%	35%	11%
4	Latin American/Nuevo Latino	53%	26%	21%
5	Southeast Asian (e.g. Thai, Vietnamese, Burmese, Malaysian)	50%	23%	27%
6	Peruvian	50%	36%	14%
7	Cuban	48%	34%	18%
8	Mediterranean	46%	20%	34%
9	Himalayan	41%	46%	13%
10	Spanish	39%	27%	34%
11	Korean	37%	42%	21%
12	Sushi	26%	31%	43%
13	French	19%	30%	51%

미국레스토랑협회(National Restaurant Association Research)에서는 매년 미국요리사협회(American Culinary Federation)의 1,854명의 쉐프를 대상으로 새로 떠오르는 메뉴 트렌드에 대해 설문조사를 실시한다. 2010년 조사결과에 의하면 에스닉푸드와 맛(Ethnic Cuisines and Flavors)에 있어 10위가 스페니쉬(spanish), 11위는 한국음식(Korean), 12위가 일본의 스시(sushi), 13위가 프랑스음식(French)이 뽑혔다. 에스닉푸드로서 이미 미국에서 매우 인기 있는 일본의 스시(Sishi)보다 한국음식이 높은 순위에 올랐다는 것은 이미 일본음식은 대중화되어 보편화 되었기에 앞으로 한국음식의 가능성을 더 높이 평가하였다고 볼 수 있다.

(2) 슬로우푸드

슬로우푸드(slow food)는 패스트푸드(fast food)에 대립하는 개념으로 지역의 전통적인 식생활 문화나 식재료를 다시 검토하는 운동 또는 그 식품 자체를 가리키는 말이다.

슬로우푸드는 본래 슬로우푸드 운동에서 비롯되었는데 1986년 맥도날드가 이탈리아 로마에 진출하자 이에 반대하여 슬로우푸드 운동이 시작되었다. 그 후 1989년 파리에서 15개 국가 선언문이 발표되면서 국제운동으로 전개되어 전 세계적으로 확산되어 갔다.

국내 외식업계에서도 웰빙(well- being)의 유행과 함께 슬로우푸드(slowfood)가 주목받고 있으며, 친환경 유기농 재료로 조리되어 건강을 지향하는 메뉴선호가 증가하고 있다. 슬로우푸드는 음식으로 인한 비만, 건강문제에 대응하기 위한 식재료와 조리법을 강조하고 있으며 이를 지향하는 외식업체가 증가하고 있다.

(3) 한식의 세계화

한식의 세계화를 위한 노력은 정부주도의 중장기적 계획으로 외식기업의 다양한 시도와 더불어 수행되어지고 있다. 인터넷이 확산되고 해외여행 등으로 국가 간 문화교류가 활발해 지면서 음식은 하나의 문화적 확산의 매개체적 수단이 되었다. 2009년 농림수산식품부는 '한식세계화 추진전략'을 발표하였으며 2010년에는 한식의 진흥과 한식문화의 확산을 위해 사업을 전문적으로 추진할 한식

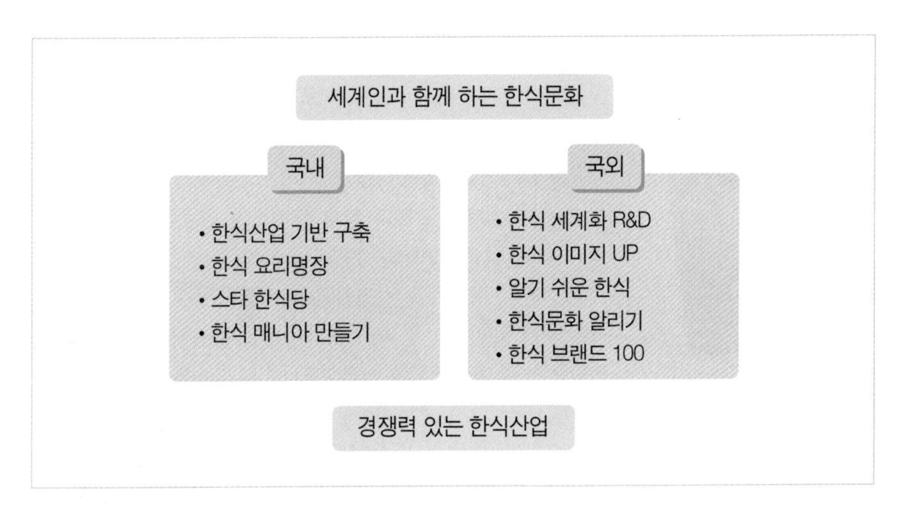

그림 3-5 한식세계화 추진 전략

자료 : 농림수산식품부의 한식세계화 추진전략(2009).

재단이 출범하였다. 한식세계화 노력은 정부뿐만 아니라 외식기업, 대학 및 연구기관의 산 · 학 · 연의 다양한 노력과 협력이 요구되어진다.

레스토랑 평가 가이드북

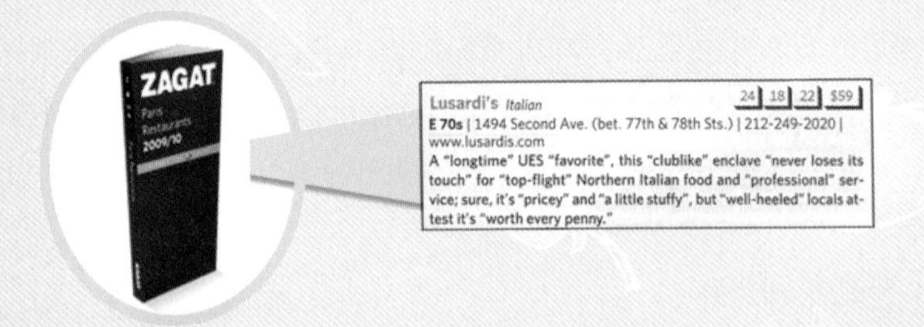

Lusardi's *Italian* | 24 | 18 | 22 | $59
E 70s | 1494 Second Ave. (bet. 77th & 78th Sts.) | 212-249-2020 | www.lusardis.com
A "longtime" UES "favorite", this "clublike" enclave "never loses its touch" for "top-flight" Northern Italian food and "professional" service; sure, it's "pricey" and "a little stuffy", but "well-heeled" locals attest it's "worth every penny."

자갓서베이(Zaget Survey)

자갓서베이(Zaget Survey)는 1979년 미국의 자갓 부부(Tim Zagat & Nina Zagat)에 의해 최초로 만들어져 현재까지 세계 100여 도시에서 출간되고 있는 레스토랑 평가서이다. 자갓서베이는 도시의 선정된 레스토랑을 방문한 경험이 있는 일반인들이 음식, 실내, 분위기, 서비스 등 항목에 대해 30점 만점을 기준으로 점수를 부여하고 이를 토대로 레스토랑을 평가한다. 레스토랑의 이름을 표기하고, 오른쪽 상단의 점수는 왼쪽부터 순서대로 음식, 장식, 서비스의 점수를 표기한다. 가장 오른쪽은 음식의 평균적 가격을 나타낸다. 또한 주소 및 연락처, 홈페이지가 제시되며 조사 시 응답자들의 코멘트를 알려준다.

미슐랭가이드(Michelin Guide)

미슐랭가이드(Michelin Guide)는 1900년대 프랑스의 미쉐린타이어회사(Michelin Tire Company)가 자동차 여행을 유도해 판매량을 늘리려 발행하던 여행안내책가 발전하여 현재 세계 90여 개국에서 발행되고 있다. 미슐랭가이드는 전문적인 교육을 받은 평가원이 레스토랑을 방문하여 음식의 질, 맛을 중점적으로 평가한다. 레스토랑은 평가단이 매긴 1~5개의 등급( )에 의해 분류되고 그 중 뛰어난 곳은 별표( ) 1~3개를 표기하여 구분한다. 별 1개는 그 카테고리에서 매우 우수한 레스토랑, 별 2개는 훌륭한 요리, 우회해서 방문할 가치를 가진 레스토랑, 별 3개는 특별한 요리, 여행의 목적지로서 가치가 있는 레스토랑을 의미한다.

한국음식의 미국 내 연구 사례

◘ 한식 확산의 저해요인과 촉진요인

2007~2008년 자갓서베이에 소개된 한국음식 레스토랑 5곳(반, 초당골, 한가위, 코리아팰리스, 우래옥)의 오너와 매니저를 대상으로 인터뷰를 실시하여 한국음식 확산의 촉진요인과 저해요인을 도출하였다.

촉진요인	저해요인
• 채식주의자(vegetarian)	• 접근성이 떨어짐(not found in my area)
• 건강식(healthy food)	• 위치의 열악함(bad location)
• 반찬 무료제공(free side dish with refill)	• 음식의 냄새(food ordor)
• 푸짐한 음식(generous portions)	• 다른 분위기(different atmosphere)
• 김치(Kimch)	• 문화적 거리(cultural distance)
• 음식의 질(quaity food)	• 너무 이국적인 음식(too exotic)
• 음식의 맛(tasty food)	• 어려운 메뉴(difficult Menu)
• 뜨겁고 매운 음식(hot & spicy)	• 한정된 음료(limited beverage)
• 테이블 바비큐(table BBQ)	• 열악한 서비스(poor service)
• 전체적인 가치(overall value)	• 스타쉐프 부재(no celebrity chef)
• 한국식 서비스(Korean service)	• 낮은 국가 이미지(low profile)
• 새로운 음식(ethnic)	• 인식의 부족(lack of awareness)
• 정통성(authentic)	• 정보의 부족(less information)
• 가정식(home made)	

자료 : 한경수 · Heidi Sung · 민지은.
한식의 확산을 위한 수용자 범주별 촉진요인과 저해요인.

(4) 프랜차이즈 시스템의 확대

국내 프랜차이즈 산업의 2008년 기준 매출액은 77.3조 원이며 그 중 51%를 외식기업이 차지하고 있다. 2010년 국내 우수프랜차이즈 기업으로 선정된 11곳 중 외식업이 9개를 차지하였다(중소기업청, 2010). 한국의 프랜차이즈 외식기업의 종사자 수가 타 산업에 비해 매우 높아 경기불황 시 실업해소에 기여하고 있다.

외식산업에서의 프랜차이즈사업은 서비스산업에 대한 수요의 증가, 물류 및 유통구조의 선진화, 해외 외식브랜드에 의한 선진경영기법 도입, 주방설비 및 기기의 자동화, 인터넷 보급으로 인한 정보망의 확대 등으로 인해 더욱 발전하고 있다.

또한, 해외로 진출한 외식기업이 전체 프랜차이즈 사업의 17%를 차지하고 있고 국내의 자생 외식기업들은 중국의 시장개방화 등으로 인해 해외진출이 증가하여 수출전략산업으로 재조명받고 있다.

(5) 전략적 제휴

외식기업의 전략적 제휴(partnering)는 타기업과의 계약 및 협력을 통해 매출 및 생산성을 증대시키는 것을 말한다. 최근 들어 외식기업들은 신규 및 잠재고객 확보와 경기침체 상황에서의 마케팅비용 절감효과 등을 위해 제휴마케팅을 활발히 진행하고 있다.

외식기업이 무리한 자체투자보다는 기존 식품제조업체의 생산라인을 활용하여 OEM(주문생산방식)을 주는 것도 전략적 제휴의 좋은 예이며 썬앳푸드의 스파게티아는 소스를 오뚜기에서 생산하게 하여 추가적인 투자없이 점포의 생산성을 증대시켰다.

(6) 포장 및 배달판매 시장의 확대

조리된 음식을 가정, 사무실, 야외 등에서 먹을 수 있어 편이성이 특징인 가정식 대용(home meal replacement : HMR)은 맞벌이 부부, 독신가구 및 바쁜 젊은층의 증가 등으로 인해 더욱 성장하고 있다.

외식기업의 경영자 입장에서는 포장판매 및 배달판매 전문점을 운영하게 되면 소규모 매장형태로 고정비용과 관리비, 임대료에 대한 부담이 적고 정규직 종사원 수는 줄이면서 시간제 종사원을 활용할 수 있게 되어 인건비를 줄일 수 있으며 일품요리를 중량 또는 개별 판매함으로써 음식쓰레기가 감소되는 효과가 있다.

외식기업의 가정식 대용(HMR) 시장에서의 경쟁력 확보전략은 철저한 식자재 및 위생관리, 음식의 맛과 특성을 살린 포장용기, 차별화된 점포 등이라 할 수 있다. 특히 음식의 포장은 경쟁력 확보에 중요하며 신속성(quick-availability), 기능성(functionality), 신선도 유지(freshness), 비용효과성(cost-effectiveness) 등이 요구된다.

미국의 경우 과거 10년 동안 외식기업의 포장판매(take-out)는 3배로 증가되었고 전체 매출액의 60%를 차지할 정도로 괄목한만한 성장을 하였다. 미국 가정의 식탁에 올라오는 메뉴의 46%를 포장판매 메뉴가 차지하고 있는 것을 볼 때 가정식 대용(HMR) 시장의 잠재력을 보여주고 있다.

그림 3-6

외식기업의 건강캠페인

(7) 위생과 안전규제 강화

외식이 증가함에 따라 외부에서 섭취하는 음식의 위생 및 안전성이 심각한 사회적 문제로 대두되면서 식중독 사고 예방을 위한 선진화된 위생관리시스템이 도입되고 있다. 이에 식품위해요소 중점관리기준(HACCP) 체계는 현재 적용업소 지정제도로 시행되고 있으나 중·소 외식기업이 도입하기에는 시간, 비용, 전문인력 부재 등의 어려움이 있어 보다 쉽게 적용할 수 있는 방안이 요구된다.

2003년에 발생한 광우병과 조류독감 파동은 외식산업에 큰 파문을 가져왔고 전세계적으로 웰빙에 대한 관심이 고조되면서 안전하고 건강한 식생활 욕구가 증가되어 식품의 안전성이 중요한 이슈로 제기됨에 따라 외식기업에서는 웰빙 이미지를 강조하는 녹차, 천연조미료, 유기농 식재, 웰빙 메뉴 개발 등 다양한 마케팅 프로그램을 기획·실행하고 있다.

2002년 7월에 시행된 제조물책임법(product liability : PL)은 제조물의 결함으로 인하여 소비자의 생명·신체 또는 재산에 발생한 손해에 대하여 제조업자 등이 책임을 지는 손해배상 책임이다. 외식기업은 제조물책임법에 대한 대응방안으로 고객의 안전을 확보하는 것이 기업의 사회적 책임이라는 인식의 전환을 이루었으며 이를 위한 제품 안전 등에 관한 세부규칙 및 매뉴얼 등의 제품안전시스

표 3-9 미국 외식산업의 트렌드(2010)

풀 서비스 레스토랑 (Full Service Restaurant)	리미티드 서비스 레스토랑 (Limited Service restaurant)
• 가치 중심적 선택	• 시설 설비 투자
• 이메일 마케팅	• 새로운 매체 활용
• 상호소통 활동	• 무선인터넷 사용
• 포장 및 배달	• 고객 선택 확대
• 친환경	• 가정 및 사무실 배달
• 주문과 지불의 혁신	• 손님의 흥미 및 접대를 위한 음식 공급
• 건강 중심	• 건강을 위한 선택

자료 : 미국 레스토랑 협회(National Restaurant Association).

템을 구축하여 전종사원에게 교육시키고 있다.

지구환경문제에 대한 심각성이 갈수록 높아지며 고객들의 환경문제에 대한 인식이 증가하고 외식기업의 환경친화적인 면이 외식점포를 선택하는 기준이 되고 있어 외식기업들의 적극적인 환경마케팅(green marketing)이 중요해지고 있다. 또한, 포장 및 배달판매시장이 확대되면서 1회용 용기 및 포장지 사용의 규제가 심화되고 있어 외식기업들은 쓰레기 감량대책, 분리수거 및 재활용 등의 환경대책을 마련하여 외식기업의 이미지를 개선하고 있다.

2) 외식산업의 미래

최근 국내외 어려운 경제상황에도 불구하고 에스닉푸드, 슬로우푸드 및 한식의 세계화, 프랜차이즈 시스템 확대, 전략적 제휴, 포장 및 배달판매시장의 확대, 위생과 안전 규제 강화 등의 환경변화에 따라 외식산업의 전망은 밝은 편이다. 21세기를 맞이하면서 사회, 경제, 문화, 기술 등 다각적인 측면에서 새로운 전환기를 맞이하고 있다.

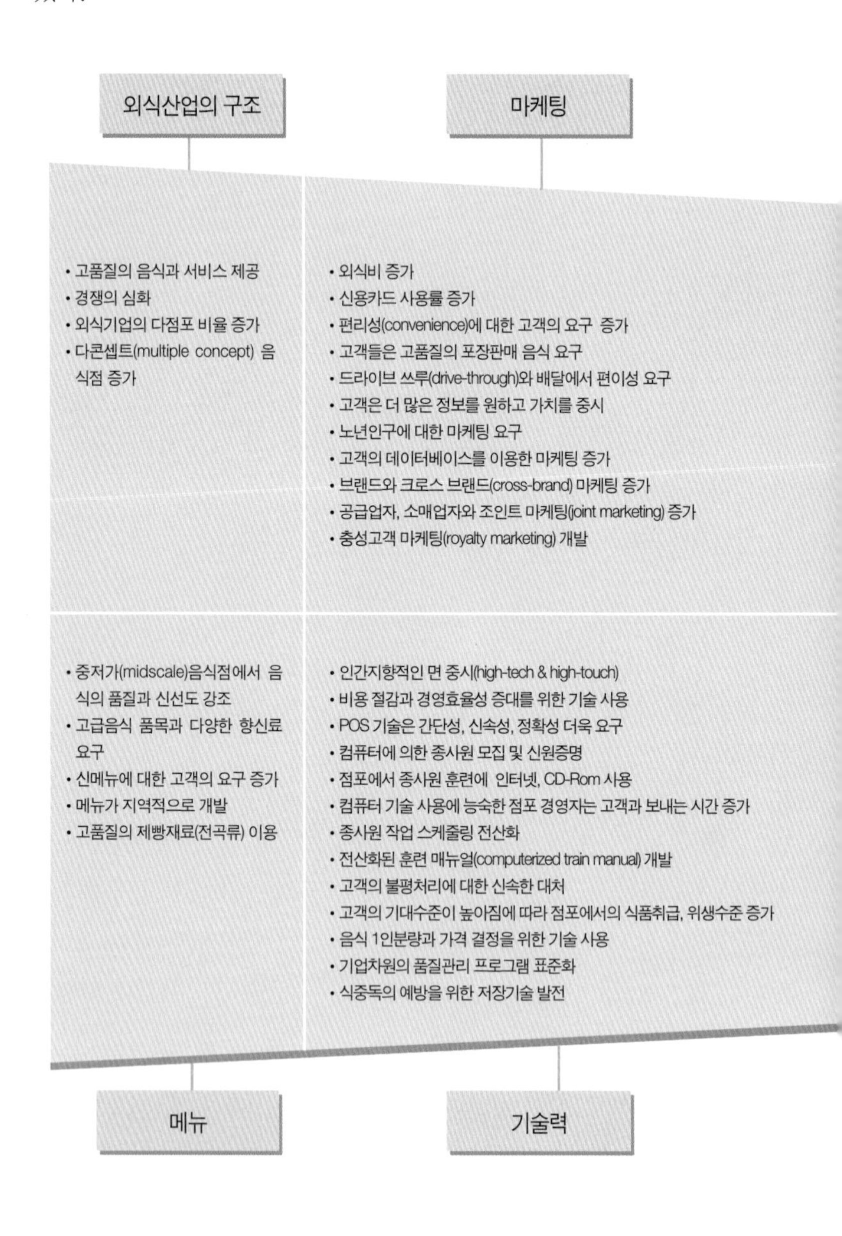

외식산업의 구조
마케팅
• 고품질의 음식과 서비스 제공
• 경쟁의 심화
• 외식기업의 다점포 비율 증가
• 다콘셉트(multiple concept) 음식점 증가
• 외식비 증가
• 신용카드 사용률 증가
• 편리성(convenience)에 대한 고객의 요구 증가
• 고객들은 고품질의 포장판매 음식 요구
• 드라이브 쓰루(drive-through)와 배달에서 편이성 요구
• 고객은 더 많은 정보를 원하고 가치를 중시
• 노년인구에 대한 마케팅 요구
• 고객의 데이터베이스를 이용한 마케팅 증가
• 브랜드와 크로스 브랜드(cross-brand) 마케팅 증가
• 공급업자, 소매업자와 조인트 마케팅(joint marketing) 증가
• 충성고객 마케팅(royalty marketing) 개발
• 중저가(midscale)음식점에서 음식의 품질과 신선도 강조
• 고급음식 품목과 다양한 향신료 요구
• 신메뉴에 대한 고객의 요구 증가
• 메뉴가 지역적으로 개발
• 고품질의 제빵재료(전곡류) 이용
• 인간지향적인 면 중시(high-tech & high-touch)
• 비용 절감과 경영효율성 증대를 위한 기술 사용
• POS 기술은 간단성, 신속성, 정확성 더욱 요구
• 컴퓨터에 의한 종사원 모집 및 신원증명
• 점포에서 종사원 훈련에 인터넷, CD-Rom 사용
• 컴퓨터 기술 사용에 능숙한 점포 경영자는 고객과 보내는 시간 증가
• 종사원 작업 스케줄링 전산화
• 전산화된 훈련 매뉴얼(computerized train manual) 개발
• 고객의 불평처리에 대한 신속한 대처
• 고객의 기대수준이 높아짐에 따라 점포에서의 식품취급, 위생수준 증가
• 음식 1인분량과 가격 결정을 위한 기술 사용
• 기업차원의 품질관리 프로그램 표준화
• 식중독의 예방을 위한 저장기술 발전
메뉴
기술력

(1) 외식산업의 구조

국제적인 외식기업들은 국외 소비자의 수요를 만족시키기 위한 성공적인 외식컨셉들을 개발하여 해외로의 진출을 모색할 것이며 베이비붐 세대와 X세대(1965~1978년에 태어난 세대), Y세대(1979년~1994년에 태어난 세대)들을 타깃으로 운영전략을 계획할 것이다.

외식기업들과 식재료 공급자간의 경쟁이 계속될 것이고, 단일점포 외식기업

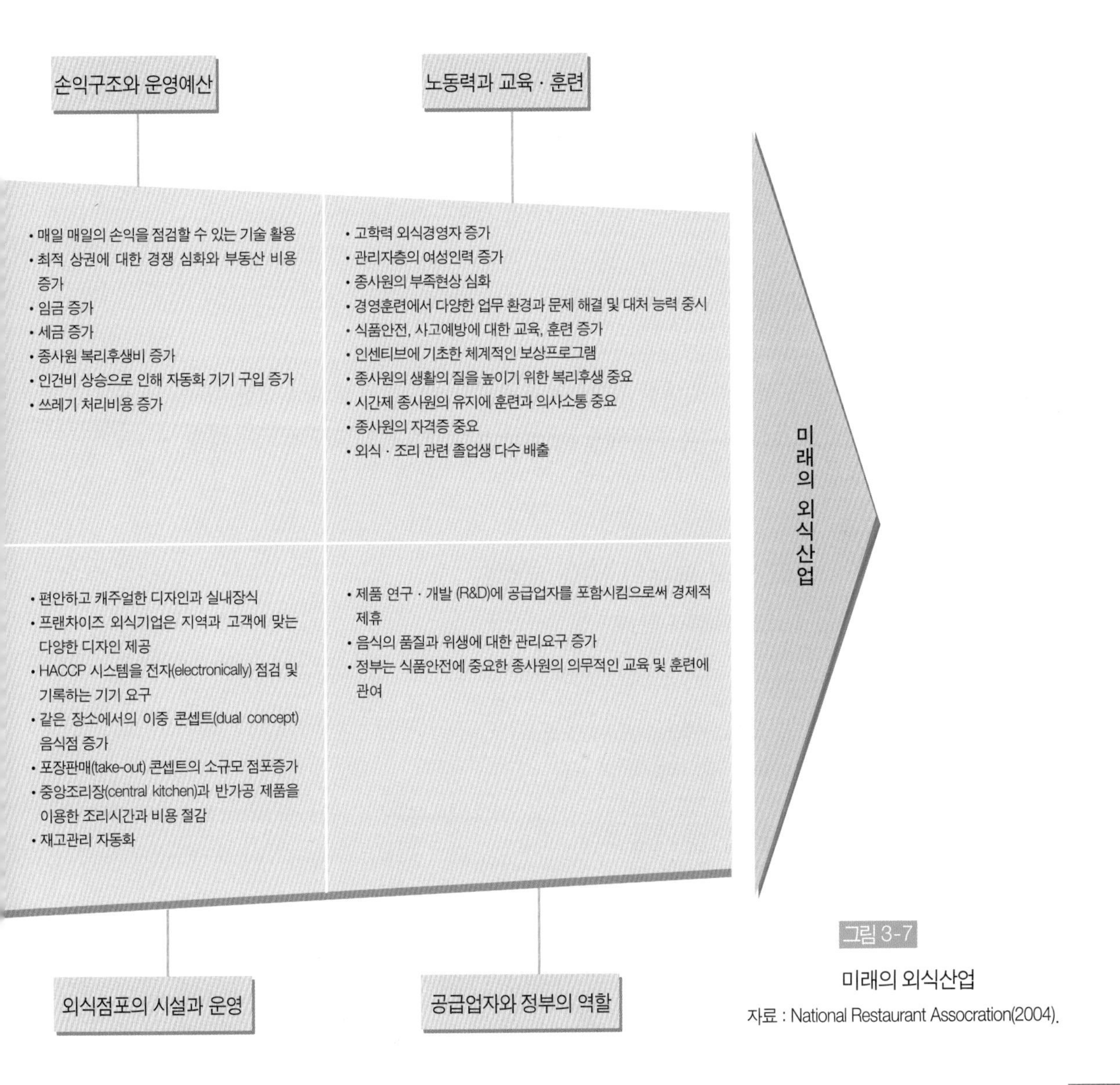

손익구조와 운영예산
노동력과 교육 · 훈련
• 매일 매일의 손익을 점검할 수 있는 기술 활용
• 최적 상권에 대한 경쟁 심화와 부동산 비용 증가
• 임금 증가
• 세금 증가
• 종사원 복리후생비 증가
• 인건비 상승으로 인해 자동화 기기 구입 증가
• 쓰레기 처리비용 증가
• 고학력 외식경영자 증가
• 관리자층의 여성인력 증가
• 종사원의 부족현상 심화
• 경영훈련에서 다양한 업무 환경과 문제 해결 및 대처 능력 중시
• 식품안전, 사고예방에 대한 교육, 훈련 증가
• 인센티브에 기초한 체계적인 보상프로그램
• 종사원의 생활의 질을 높이기 위한 복리후생 중요
• 시간제 종사원의 유지에 훈련과 의사소통 중요
• 종사원의 자격증 중요
• 외식 · 조리 관련 졸업생 다수 배출
• 편안하고 캐주얼한 디자인과 실내장식
• 프랜차이즈 외식기업은 지역과 고객에 맞는 다양한 디자인 제공
• HACCP 시스템을 전자(electronically) 점검 및 기록하는 기기 요구
• 같은 장소에서의 이중 콘셉트(dual concept) 음식점 증가
• 포장판매(take-out) 콘셉트의 소규모 점포증가
• 중앙조리장(central kitchen)과 반가공 제품을 이용한 조리시간과 비용 절감
• 재고관리 자동화
• 제품 연구 · 개발 (R&D)에 공급업자를 포함시킴으로써 경제적 제휴
• 음식의 품질과 위생에 대한 관리요구 증가
• 정부는 식품안전에 중요한 종사원의 의무적인 교육 및 훈련에 관여
미래의 외식산업
외식점포의 시설과 운영
공급업자와 정부의 역할

그림 3-7

미래의 외식산업

자료 : National Restaurant Assocration(2004).

들은 서비스 수준과 음식의 질을 더욱 높이고자 할 것이다. 다점포 외식기업들은 시장점유율을 상승시키고, 다각적인 컨셉을 제공하며 이익을 내는 매장들은 지속적으로 늘리고, 매장들의 자산을 최대화할 것이다. 또한, 다점포 외식기업에서는 회계, 구매, 연구개발(R&D)부분은 중앙관리화되고, 마케팅과 인적관리 부분은 분산화되고 있다.

외식기업의 경영자는 두 개 또는 그 이상의 브랜드를 운영하며, 고객의 편의성을 최대한으로 만족시켜 줄 포장판매 및 배달판매 전문점들이 더욱 늘어날 것이다. 또한, 캐쥬얼 다이닝(casual dining), 에스닉(ethnic) 스타일의 테마 레스토랑들도 늘어날 것이다.

다점포 외식기업의 성장에도 불구하고 독립점 형태의 외식점포들이 늘어날 것으로 보이는데 이는 아직까지 독립점 운영형태가 법인형태에 비해 지역에서의 빠른 행동력과 효과적인 원가관리가 가능하기 때문이다.

(2) 메 뉴

품질과 신뢰성에 대한 고객들의 요구도가 높아짐에 따라 신선한 식재료와 음식의 질 개선이 더욱 중요해질 것이다. 고객 개개인의 요구에 맞는 맞춤 메뉴들

미국 외식 메뉴의 10대 트렌드

- 지역 생산 육류와 해산물
- 지역 생산 농산물
- 지속 가능성
- 영양적으로 균형잡힌 어린이 요리
- 레스토랑 직접 재배-하이퍼 로컬
- 지속 가능성 있는 해산물
- 글루텐 프리 음식-알레르기 최소화 음식
- 단순 / 기본으로 돌아가기
- 생산자 브랜드 식재료
- 소량생산 / 장인의 술

자료 : 미국 레스토랑협회(2011).

이 더 많이 제공될 것이고 포장판매 메뉴들은 고급화될 것이며 창의성있는 신메뉴에 대한 기대도가 증가할 것이다. 독립적인 운영 형태를 갖고 있는 외식점포에서는 단골 고객의 확보를 위해 재료 본래의 특성을 그대로 갖고 있으면서 지역성이 강한 음식들을 개발해야 할 것이다.

또한, 식자재에 있어 냉동식품이나 전처리 및 반가공된 자재들의 적절한 사용을 통해 생산성이 더욱 향상될 것이다.

(3) 마케팅

고객들은 좀 더 많은 정보를 원하고 가치를 중시하게 될 것이므로 마케팅은 고객에게 부여되는 가치에 초점을 두게 될 것이다. 외식기업의 경영자들은 고객관련 데이터베이스를 바탕으로 한 표적마케팅(target marketing), 보다 향상된 로열티 마케팅(royalty marketing)뿐만 아니라 공급업자 등과 협력하는 조인트 마케팅(joint marketing) 프로그램을 실시해야 할 것이다.

또한, 상품을 차별화하기 위한 노력의 일환으로 브랜딩(branding)과 크로스 브랜딩(cross-branding) 마케팅이 증가할 것이다.

(4) 기술력

컴퓨터는 외식산업에서 생산성 향상과 효율적인 고객관리뿐만 아니라 종사원 확보 및 유지에 있어서 더욱 중요해질 것이다. 21세기의 외식기업은 비용절감과 경영효율성 증대를 위해 고감각적 비즈니스를 고기술적 운영으로 전환해야 한다.

이를 위한 대표적인 기술이 POS 시스템이며 POS기술을 주문체계에 연결하면 보다 간단하고 빠르며 정확하게 점포를 운영할 수 있다. POS시스템은 종사원들의 의사소통체계에 도움을 줄 뿐 아니라 메뉴관리 부분에서 시간을 절약할 수 있게 해주고 보다 정확한 음식 생산과 원가관리를 가능하게 해준다.

또한, 기술력은 위생에 관한 고객의 기대도를 만족시킬 수 있도록 HACCP 프로그램 등을 통해 미생물학적 감염과정을 줄일 수 있는 기준을 제공해 주며, 식중독 예방을 위해 저장기술도 향상시킬 것이다.

인터넷을 활용한 컴퓨터의 사용은 종사원의 스케쥴작성과 인건비관리 등 인적자원관리를 효율적으로 하게 한다. 또한 모바일 기술의 발전은 외식점포의 홍보, 생산, 서비스 전 과정에 유기체적인 효율성을 가져다 줄 것이다.

인적자원관리에서는 컴퓨터를 이용한 종사원 모집 및 신원증명이 가능해지며 종사원의 스케줄 작성과 인건비 관리가 일반화될 것이다. 종사원과 관련된 모든 정보들이 컴퓨터에 데이터베이스화되고, 점포 내에서 인터넷(internet)이나 CD-ROM을 활용한 종사원 훈련 매뉴얼이 사용될 것이다.

(5) 손익구조와 운영예산

개인 소유의 법인체인이 늘어나면서 외식기업의 행동이 투자자들에게 지대한 영향을 미치게 되고, 다점포 외식기업의 확장을 위한 재정적인 정보가 제공될 것이다. 반면에 순이익의 감소와 높은 초기투자비용으로 외식기업 및 점포의 창업은 용이하지 않을 것이며 외식점포의 좌석당 투자비용은 식품 안전에 대한 요구를 충족시켜 주기 위해 높아질 것이다.

원가의 지속적인 성장에도 불구하고 미래의 목표매출액은 증가할 것이다. 이는 기술적인 발전으로 인해 당일 매출에서 이익과 손실이 상세히 분석되고 기업의 이익을 유지하기 위해 어떤 대안을 세워야 할 것인가에 관한 정보가 신속하게

인터넷 모바일을 이용한 테이크아웃(Take-out), 주문 서비스

The New York Times

On the Go and Hungry? Try an 'Appy' Meal

In today's mobile, real-time world, fast food is not fast enough.

레스토랑의 메뉴를 주문하는 방법이 다양해 지고 있다. 인터넷이 발달하여 온라인 주문이 보편화되었고, 모바일 산업의 발달은 앱(Application : APP)을 이용한 주문방법을 도입하였다. 앱을 제공하는 업체는 아웃백스테이크하우스 및 서브웨이같은 전 세계 1,600개 도시 2,800개 레스토랑 메뉴를 제시하고 있으며 모바일을 이용하여 연계되어 있는 레스토랑의 메뉴를 주문할 수 있다. 미국의 체인 레스토랑은 40만 개가 있으며 테이크아웃(Take-out) 시장 규모는 연간 500억 달러(US$)에 이른다.

자료 : 뉴욕타임즈(The New York Times)(2010).

제공될 것이며, 이로 인한 외식기업 및 점포운영의 효율성을 통해 이익이 유지될 것이기 때문이다.

경쟁 심화로 인해 매출 대비 종사원의 인건비 비율이 높아질 것이며 산후 휴직과 육아비용 부담이 일반화될 것이고, 건강보험료가 인건비 중 많은 비중을 차지하게 될 것이다.

또한 일부 외식기업에서는 인건비 절감을 위해 전처리된 식품을 사용할 것이고 새로운 기술의 도구를 사용할 수 있는 종사원들이 필요하게 될 것이다. 환경적 경고로 인해 음식물 쓰레기 처리비용이 증가되고 부동산 비용이 경쟁 상황에서 가장 빠른 속도로 증가할 것이다.

(6) 외식점포의 시설과 운영

외식기업 및 점포 경영자들은 디자인을 유연성 있게 변화시키고, 같은 장소에서 두 가지 이상의 컨셉으로 운영하는 외식점포들도 증가할 것이다.

외식점포의 디자인은 안전과 위험관리 부분을 더욱 중요시하게 될 것이며 고객과 종업원 모두를 위한 편안함이 새로운 이슈(issue)가 될 것이다. 이에 따라 베이비붐세대, X세대, Y세대 등의 욕구를 만족시키기 위한 캐주얼하고 편안한 디자인이 주를 이룰 것이다.

외식점포 주방의 기술적인 발전이 두드러질 것이다. 즉, 이동하기 쉽도록 바퀴를 달아 사용하는 기구들, 조립과 해체가 간편한 기기들이 많아질 것이며 청결과 유연성을 위해 신속하게 전원을 차단할 수 있는 시스템이 사용될 것이다.

또한, 주방은 HACCP시스템 속에서 식품의 안전이 관리 및 통제될 수 있도록 설비될 것이고 물 정화시스템(water purification system)을 갖춘 외식점포도 생겨날 것이다. 주방의 작업대 표면과 바닥은 세균을 없애고 청소하기 용이하며 인건비를 절약할 수 있는 방안이 강구될 것이며, 화학적 세제보다 증기 청소에 더 많은 비중을 둘 것이다.

편리성에 대한 고객의 요구가 계속됨에 따라 포장판매(take-out)와 키오스크(kiosk)서비스형태의 점포 및 배달판매방식을 전문으로 하는 점포들도 증가할 것이며, 주방장이 직접 운영하는 작은 규모의 외식점포들도 일반화될 것이다.

외식기업 및 점포의 운영적인 측면에서는 인건비를 최소화하기 위한 방안이 더욱 강구될 것이고 공장이나 중앙조리장에서 미리 만들어진 메뉴 아이템을 이용함으로써 인건비를 낮추는 점포들도 증가할 것이다.

재고관리는 보다 더 자동화될 것이고 메뉴들을 합리화하여 종업원과 시설 설비들을 메뉴 시스템에 맞추어 조절할 수 있는 방법이 활용될 것이다.

(7) 노동력과 교육 · 훈련

외식기업에 종사하는 노인 인구 및 여성외식경영자의 비율이 증가하고 고학력의 외식경영자들이 많아질 것이다. 경영자의 훈련에 있어서 다양한 업무환경과 문제 해결에 대한 대처능력을 중시하게 될 것이다.

종사원 인력의 부족현상으로 인해 종사원을 보유(유지)하기 위한 훈련이 강조되고 중요해질 것이다. 특히 시간제 종사원의 유지에는 훈련과 의사소통이 더욱 중요하다. 또한 외식기업의 경영자들은 종사원에게 강화된 식품안전과 식중독 예방 관련 교육을 실시해야할 것이다. 모든 종사원들에게 자격증이 더욱 중요해지고, 여가시간 증대 및 생활의 질을 높이기 위한 복리후생에 대한 종사원들의 요구도가 증가할 것이다.

(8) 공급업자와 정부의 역할

외식기업의 경영자들은 업무협력관계의 개선으로 인해 더 많은 공급업자 관련 정보를 수집하게 되고 품질이 좋으며 보다 안전한 식품을 공급받을 수 있을 것이다. 또한 공급업자들은 메뉴개발을 위한 정보를 제공해 줄 수도 있다.

외식산업에서 정부의 역할은 식품 안전에 대한 관리 부분이 가장 큰 비중을 차지하게 되고 종사원을 대상으로 하는 식품 안전에 대한 훈련프로그램이 정부 차원에서 실시되어 의무화될 것이다.

환대산업(Hospitality Industry)의 미래

국제 호텔 및 레스토랑 협회(International Hotel & Restaurant Association)의 미래 전망(visioning the future)에 관한 워크샵에서 환대산업(hospitality industry)의 경영자들은 미래의 환대산업을 변화시키는 요인들로서 안전과 보안(safety and security), 자산과 자본(assets and capital), 기술(technology), 신경영(new management) 등을 제시하였는데 이 요인들은 외식산업과도 밀접한 관련이 있다.

안전과 보안(safety and security)에 있어서는 개인의 안전과 건강에 대한 잠재적인 위험이 증가하는 속에서 외식기업 및 점포는 고객의 안전을 위해 자체적인 품질관리기준을 마련하여 엄격히 준수하고 식자재의 구매, 검수, 저장관리에 주의를 기울여야 한다. 자산과 자본(assets and capital)에 있어서는 외식산업이 투자에 대한 수익수준이 낮은 것으로 평가되어 성장에 필요한 자본을 유치하는 것이 경영자에게 중요한 도전요소로 부각되고 있어서 경영진의 효과적인 경영전략 수립 및 실행에 큰 부담을 주고 있다. 기술(technology)부문에 있어서는 구매 및 물류, 메뉴관리, 위생, 교육 및 훈련, 설비 관리 등 전부문에 걸쳐 외식기업의 운영관리 인프라 시스템이 운영되고 이는 본사와 점포간의 커뮤니케이션(communication)을 강화하는 데 필요한 수단이 될 것이다. 외식기업은 외부적으로는 기업간의 치열한 경쟁 속에서 내부적으로는 고객의 다양한 요구를 만족시켜야 하므로 미래 외식산업의 경영자는 신경영(new management)의 도입을 통해 전략가(strategist)가 되어야 한다. 즉, 외식경영자들에게는 기술활용 능력, 다양한 출처에서 수집된 많은 양의 정보를 분석하고 종합할 수 있는 능력 및 불확실한 경영환경을 유연하게 헤쳐나갈 수 있는 능력이 요구된다.

〈환대산업의 미래〉

참고문헌

김경환 · 차길수(2002). 호텔경영학. 가산출판사.

김헌희 · 이대홍 · 김상진(2007). 글로벌시대의 외식산업경영의 이해. 백산출판사.

농수축산신문(2007~2008). 한국식품연감.

농수축산신문(2009~2010). 한국식품연감.

신재영 외(2003). 외식사업경영론. 백산출판사.

양일선 외(2008). 급식경영학. 교문사.

조동성(2002). 21세기를 위한 경영학. 서울경제경영.

한경수 외(2004). 한국 식품연감 내용분석에 의한 한국외식산업 현황분석, 4(2) : 41-57

한경수 · Heidi Sung 민지은. 한식의 확산을 위한 수용자 범주별 촉진요인과 저해요인. 관광학 연구, 34(7) : 207~231.

한국음식업중앙회(1999). 한국외식산업연감.

한국음식업중앙회(1996). 한국외식산업연감.

한국외식경영학회 추계학술세미나 자료집(2003). 주 5일 근무제 도입에 따른 외식산업의 대응전략.

Han, K.S., Seo, K.M., Park,H.N. & Hong,S.Y.(2003). *Recent advance and issues in Korean restaurant industry*. first APEC CHRIE conference Preceedings, 908-917.

Lundberg, D.E.Walker, J.R.(1993). *The Restaurant From Concept to Operation*, John Wiley&Sons, Inc.

National Restaurant Association(1999). *Restaurant Industry 2010.*

National Restaurant Association(2003). *Tableservice trends.*

National Restaurant Association(2004). *2004 Restaurant Industry forecast.*

National Restaurant Association(2004). *Quickservice trends.*

National Restaurant Association(2010). *Restaurant Induestry operations report.*

National Restaurant Association(2010). *chef survey:what's hot in 2011.*

Reynolds, D.(2003). *On-site Foodservice Management*, John Wiley&Sons, Inc.

Spears, M.C. & Gregoire, M.B.(2004). *Foodservice Organizations*, Prentice Hall.

Walker, J.R.(1996). *Introduction to Hospitality*, Prentice Hall.

Get short, timely messages from kogibbq.
Twitter is a rich source of instantly updated information. It's easy to stay updated on an incredibly wide variety of topics. Join today and follow @kogibbq.
Sign Up ›
kogibbq
Bio Korean BBQ Taco Truck
Tweets
Following
Miracle Miles! Threre is no waiting on verde now. Come & grab some kogi!
Sherman oaks! Roja will be there soon!
Irvine! Naranja has minor mechanic problem. We'll be late about 20 min. Sorry hang on tight!!
DINNER TIME: NARANJA. 630PM-9PM@Santa Rosa APT Irvine (500 Cardiff Irvine); 1030PM-12AM@West Chapman Orange(223 W Chapman Ave)
DINNER TIME: ROSITA. 630PM-9PM@Asian Garden Mall Westminster(9200 Bolsa Ave); 1030PM-12AM@Sunset Lounge Fullerton(1043 W Orangethorpe Ave)

Part 2
외식생산운영관리와 마케팅

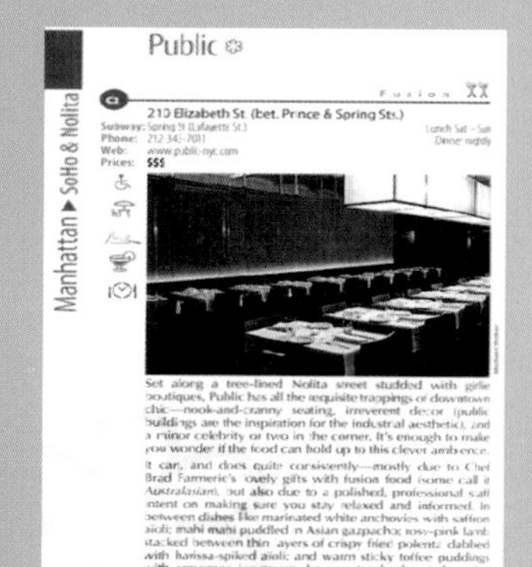

Manhattan ▶ SoHo & Nolita

Public

Fusion

210 Elizabeth St. (bet. Prince & Spring Sts.)

Subway: Spring St (Lafayette St.)
Phone: 212-343-7011
Web: www.public-nyc.com
Prices: $$$

Lunch Sat – Sun
Dinner nightly

Set along a tree-lined Nolita street studded with girlie boutiques, Public has all the requisite trappings of downtown chic—nook-and-cranny seating, irreverent decor (public buildings are the inspiration for the industrial aesthetic), and a minor celebrity or two in the corner. It's enough to make you wonder if the food can hold up to this clever ambience.

It can, and does quite consistently—mostly due to Chef Brad Farmerie's lovely gifts with fusion food (some call it *Australasian*), but also due to a polished, professional staff intent on making sure you stay relaxed and informed. In between dishes like marinated white anchovies with saffron aïoli; mahi mahi puddled in Asian gazpacho; rosy-pink lamb stacked between thin layers of crispy fried polenta dabbed with harissa-spiked aïoli; and warm sticky toffee pudding with armagnac ice cream, be sure to check out the wine list, which boasts a sweet list of down under vintages from Australia and New Zealand.

Should you make your way next door, you'll find the Monday Room—a cool little wine bar (though there is no actual bar, just sexy leather banquettes) featuring a delightfully quirky selection of wines and a revolving canapé menu.

Chapter 4
외식 콘셉트 개발 및 입지선정

외식기업은 점포를 어떻게 시작하는가?

1. 콘셉트 개발
2. 입지 선정

Chapter 4

외식 콘셉트 개발 및 입지선정

학습목표

1. 외식기업 및 점포의 콘셉트 개발에 대한 중요성을 파악하고, 콘셉트 결정 시 고려할 사항들을 이해한다.
2. 외식기업 및 점포의 콘셉트 개발과정에 대해 알아본다.
3. 외식기업 및 점포의 상권조사 내용을 파악한다.
4. 외식기업 및 점포의 입지선정 시 결정요인과 배제요건에 대해 이해한다.
5. 외식기업 및 점포의 입지를 결정하는 방법들에 대해 알아본다.

1. 콘셉트 개발

1) 개념 및 의의

외식기업 및 점포의 콘셉트(concept)는 이미지로 보여지는 것들을 말하며, 외식기업의 중추(hub)역할로서 메뉴, 품질, 서비스, 식자재, 위치, 경영형태, 분위기, 가격 등에 의해 결정된다. 콘셉트 개발의 목적은 외식기업 및 점포 운영시 경영자에게 이익이 되고 긍정적 사업성과를 기대할 수 있는 아이디어를 이론상으로 체계화시키는 것이다.

2) 콘셉트 결정 시 고려요인

외식기업 및 점포에서 콘셉트를 개발할 때는 주요 고객시장, 경영형태, 식재료 형태, 메뉴의 수, 서비스 형태, 종사원의 고용형태, 광고 및 홍보방법 등을 고려해야 한다. 첫째, 어린이나 10대 등의 연령별 고객, 가족 모임이나 사업 모임의

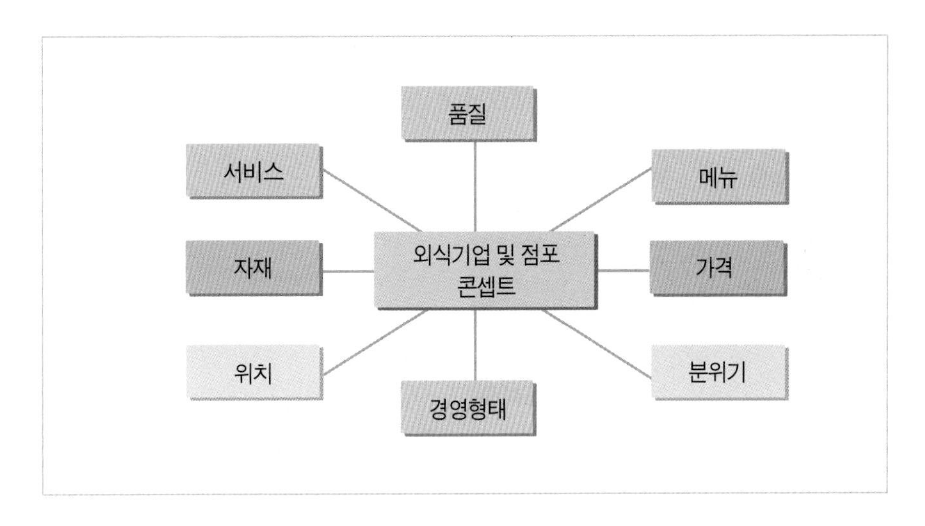

그림 4-1 외식기업 및 점포의 콘셉트 구성요소

선택동기별 고객, 저소득이나 고소득의 소득별 고객 등 주요 고객의 특성을 규명하는 것이 선결조건이다. 둘째, 창업, 임대, 인수, 가맹 등의 경영형태를 고려해야 한다. 셋째, 음식을 만드는 데 필요한 식재료에 있어서 생재료(raw food material)를 사용할지, 반가공 식품을 사용할지를 고려해야 한다. 다점포 외식기업의 경우에는 중앙조리장(commisary kichen)에서 생산된 음식을 각 점포(satellite kichen)로 보낸 후 점포에서 최종 조리를 한다. 예를 들어, 제빵업체인 뚜레주르는 냉동 반죽 생지를 제조공장에서 생산하여 각 점포로 배달하며, 최종 제품은 고객에게 제공되어지기 전에 하루 세 번 점포에서 구워낸다. 넷째, 제공할 메뉴의 수를 고려해야 한다. 설렁탕, 냉면 등의 단품 메뉴를 제공할지, 패밀리 레스토랑 등과 같이 다양한 메뉴를 제공할지를 고려해야 한다. 다섯째, 서비스의 형태를 고려해야 한다. 셀프서비스에서 풀서비스(full service), 또는 포장 및 배달판매 등의 범위를 선택해야 한다. 여섯째, 종사원의 고용형태를 고려해야 한다. 정규직과 일용직을 같이 고용할 경우 적정 인원비율을 고려해야 한다. 일곱번째, 광고 및 홍보방법을 결정해야 한다. 광고를 할 경우에는 TV, 신문, 잡지, 팸플릿, 간판, POP 등 광고매체를 결정해야 한다.

뉴욕의 모모푸쿠 쌈 바(MoMofuku Ssäm Bar)

데이비드 장(David Chang)이 운영하는 모모푸쿠 쌈바(momofuku ssäm bar)가 영국의 레스토랑 매거진의 'The World's 50 Best Restaurants' 에서 2009년 31위, 2010년 26위에 올랐다. 또한, 데이비드 장(David Chang)은 미국 시사주간 타임 선정 '2010 세계에서 가장 영향력 있는 100인' 에서 예술가 부분 25명 중 19번째로 이름을 올렸다. 2003년 맨하튼의 모모푸쿠 누들바(momofuku noodle bar)를 시작으로 모모푸쿠 쌈바(momofuku ssäm bar), 모모푸쿠 코(momofuku ko)등 현재 5개의 레스토랑을 운영하고 있다.

식당 이름의 'momofuku' 는 일본어로 '행운의 복숭아' 를 의미하고 'ssäm' 은 한국 요리에서 야채 등에 싸먹는 '쌈' 을 의미한다.

데이비드 장의 레스토랑 인기비결은 맛 이상의 독특한 체험을 한다는 데 있는데, 유머감각을 보이는 이름에서부터 예약문화가 발달한 뉴욕에서 일반적인 전화예약 방법이 아닌 인터넷 예약만을 고집하고 있다.

쌈 바에서는 보쌈이나 떡 등 한국 요리와 김치를 이용한 요리로 뉴욕사람들은 높은 가격에도 불과하고 열광하고 있다.

3) 콘셉트 결정과정

외식기업 및 점포에서 콘셉트를 결정하는 과정은 4가지 단계로 이루어지며, 첫째, 외식기업 및 점포의 시장타당성(market feasibility)과 재정타당성(financial feasibility)을 조사한다. 둘째, 메뉴, 품질, 서비스, 식자재, 위치, 경영형태, 분위기, 가격 등을 결정함으로써 콘셉트를 개발한다. 셋째, 콘셉트가 메뉴, 품질, 서비스, 식자재, 위치, 경영형태, 분위기, 가격 등의 각 요소와조화를 이루는지, 고객의 요구에 부합하는지 평가한다. 넷째, 평가 후 개선사항이 있을 경우 조정한다.

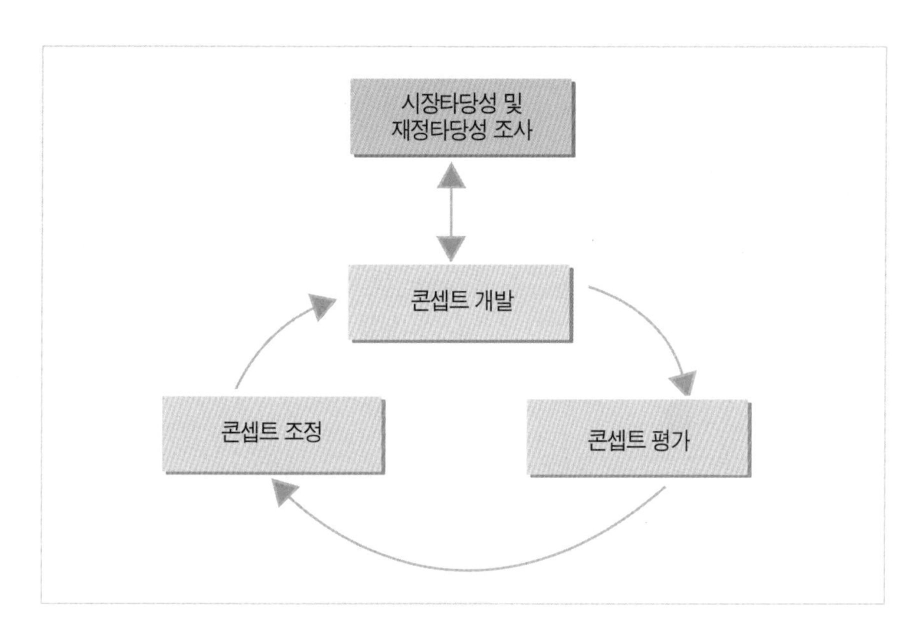

그림 4-2 콘셉트 결정과정

다브랜드화 전략

CJ푸드빌(주)는 1994년 스카이락을 시작으로 2010년 현재 총 11개의 다브랜드를 전략적으로 운영해 나가고 있다.

다브랜드는 하나의 기업이 여러 개의 브랜드를 운영함으로써 시장점유율을 높이고 위험을 분산시키며 회사의 수입구조를 안정적으로 구축하기 위한 전략이다. 이는 급속히 변화하는 소비자의 니즈와 메뉴 트랜드를 반영하기하기 위한 것이다.

제1브랜드의 사업기반을 마련으로 제2, 제3브랜드를 내놓는 것으로 비슷한 이름이나 브랜드를 런칭하는 경우와, 전혀 다른 메뉴나 업종으로 런칭하는 경우로 구분된다. CJ 푸드빌(주)의 경우 국내 자생 패밀리 레스토랑 「빕스(VIPS)」를 비롯하여, 해산물 뷔페 레스토랑인 「씨푸드오션」과 「피셔스 마켓」, 중식 패밀리 레스토랑 「차이나 팩토리」, 비빔밥 전문점인 「비비고」, 뉴욕 스타일 카페인 「더 플레이스」와 베이커리 전문점 「뚜레쥬르」, 케이크 카페 「투썸플레이스」, 아이스크림 전문점 「콜드스톤 크리머」 등 전국적으로 1,500여 개의 직 · 가맹점이 운영되고 있다.

(계속)

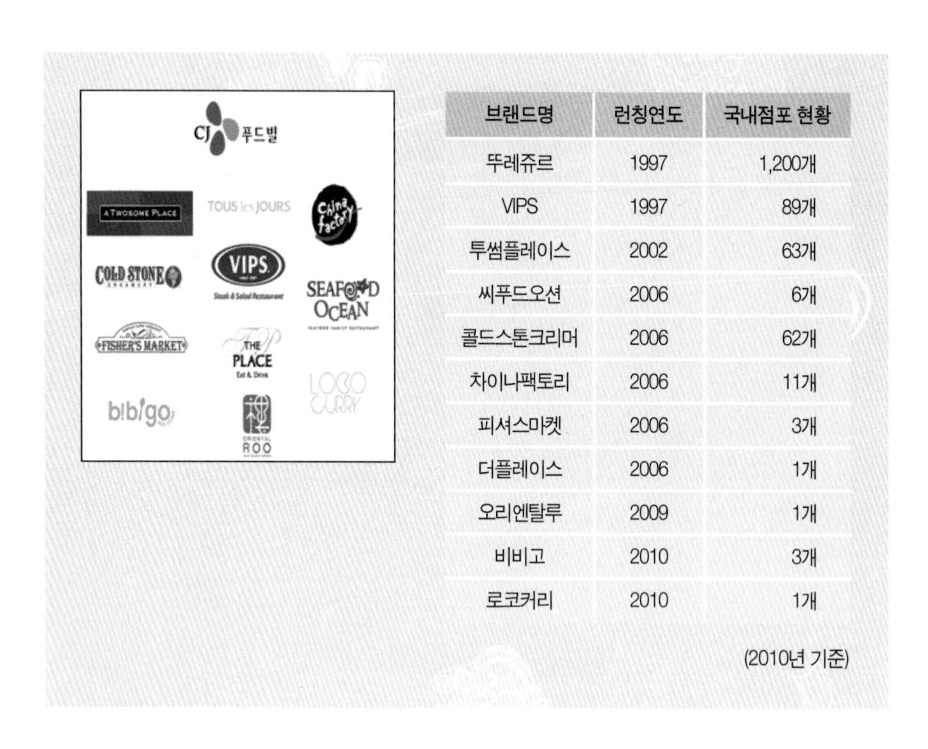

브랜드명	런칭연도	국내점포 현황
뚜레쥬르	1997	1,200개
VIPS	1997	89개
투썸플레이스	2002	63개
씨푸드오션	2006	6개
콜드스톤크리머	2006	62개
차이나팩토리	2006	11개
피셔스마켓	2006	3개
더플레이스	2006	1개
오리엔탈루	2009	1개
비비고	2010	3개
로코커리	2010	1개

(2010년 기준)

2. 입지선정

입지선정은 외식사업 성공의 가장 중요한 요소 중 하나이며 입지적 여건의 변화에 따라 외식기업의 콘셉트가 달라지게 된다.

1) 상권 조사

상권(trading area)은 점포가 미치는 영향권의 범위로 즉, 예상고객을 유인할 수 있는 지리적 공간을 말한다. 상권의 분류는 총 상권지역(general trading Area : BTA), 지구상권(distric trading area : DTA), 점포상권(individual trading area)으로 구분된다. 총 상권지역은 인구규모, 행정 · 공공기관의 집중도, 상업 및 서비스시설수 및 교통체계에 의해 결정되고, 지구상권은 상업 및 서비스시설의 집중도 및 유동객 수에 의해 고려된다. 점포상권은 배후상권의 규모, 시설, 업종을 고려해야 한다. 상권을 분석할 때는 통계자료 조사 및 점포현장 조사가 요구된다.

그림 4-3 외식점포의 상권조사서

① 건물개요

건물명		점포규모	坪(전용평수)
건물주소			
상권유형	□ APT, 주택가 중심 □ 중심상업지, 역세권, 오피스 □ 유통 □ 기타 :		
건물형태	□ 기존건물 □ 신축건물 □유통 □기타 :		
임대조건	보증금 만 원	월세 만 원	권리금 만 원
명도일자	200 년 월 일	실측일자	200 년 월 일

② 시설이용

파사드 설치	가능 / 불가능			전면간판 SIZE	약 M
돌출간판 SIZE	약 M			설외기 위치	
정화조 용량				소방허가	□유 □무
현사용용량/건물허가용량	kw	예정점포계약용량	kw	점포내전기용량	□220V kw □380V kw

③ 투자금액

총 투자금액	만 원	자기자본금	만 원	융자금액	만 원
희망소득	만 원	최소소득	만 원	점포운영형태	

④ 경쟁점 현황

점포명	①	②	③
예상매출			
규모			
전면			
이격거리			

⑤ 예상매출 산출근거

유사 점포명	점포규명	비교지수	예상매출	일일 유동량	평균구매율
	坪	%	만원	명	%

내점객수	예상객단가	예상매출	세대수	1일 이용객수	예상객단가	예상매출
명	원	만 원	가구	명	원	만 원

유사점포 비교 예상매출		일일유동량에 의한		세대수기준 예상매출		예상매출
예상매출	가중치	예상매출	가중치	예상매출	가중치	
만 원	%	만 원	%	만 원	%	만 원

⑥ 비교점포매출

유사점포명	일평균매출	점포평수

(계속)

⑦ 유동인구 조사

시간(주중)	200 년 월 일			현장스케치	시간(주중)	200 년 월 일			현장스케치
	남	여	계			남	여	계	
08 : 00~12 : 00					08 : 00~12 : 00				
14 : 00~20 : 00					14 : 00~20 : 00				
22 : 00~24 : 00					22 : 00~24 : 00				

⑧ 소비자 인터뷰

구분 ※월 제과점 이용횟수 (20~40대 표본조사)	0회	1~2회	3~4회	5~6회	7~8회	9~10회	11~12회	13~14회	15~16회	17~18회	계	평균 구매 횟수
적용세대수												
평균횟수	0	1.5	3.5	5.5	7.5	9.5	11.5	13.5	15.5	17.5		

⑨ 소유권

대지소유권, 건축물 소유권이 동일한가?	□ 그렇다 □ 그렇지 않다

⑩ 채무관련

건물, 토지에 근저당 설정금액 및 보증금 설정 유무는?	□ 가능 □ 불가능
비 고	

⑪ 계약내용

5년 계약기간 보장 및 임대료 인상기준은?	□ 가능 □ 불가능
관리비 및 추가 비용 정산방법과 임대료 기산일은?	일
비 고	

⑫ 도시계획

건축물 내 무허가 사용분의 유무는?	□ 없다 □ 있다
건축물의 용도(영업용) 적합성은?	□ 양호 □ 부적합하다
재개발, 재건축의 계획 및 진행사항은?	□ 없다 □ 있다
도시미관(간판, 돌출간판) 등의 문제 여부는?	□ 없다 □ 있다
건축물 준공일자는?(기존건물, 신축건물 포함)	년 월 일
도시가스 인입 및 가스 사용 여부는?	□ 사용 □ 미사용

⑬ 세대수조사

주거형태	총세대수	반경 300m 이내		반경 500m 이내	
		세대수	비율(%)	세대수	비율(%)

(1) 상권의 결정조건

외식기업 및 점포의 상권을 결정짓는 조건은 크게 외적조건과 내적조건으로 분류할 수 있다. 외적 조건에는 인구 · 세대수 및 인구밀도, 소득 · 소비수준, 교통조건, 위락시설 및 할인점 등 상업시설 밀집점포 등이 고려되어야 하고 내적 조건에는 건물 내 층수, 주차장 등 부대시설, 경쟁점포 등을 고려해야 한다.

(2) 통계자료조사

상권조사를 위해서는 통계자료조사가 필요하며 인구, 세대수, 가족구성원 수, 주거형태 등의 인구구성도와 상권 규모, 통행인구, 경쟁점포, 상권변화 등을 조사해야 한다. 최근에 인구 구성도는 통계청이나 재정경제원의 연감, 관할동사무소, 구청 기획예산처, 상공회의소의 상주인구조사결과보고서를 통해 조사할 수 있다.

표 4-1

상권 통계자료조사

구분	조사항목
인구 구성도	• 인구, 세대수 • 가족구성원 수, 주거형태
상권 규모	• 고정상권(주거인구 및 고정 출근자 상주인구) • 유동상권(비 거주 및 비 상주인구) • 주간상권 및 야간상권 파악
통행인구	• 성별, 연령대별 통행 인구의 통행성격과 수준 • 시간대별, 요일별 통행인구의 통행성격과 수준
경쟁점포	• 위치, 층별위치, 경쟁점포와의 거리 • 취급메뉴, 주요메뉴, 메뉴가격 • 점포의 면적, 테이블 수 • 종사원의 수, 접객서비스 정도 • 영업활성도, 점심 및 저녁 시간대의 고객의 수 • 경쟁력 정도, 경쟁점 출현 예측
상권변화	• 주변 상권의 확대 및 축소 전망 • 대형 접객시설 개발에 관한 정보 • 주변 건물의 신축 및 철거 계획

(3) 점포현장 조사

외식점포의 현장조사는 직접 방문하여 실시하는 것이 바람직하다. 점포의 현장을 조사할 때는 건물의 상태, 부대시설 및 관련 서류 등을 확인해야 한다(표 4-2, 4-3).

표 4-2
점포현장 조사 시 점검항목

구분	항목
건물의 상태	• 준공연월일 • 출입구 상태(통행의 편리성 정도) • 인접건물과의 높이 비교 • 외벽
건물의 부대시설	• 용도 및 면적 • 등기 및 불법 건축 여부 • 냉 · 난방구조 • 전기, 수도, 가스의 용량 • 신축시 기본공사와 인테리어 공사의 한계 • 건축 평면도

표 4-3
관련 서류 조사

서류명	관할기관	확인내용
토지 및 건물 등기부등본	등기소	• 계약자 • 건물소유주 • 근저당 채무 • 신축건물인 경우는 건축허가서 • 가압류 등 권리 관계
건축물 관리대장	구 청	• 건물 노후년한 • 정화조 용량 • 건물 전체 용도 및 후보점포 용도 • 주차장 용도 • 신축건물인 경우는 건축허가 도면 확인 • 불법건축 여부(용도 무단 사용 및 주차장 면적 부족 등)
도시계획 확인원	구 청	• 재건축 사항

2) 입지선정

(1) 입지선정 시 결정요인

외식점포의 입지를 선정할 때의 결정요인은 고객근접성, 시장의 근접성, 점포의 위치, 경쟁기업의 위치 등이다. 첫째, 고객근접성은 고객과의 접촉기회를 높일 수 있는지에 대한 것으로, 주변지역의 주거밀도, 교통과 관련된 고객의 이용편리성에 의해 좌우된다. 둘째, 시장의 근접성은 식재료의 원활한 공급에 있어 중요하다. 셋째, 점포는 가시지역(눈에 잘 띄고 찾기 쉬운 지역), 교통 편리지역

외식기업의 점포 입지 선정 사례

◘ 가맹점을 개설할 수 있는 지역

- 시 단위 이상 지역
- 시가지 핵심상권
- 대단위 아파트 지역의 쇼핑센터
- 대규모 역사 내 핵심 위치
- 읍 단위(단, 시 수준 상권 형성지역)

◘ 면적

- 1층 기준 실면적 40평 이상(1층, 2층은 각각 30평 이상)
- 별도 창고 5평 이상 필요
- 점포 전면 길이 7M 이상

◘ 부동산 담보 설정

- 설정금액 기본 8,000만 원 이상 설정(설정금액은 본부가 예상)
- 담보물건 서류 : 등기부 등본(건물 토지 각 1부 등기소 발행), 토지 대장, 건축물 관리대장, 도시계획 확인원, 토지가격 확인율
- 공시지가 감정가격이 선정이 안 될 경우 공인감정기관의 감정평가
- 처리시점 : 계약후 15일 이내 설정 완료

◘ 점포예정지의 기본시설 체크사항

- 전기 : 3Φ 4W, 380/220V 74kw 인입(계량기 포함)
- 가스 : 16(계량기 등급) NM3/H, 99.6 kcal/H(시간당 최대 사용)
- 배수 : 4Φ 150mm 인입

자료 : 롯데리아.

표 4-4 입지선정 점검표

날짜 : ____________ 위치 : ____________
외식서비스 형태 : ____________

특성

토지(이용) 1. 토지용도 현황 2. 토지용도 변경 3. 건축물 높이 제한 규정 4. 주차 제한 규정 5. 주변 건축물과의 제한 규정 6. 간판 제한 규정 7. 기타	가시성 1. 장애물 2. 여러 방향에서의 가시성 3. 간판의 가시성 4. 쇼핑몰이나 고층건물내에서의 위치에 의한 가시성 5. 가시성 증대를 위한 개선사항
입지(인접지역과의 거리 및 차량주행거리) 1. 주거지역 2. 복합사무단지 3. 산업지구 4. 교육시설 5. 대형쇼핑몰 6. 스포츠 및 레크리에이션시설 7. 역사유적 8. 간선도로 9. 쇼핑센터	교통이용 및 규제 1. 거리의 교통량 2. 인접한 중심가의 교통량 3. 교통정체 시간대 4. 교통이용 유형 5. 고속도로와의 거리 6. 교통규제(일방통행, 정지선, 유턴 금지, 제한 속도) 7. 주차 규정 8. 대중 교통
지역 1. 인구유형 2. 향후 성장 패턴 3. 사업형태 4. 주변지역의 발전성 5. 타켓 인구수 6. 노동력 전망 7. 향후 개발 계획	공공서비스 1. 경찰서 2. 소방서 3. 쓰레기 처리장 4. 안전
물리적 특성 1. 토양 2. 지질토양 구조 3. 지하수면 4. 상하수 5. 경사도 6. 경관 7. 고도 8. 강, 저수지와의 거리	도로 1. 너비나 폭 2. 커브 3. 조명 4. 위험도 5. 포장 상태 6. 보도 7. 경사도 8. 전반적 도로사항 설비 1. 물 2. 하수구 3. 가스 4. 위생적인 배수 5. 전기 6. 스팀
토지 측량 1. 길이 2. 넓이 3. 총면적 4. 건평 주차장 면적	경쟁업체 1. 음식점의 수 2. 시설의 유형 3. 메뉴의 유형 4. 서비스 스타일 5. 좌석 수 6. 평균 매출액

(도로 인접, 대중교통 이용이 용이한 지역), 쇼핑센터나 복합상가 인접지역, 주차가 용이한 장소나 주차시설이 있는 지역, 확장이 용이한 지역, 관계법규 및 제도에 저촉되지 않는 지역에 위치해야 한다. 넷째, 경쟁기업의 위치는 경쟁점포의 유무와 관련되며, 경쟁점포가 없거나 많은 지역이 유리하다.

패스트 캐주얼(Fast casual) : 베이커리 카페 오봉 팽(Au bon pain)

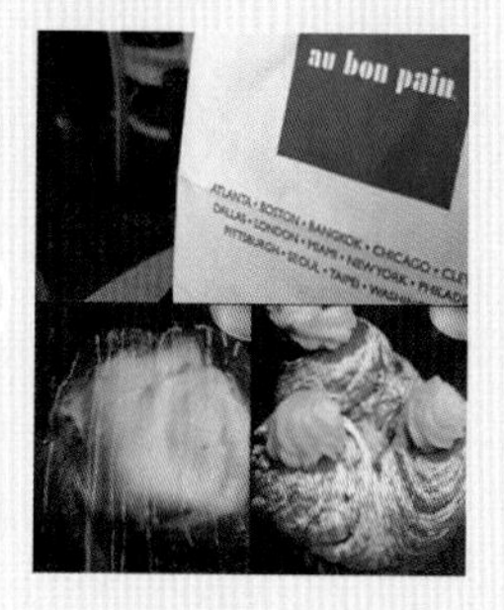

오봉 팽(Au bon pain)은 1978년 보스턴의 파누일힐(Faneuil Hall)을 지나던 루이스 케인(Louis Kane)이 어느 프렌치 빵집 앞에서 '파바이에' 라는 오븐에서 갓 구워낸 빵의 향기와 맛에 매료되어 '어떻게 하면 갓 구워낸 신선하고 맛있는 빵을 제공할 수 있을까' 라는 생각이 시초가 되었다. 오봉 팽(Au bon pain)은 브랜드의 성장도와 창의적이고 전략적인 서비스 구현, 화려한 스타 경영진의 능력 등이 평가되어 미국외식업계 전문 저널지 네트 엘린스(Net Allince)의 포털 패스트 캐주얼(Fast Casual) 레스토랑 Top100에서 1위에 들었다.

루이스 케인(Louis Kane)은 '건강에 좋으면서 맛있고 신선한 베이커리제품' 을 제공하는 도심형 베이커리 카페를 구상하게 되었고, 1980년대 매니저의 지분참여 프로그램 등을 통해 혁신적인 경영방법으로 이목이 집중되었다. 1981년 크로와상을 이용한 샌드위치를 선보였고 업계 최초로 식빵이 아닌 갓 구운 빵에 육류와 치즈를 사용한 샌드위치를 선보였다. 오봉 팽을 상징하는 사워도우 베이글을 1997년부터 판매하기 시작하였으며, 건강에 좋으면서 맛있는 메뉴를 빠른 시간에 공급받기 원하는 고객의 니즈를 충족시키기 위해 샐러드, 스프, 샌드위치, 커피 등의 메뉴를 추가하여 아침식사뿐 아니라 캐주얼한 식사와 간식을 즐길 수 있는 다목적 공간이 되었다.

2000년 루이스 케인이 별세 후 좀 더 생동감있는 도심형 카페로 변모하기 위해 현대적인 인테리어 요소를 카페 곳곳에 가미하며 프로방스 지역을 상징하는 파란색과 그 지역의 해바라기를 떠올리게 하는 짙은 노란색이 오봉 팽을 상징하는 새로운 색상으로 변하였다.

미국 내	매장 내	해외	매장 수
Boston	37	태국	20
New York	32	칠레	15
Chicago	16	영국	8
Washington D.C.	15	대만	3
ETC.	140	한국	1
Total	240*	Total	45*

(2010년 기준)

(2) 입지선정 시 배제요건

외식기업 및 점포의 입지를 선정할 때는 낮은 재계약 가능성, 과도한 교통량과 속도, 고객의 점포 접근 불편성, 50m 이하의 가시 등을 가급적 배제하는 것이 바람직하다.

- 「상가임대차보호법」에는 임대조건에 기본적으로 3년을 보장하고 있으나, 영업권의 확보와 시설비용 등의 문제가 있으므로 계약시에 향후 재계약의 가능성을 고려해야 한다.
- 점포의 위치로서 교통량이 폭주하거나 주행하는 차량의 속도가 비교적 높은 지역 주변은 배제하는 것이 바람직하다.
- 고객이 도로에서 점포로 접근할 때 주행선상으로부터 좌회전만 가능한 위치는 배제하는 것이 좋은데, 일반적으로 우회전하는 장소보다 매출이 감소되는 경우가 있다.
- 외식점포는 최소 근접거리 50m 이상의 가시성을 살리는 입지가 바람직하다. 외부 건물이나 기타 여건으로 인해 정문 앞에서만 간판을 볼 수 있는 위치는 가급적 배제해야 한다.

3) 입지결정방법

외식기업 및 점포의 최적 입지는 투자 대비 예상수익률이 가장 높은 지역으로 결정하는 것이 일반적이다.

입지결정을 위한 방법에는 총비용비교법(location cost-volume analysis)수송계획법(transportation model), 요인평정법(factor rating method), 중심법(center of gravity method) 등이 있다.

총비용비교법은 입지결정과 관련되어 소요되는 원가 재료비, 운반비, 인건비 들의 합계를 비교하여 총비용이 가장 낮게 선정된 위치를 선정하는 방법이고, 수송계획법은 위치결정에 가장 중요한 역할을 담당하는 수송비에 따라 입지를 결정하는 방법이다. 요인평정법은 입지 요인별로 가중치를 부여한 요인평정표를 이용하여 입지후보지의 요인별 점수를 산정한 후 점수가 가장 높은 지역을 선택하는 방법이고 중심법은 수송비용을 최소화하기 위해 사용하는 방법으로 수송 비용은 운송거리와 운송량의 선형관계를 토대로 결정한다. 중심점은 공급량과 소비량에 의해 가중된 운송거리, 공급지와 배송지점과의 거리를 최소화하는 지점이다.

입지결정방법

◘ 총비용비교법을 이용한 입지 결정과정

- 1단계 : 각 위치에 해당하는 고정비와 변동비를 구한다.
- 2단계 : 각 위치들의 총비용을 구한다.
- 3단계 : 총비용이 가장 낮게 산정된 위치를 입지로 결정한다.

◘ 수송계획법을 이용한 입지 결정과정

- 1단계 : 후보지역을 결정한다.
- 2단계 : 각 지역들의 수송비를 산정한다.
- 3단계 : 교통비용이 가장 적게 들고 수송상의 문제가 없는 지역을 결정한다.

◘ 요인평정법을 이용한 입지 결정과정

- 1단계 : 관련된 요소를 결정한다(시장의 위치, 인구수 등).
- 2단계 : 가중치 1을 기준으로 모든 요소들 중에서 중요하다고 생각되는 요소를 결정한다.
- 3단계 : 각 요인에 100점을 기준으로 점수를 매긴다.
- 4단계 : 각 요소에 평점과 가중치를 곱해준다.
- 5단계 : 가장 높은 점수를 기록한 곳으로 입지를 정한다.

즐길거리, 볼거리가 많은 골목길 상권

삼청동길, 인사동길, 홍대앞길, 압구정 로데오길 등 서울의 대표적인 '골목길' 상권을 분석하고 개발 방향을 고려한 결과 '상업공간으로서의 서울의 길' 에서 볼거리, 즐길 거리가 가장 많은 곳은 삼청동길인 것으로 나타났다.

이 중 삼청동길과 그 주변 상권이 가장 활성화한 것으로 나타났는데, 이곳에는 미술관, 박물관, 영화관 등 볼거리, 즐길 거리가 있고 식당 · 카페 등이 모여 있다. 강남의 로데오길과 홍대앞길은 꾸준히 젊은이들이 자주 모이는 장소로서 자리 잡고 있다.

골목길 상권은 외식산업이 발달하면서 번화가뿐 아니라 주택가에도 대기업 외식업체가 많아지면서, 낮은 임대료와 원가 절감으로 합리적인 가격에 음식을 제공하고, 개성 있는 분위기와 다양한 문화를 경험할 수 있는 골목길로 상권이 발달하고 있다.

구분	식당 • 카페	숍	볼거리	즐길거리	내 용
신사동 로데오거리	109	153	8	20	• 시각 및 미디어, 예술산업 밀집 • 유학파 디자이너샵 밀집
삼청동길	1,299	231	4,014	55	• 전화숍 밀집 • 과거와 현재를 잇는 가옥형태의 상업시설 다수 • 걷기 편한 길 조성
부암동	65	97	187	34	• 북안산, 북한산, 안왕산 등 지연경관 • 개인작가 미술관이 타 지역에 비해 많음
이태원	752	150	25	148	• 각국의 식문화를 느낄 수 있도록 조성 • 최근 크고 작은 미술관들 유입
방배동 서래마을	1,518	10	6	28	• 프랑스 학교로 다수의 프랑스인 거주 • 한 · 불 간 문화축제 개최
홍대	1,934	448	53	571	• 클럽 등 유흥문화 밀집 • 미술학원 및 화구, 화방시설 밀집
인사동	2,498	246	373	61	• 시각예술의 밀집 • 최근 화방의 수가 감소하는 대신 공예품상점의 증가
압구정 로데오거리	2,655	373	52	231	• 갤러리 밀집 • 공연장과 영화사 입지 • 명품 의상숍 밀집

참고문헌

신봉규. 박재호 공저(2001). 외식창업실무매뉴얼. 백산출판사.

Khan, M.A.(1999). *Restaurant franchising.* John wiley & Sons, Inc.

Lundberg, D.E. & Walker, J.R.(1993). *The Restaurant From Concept to Operation.* John Wiley&Sons, Inc.

National Restaurant Association(1998). *Conducting a Restaurant feasibility study.*

Ramaswamy R.(1996). *Design and Management of Service Processes,* Addison-Wesley Publishing Company, Inc.

Spears, M.C. & Gregoire M.B.(2000). *Foodservice Organizations.* Prentice Hall.

Stevenson, W.J.(1993). *Production operation management,* Irwin, Inc.

Walker, J.R.(1996). *Introduction to Hospitality.* Prentice Hall.

Chapter 5
메 뉴

메뉴를 어떻게 운영할 것인가?

1. 메뉴의 이해
2. 메뉴계획 및 개발
3. 메뉴가격 결정 및 평가

Chapter 5 메 뉴

학습목표

1. 메뉴의 정의 및 역할, 유형에 따른 분류를 이해한다.
2. 메뉴를 계획할 때 기본적으로 고려해야 하는 사항들을 파악한다.
3. 메뉴계획의 기본 절차를 이해한다.
4. 신메뉴 개발의 필요성 및 개발과정을 알아본다.
5. 메뉴 가격 결정방법 및 평가방법을 이해한다.

1. 메뉴의 이해

메뉴는 외식기업과 고객의 의사전달매체로써 외식기업에서 제공하는 음식의 종류와 가격뿐만 아니라 고객의 선택에 영향을 미치는 정보를 제공한다. 메뉴는 단순히 음식명을 나열한 목록표가 아니라 음식을 생산하여 제공하는 외식기업 운영의 중심 역할을 수행하고 있다. 따라서 최근에는 메뉴를 생산적 측면보다 마케팅 측면에서 더욱 중요시하고, 외식기업의 전문화에 따라 차별화정책이 요구되는 등 메뉴의 중요성이 더욱 높아지고 있다.

1) 메뉴의 개념

(1) 메뉴의 정의

오늘날 일반적으로 사용하고 있는 메뉴(menu)라는 말은 프랑스어로 '자세한 목록' 이라는 뜻으로 라틴어 'minitus(축소하다)' 에서 유래되었다. 메뉴는 1541년 프랑스 앙리 8세 때 브랑위그 공작이 베푼 만찬회에서 음식을 제공하는 순서가 틀리는 번거로움을 해소하기 위해 음식에 관한 순서와 내용 등을 메모하여 식탁 위에 올려놓은 것에서부터 시작되었다. 그 후 19세기 초 프랑스 파리의 팰리스 로얄이라는 레스토랑에서 일반화시켜 사용한 것이 오늘날 우리가 사용하고 있는 메뉴의 시초이다.

메뉴는 우리말로 차림표 또는 식단이라는 말로 사용되고 있다. 웹스터 사전에 의하면 메뉴란 '식사로 제공되는 음식의 상세한 목록'으로 정의되어 있고, 옥스퍼드 사전에는 '연회 또는 식사에서 제공되어지는 음식들의 상세한 목록'으로 설명되어 있다.

메뉴에 대한 정의도 시대에 따라 변화되어 단순히 판매하고자 하는 상품의 표시, 안내, 가격만을 나타내는 단순한 목록인 차림표의 개념에서 점차 마케팅과 경영관리의 개념으로 변화되고 있다. 따라서 메뉴는 외식기업 운영에 있어서 가장 중추적인 역할을 담당하는 관리 및 통제도구이며, 동시에 중요한 마케팅도구라 할 수 있다.

(2) 메뉴의 역할

메뉴는 외식기업과 고객을 연결하는 판매촉진의 도구이면서 의사전달을 위한 최초의 대화 및 홍보도구로서 고객의 최종선택을 위해 외식점포에서 제공하는 음식에 대한 정보를 제공해 주는 것이 기본적인 역할이다. 또한 메뉴는 외식점포에서 제공하는 음식에 대한 정보를 종사원에게 전달해 주며, 주방 종사원에게는 음식 조리에 관한 작업활동을, 홀 담당 종사원들에게는 제공할 음식을, 세척담당 종사원에게는 세척할 그릇의 종류와 개수 및 세척방법 등을 결정해 준다.

메뉴는 정보전달의 기본적 역할 이외에 외식점포의 경영과정을 조정 · 통제하는 역할을 하며 외식점포의 특성과 실내장식과도 조화를 이루어야 한다.

외식기업 및 점포를 창업하고자 할 때는 기업 및 점포의 목표에 맞는 메뉴계획이 이루어지고 이에 따라 시설 · 설비계획 및 기기가 선정되며 메뉴에 필요한 식재료 구입, 음식의 생산 및 서비스가 이루어진다.

2) 메뉴의 유형

(1) 품목과 가격구성에 따른 분류

■ 따블 도떼 메뉴(table d' hote menu)

호텔이나 대규모 외식점포에서 많이 사용하는 메뉴 형태로서 일정한 가격에 주메뉴를 비롯한 몇 가지 단일메뉴 품목을 합한 세트 메뉴를 제공하며 코스 메뉴(course menu)라고도 한다. 가격은 코스에 따라 일정하게 정해지거나 주요 음식을 무엇으로 결정하느냐에 따라 달라질 수 있다.

그림 5-1 외식점포의 따블 도떼 메뉴의 예

자료 : 베니건스.

그림 5-2 외식점포의 알라 카르테 메뉴의 예

자료 : 크라제.

■알라 카르테 메뉴(à la carte menu)

일반적인 외식점포에서 많이 사용하며 메뉴 품목마다 개별적으로 가격이 책정된 일품요리 메뉴 형태이며 따블 도떼 메뉴와는 달리 고객이 원하는 음식을 자유롭게 선택할 수 있다.

이 메뉴 형태는 한 번 작성된 메뉴가 장기간 사용되므로 음식 준비나 식재료 구입업무가 단순화되어 능률적이다. 그러나 식재료의 원가 상승에 의해 이익이 줄어들 수도 있고 단골고객에게는 새로운 맛을 주지 못하고 지루함을 주어 판매량이 감소할 수도 있다. 따라서 알라 카르테 메뉴를 제공하는 외식점포에서는 고객의 요구를 감안하여 지속적으로 새로운 메뉴 개발을 위한 노력을 해야 한다.

■캘리포니아 메뉴(california menu)

미국 캘리포니아 지역에서 유래된 메뉴로 아침, 점심, 저녁의 메뉴 품목이 하나의 메뉴에 수록되어 있으며, 시간에 관계없이 모든 요리를 주문할 수 있는 메뉴를 말한다. 예를 들어 아침식사 시간에 스파게티를 주문하거나 저녁시간에 팬케이크를 주문해도 음식을 제공받을 수 있다.

■두 쥬르 메뉴(du jour menu)

특별한 날에 특별히 제공되는 음식들의 목록으로서 'du jour' 는 영어로 'of the day' 를 의미한다. '오늘의 커피', '오늘의 특별 요리' 등이 해당된다.

(2) 식사시간대에 따른 분류

■조식 메뉴(breakfast menu)

조식은 하루 일과를 시작하는 고객들의 아침식사를 위한 것으로 신속하고 간단하면서 저렴하다는 특징이 있다. 최근 들어 바쁜 직장인을 위해 아침식사를 제공하는 외식기업들이 증가하고 있다. 호텔에서는 뷔페(buffet)의 형태로 음식을 다양하게 제공하기도 한다.

서양의 일반적인 조식은 대표적으로 미국식 조식 메뉴, 영국식 조식 메뉴, 대륙식 조식 메뉴로 구분된다. 미국식 조식 메뉴는 대부분의 호텔이나 일반 외식점포에서 널리 사용되고 있으며 달걀, 과일, 주스, 시리얼, 팬케이크, 와플, 베이컨, 소시지 등으로 구성되어 있다. 한편 영국식 아침 메뉴에는 미국식 조식 메뉴에 생선구이가 추가된다. 대륙식 조식 메뉴는 달걀과 시리얼이 포함되지 않고 빵, 커피, 우유 정도로 간단히 하는 식사이다.

■ 브런치 메뉴(brunch menu)

주말 또는 휴일에 아침과 점심시간의 중간에 제공되는 식사 형태로 아침 식사를 시간에 구애받지 않고 여유롭게 하기 위한 사람들을 위한 메뉴이다.

한국식 조식 메뉴

콩나물 국밥
(Squld & Bean Sprout Stew)
황태 육수와 오징어를 시원하게 우려낸 비비고 아침메뉴와 건강한 하루를 시작하세요!

자료 : 비비고.

서양식 조식 메뉴

베이컨 에그 맥머핀
(Bacon & Egg McMuffin)
부드러운 달걀, 바삭바삭한 베이컨과 고소한 치즈가 갓 구워진 맥머핀 위에!

소시지 맥머핀
(Sausage McMuffin)
갓 구워진 맥머핀 안에 촉촉한 소시지 패티와 고소한 치즈로 깨우는 아침

자료 : 맥도날드.

그림 5-3 외식기업의 조식메뉴

■ 점심 메뉴(lunch or luncheon menu)

일반적으로 저녁 메뉴보다는 가볍고 저렴한 가격으로 제공되며, 직장인들을 주요 고객으로 하는 외식점포에서는 특별히 할인된 가격에 세트 메뉴 형태로 제공하기도 한다. 최근 들어 점심 메뉴를 위해 포장판매(take-out) 전문점을 이용하는 직장인들이 늘어나고 있으며 그들은 직장 내 휴게소나 공원 등 자유로운 공간에서 구입한 점심 메뉴로 식사를 한다.

■ 저녁 메뉴(dinner menu)

외식점포에서의 저녁 메뉴는 주로 친구 또는 가족 단위나 단체 고객들을 대상으로 하며 점심 메뉴에 비해 다소 비싸고 매우 다양하다. 같은 메뉴라 할지라도 점심 메뉴에 비해 저녁 메뉴의 가격이 더 비싼 경우도 있다.

(3) 메뉴 품목의 변화에 따른 분류

■ 고정 메뉴(fixed or static menu)

고정 메뉴는 동일한 메뉴가 변화없이 지속적으로 제공되는 형태로 외식점포에서 주로 사용된다. 외식점포에서는 메뉴의 품질을 표준화하여 이를 고정적으로 제공함으로써 메뉴에 대한 인지도를 높일 수 있고 이를 통해 고객을 확보할 수 있다.

■ 순환 메뉴(cycle menu)

순환 메뉴는 주별, 월별 또는 계절별 등의 일정한 주기에 따라 메뉴가 반복되어 제공되는 형태로서 주기 메뉴라고도 한다. 학교, 병원 등의 단체급식소에서 많이 사용되며 같은 식단이 주기적으로 반복되므로 식단의 주기가 짧으면 고객의 불만이 커지게 된다.

(4) 선택성에 따른 분류

■ 단일 메뉴(non-selective menu)

단일 메뉴는 끼니마다 국수류, 해장국류 등 1~2가지 메뉴만을 제공하는 것으로 전문화된 음식맛이 요구된다.

■ 부분선택식 메뉴(partially selective menu)

주요리, 코스 메뉴 중 일부 및 후식 등을 선택할 수 있게 제공되는 메뉴형태이다.

■ 선택식 메뉴(selective menu)

외식점포에서 다양하게 제공하는 음식중에서 고객이 원하는 음식을 자유롭게 선택할 수 있는 메뉴 형태이며 알라 카르테 메뉴, 카페테리아 메뉴, 뷔페 메뉴 등이 이에 속한다.

2. 메뉴계획 및 개발

1) 메뉴계획 시 고려사항

메뉴를 계획할 때는 고객의 측면과 점포의 경영 측면에 관련된 요인들을 고려하여야 한다. 메뉴계획은 점포의 입지조건과 표적시장이 되는 고객의 동향을 분석한 후에 고객의 요구를 충족시킬 수 있도록 해야 한다.

(1) 고객의 요구

메뉴계획에서 고객의 요구는 가장 중요한 요인으로 작용하기 때문에 메뉴를 계획할 때는 잠재적인 주요 고객들의 연령, 성별, 직업, 경제상태 등에 대한 조사 분석이 선행되어야 한다. 이러한 요소는 고객의 음식 선호도와 잠재고객시장에 대한 정보를 제공해 준다.

최근 건강이나 영양에 대한 고객들의 관심도가 높아짐에 따라 건강 메뉴에 대한 중요성이 부각되고 있다. 따라서 메뉴계획자는 음식을 통해 균형있는 영양뿐만 아니라 건강증진에 대한 기능적인 역할을 고려해야 한다.

또한 메뉴간의 조화나 균형에 있어서 음식의 색, 맛, 온도, 향미, 조직감 및 전체적인 외관 등 관능적 특성도 고려되어야 한다. 특히 식재료 고유의 향미는 상품에 많은 영향을 주므로 향기의 대조를 통해 다양한 음식이 제공되도록 해야 한다.

한식을 세계의 트렌드로 만든다

접근 방식에 있어 새로운 방법을 시도한 레스토랑의 등장 역시 한식의 시장성을 높이고 있다. 「모모푸쿠 쌈바」와 같이 한국의 쌈문화를 도입했지만 메뉴의 맛이나 연출 방법은 타깃 대상에 맞춰 변화를 준 곳들이 늘어나고 있으며 처음부터 세계화라는 목표에 맞춘 메뉴 전략을 만들기도 한다. 지난 5월 CJ푸드빌은 글로벌 한식 브랜드 「비비고」를 선보였다. 전통 음식인 비빔밥을 메인으로 내세운 「비비고」는 개개인의 기호에 맞게, 밥, 소스, 토핑 종류를 선택할 수 있는 주문 방식이 특징이다. 「비비고」는 글로벌 한식 브랜드로서 외국인들에게 비빔밥에 대한 인식을 단순히 이국적인 아시안 푸드가 아닌 맛과 건강을 충족시킬 수 있는 트렌디한 식문화로 인식될 수 있도록 한다는 전략이다. 이의 일환으로 샐러드에 익숙한 서양인들에게 나물이라는 새로운 스타일의 채소 조리방법을 선보이기 위해 라이스 샐러드(rice salad)의 개념을 도입했다. 또한 외국인들이 다양하게 선택해 먹을 수 있도록 단맛을 더한 고추장과 참깨, 쌈장, 레몬간장 소스 등 총 4종을 개발해 1인분씩 파우치 형태로 제공한다. 「비비고」는 2010년 8월 중국, 미국, 10월 싱가포르에 직영 1호점을 각각 오픈할 계획이다. 이를 바탕으로 2013년에는 조인트벤처나 마스터프랜차이즈 형태로 점포를 확장해 2015년까지 1,000개 매장을 오픈한다는 목표를 세우고 있다.

자료 : 월간식당(2010년 8월).

(2) 외식기업 및 점포의 경영 측면

메뉴를 계획할 때는 외식기업 및 점포의 경영적인 측면에 있어서 예산, 시설·설비 및 기기, 조리인력의 생산능력, 서비스 방식 등 다양한 요인을 고려해야 한다. 메뉴는 예산 범위와 설정된 식재료비 비율에 맞도록 계획되어야 하고 표준 레시피에 대한 예정원가 계산 등이 필요하다. 이에 따라 식재료와 1인분의 원가를 파악하여 원가변동에 따른 메뉴 선택과 가격 조정을 해야 한다. 또한 메뉴에 이용되는 식재료 구입 가능성, 수급 동향, 물가변동 등도 고려되어야 한다.

주방공간의 크기, 기기의 종류와 수용능력은 조리인력의 수와 음식의 가지수를 결정해 준다. 한 두명의 조리인력만을 고용하고 있는 점포에서는 메뉴를 간단히 제공해 고객의 선택에 제한을 두어야 하며, 조리인력이 충분한 외식점포에서는 다양한 메뉴를 제공할 수 있으므로 고객의 메뉴 선택 폭이 넓다.

2) 메뉴계획 절차

메뉴계획 절차는 외식점포마다 독특한 방법으로 수행될 수 있으나 기본적인 유형은 그림 5-4와 같고 각 점포의 필요에 따라 몇 과정을 생략하거나 새로운 과정을 첨가할 수 있다.

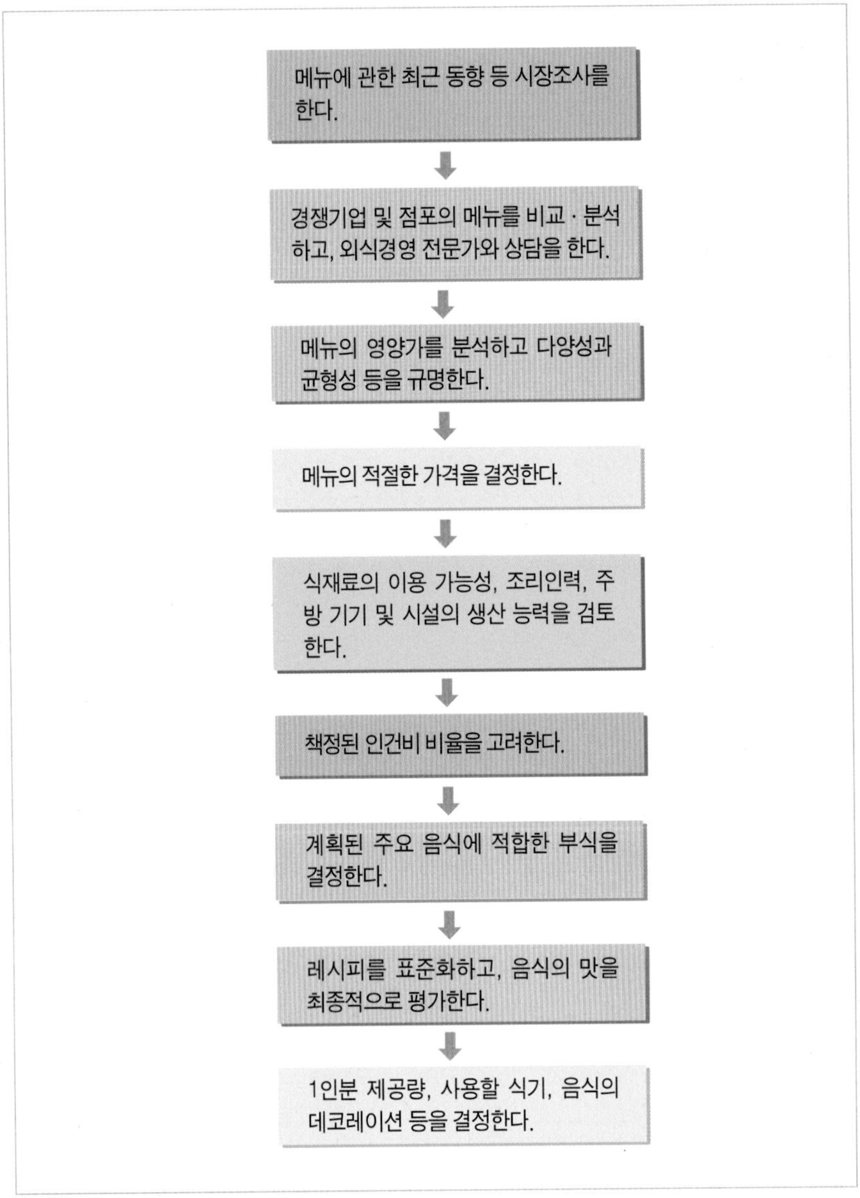

메뉴에 관한 최근 동향 등 시장조사를 한다.

경쟁기업 및 점포의 메뉴를 비교 · 분석하고, 외식경영 전문가와 상담을 한다.

메뉴의 영양가를 분석하고 다양성과 균형성 등을 규명한다.

메뉴의 적절한 가격을 결정한다.

식재료의 이용 가능성, 조리인력, 주방 기기 및 시설의 생산 능력을 검토한다.

책정된 인건비 비율을 고려한다.

계획된 주요 음식에 적합한 부식을 결정한다.

레시피를 표준화하고, 음식의 맛을 최종적으로 평가한다.

1인분 제공량, 사용할 식기, 음식의 데코레이션 등을 결정한다.

그림 5-4 메뉴계획 절차

3) 신메뉴 개발

생활양식과 환경이 변화됨에 따라 고객의 기호와 욕구도 변화되고 있으므로 메뉴는 이러한 고객의 요구 및 기호도를 반영하고 외식점포의 수익성을 제고하기 위해 지속적으로 수정 · 보완되어야 하며 시대의 흐름에 맞게 새로이 개발되어야 한다.

새로운 메뉴는 회의 및 정보수집을 통해 콘셉트가 결정되며 조리법의 조정, 식재료 공급업체 선정 및 고객반응 조사 후에 가격이 결정되고 개발된 신메뉴에 대한 직원교육의 실시와 메뉴 홍보물 제작을 통해 출시되는 등의 과정을 통해 개발되고 제품화된다.

그림 5-5 외식기업의 메뉴개발 과정

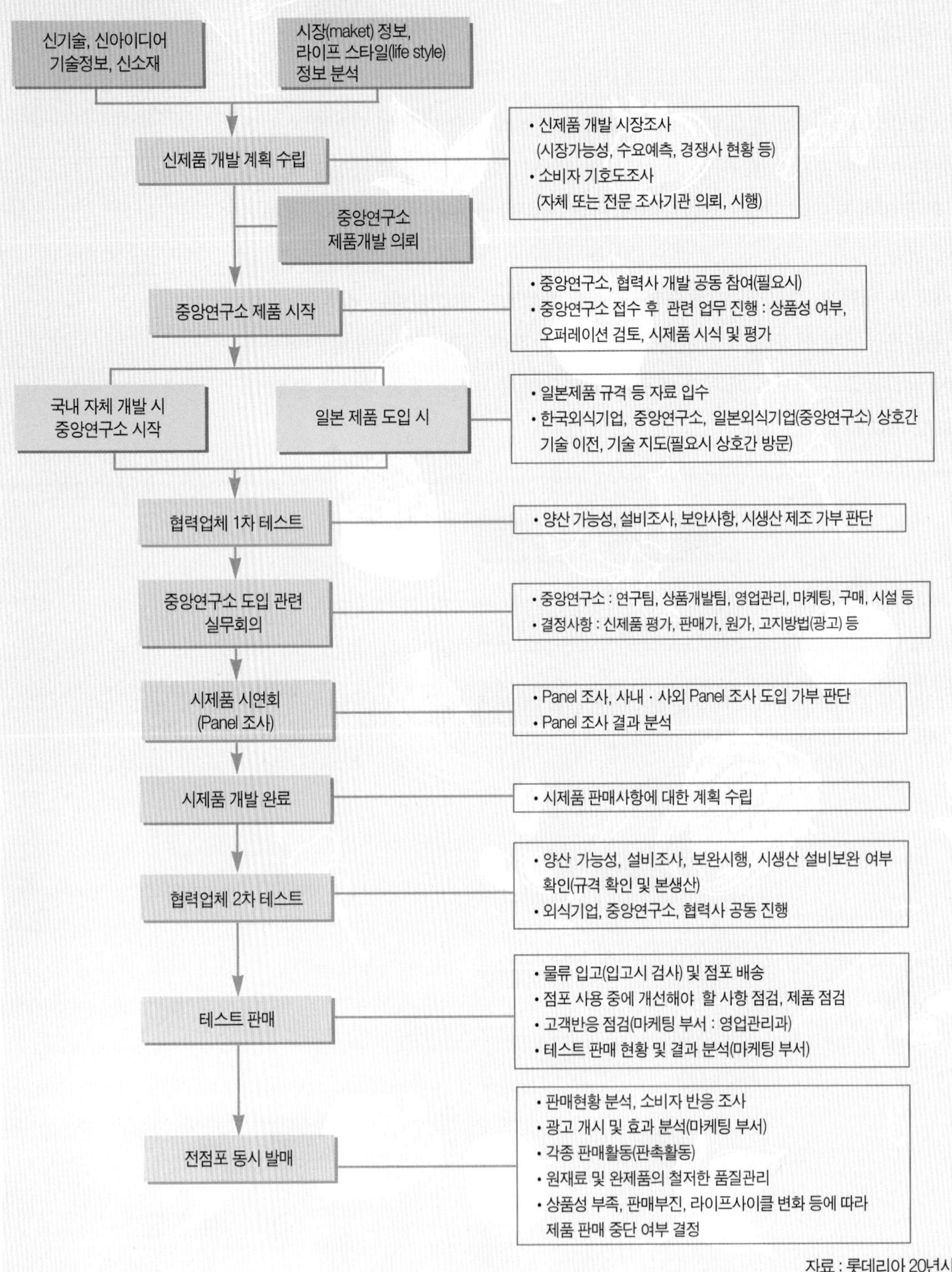
외식기업의 신메뉴 개발과정의 예
신기술, 신아이디어
기술정보, 신소재
시장(maket) 정보,
라이프 스타일(life style)
정보 분석
신제품 개발 계획 수립
• 신제품 개발 시장조사
(시장가능성, 수요예측, 경쟁사 현황 등)
• 소비자 기호도조사
(자체 또는 전문 조사기관 의뢰, 시행)
중앙연구소
제품개발 의뢰
중앙연구소 제품 시작
• 중앙연구소, 협력사 개발 공동 참여(필요시)
• 중앙연구소 접수 후 관련 업무 진행 : 상품성 여부,
오퍼레이션 검토, 시제품 시식 및 평가
국내 자체 개발 시
중앙연구소 시작
일본 제품 도입 시
• 일본제품 규격 등 자료 입수
• 한국외식기업, 중앙연구소, 일본외식기업(중앙연구소) 상호간
기술 이전, 기술 지도(필요시 상호간 방문)
협력업체 1차 테스트
• 양산 가능성, 설비조사, 보안사항, 시생산 제조 가부 판단
중앙연구소 도입 관련
실무회의
• 중앙연구소 : 연구팀, 상품개발팀, 영업관리, 마케팅, 구매, 시설 등
• 결정사항 : 신제품 평가, 판매가, 원가, 고지방법(광고) 등
시제품 시연회
(Panel 조사)
• Panel 조사, 사내 · 사외 Panel 조사 도입 가부 판단
• Panel 조사 결과 분석
시제품 개발 완료
• 시제품 판매사항에 대한 계획 수립
협력업체 2차 테스트
• 양산 가능성, 설비조사, 보완시행, 시생산 설비보완 여부
확인(규격 확인 및 본생산)
• 외식기업, 중앙연구소, 협력사 공동 진행
테스트 판매
• 물류 입고(입고시 검사) 및 점포 배송
• 점포 사용 중에 개선해야 할 사항 점검, 제품 점검
• 고객반응 점검(마케팅 부서 : 영업관리과)
• 테스트 판매 현황 및 결과 분석(마케팅 부서)
전점포 동시 발매
• 판매현황 분석, 소비자 반응 조사
• 광고 개시 및 효과 분석(마케팅 부서)
• 각종 판매활동(판촉활동)
• 원재료 및 완제품의 철저한 품질관리
• 상품성 부족, 판매부진, 라이프사이클 변화 등에 따라
제품 판매 중단 여부 결정
자료 : 롯데리아 20년사.

4) 메뉴 교체

메뉴의 변화는 새로운 시장을 창출하고 기존 고객을 유지하며 타 외식기업 및 점포에 대한 경쟁력을 가질 수 있다. 기존 메뉴를 평가하여 문제가 없다면 그대로 유지하고, 문제가 있는 메뉴는 수정 · 보완되거나 폐기하여 새로운 메뉴로 대체하여야 한다. 기존 메뉴를 새로운 메뉴로 교체하기 위해서는 고객요구의 파악과 메뉴분석이 이루어져야 한다. 또한 경쟁 외식기업 및 점포의 메뉴와 비교 · 분석하여 차별화된 특성을 부각시킬 수 있는 방향으로 메뉴를 교체 또는 수정해야 하며 새로이 개발된 메뉴의 생산 가능성과 식재료 물량 확보 가능성 등을 함께 고려해야 한다.

최근 고객들은 새로운 메뉴의 개발을 요구하고 있고 외식기업의 메뉴교체 주기도 짧아지고 있다. 이는 시장의 세분화현상과 함께 외식점포의 경영을 점점 더 어렵게 하는 주요 요인이 되고 있다. 하나의 메뉴 품목이 시장에 등장하여 가장 높은 인기를 얻는 시기는 1년 정도 이후이며 약 1년간의 절정기가 지나면 인기는 점점 낮아진다. 메뉴의 교체는 메뉴 품목이 성숙기나 쇠퇴기에 이르렀을 때 이루어지며 일반적으로 메뉴 개발 이후 6개월이 지난 때부터 변화를 계획하는 것이 좋다. 그러므로 메뉴관리자는 메뉴분석을 통해 메뉴 교체시기나 신메뉴 개발 및 출시시기를 파악해야 한다.

외식기업 및 점포에서 메뉴를 교체하는 데는 상권 및 고객의 요구 변화, 식재료 수요와 공급, 타 외식기업 및 점포와의 경쟁 등의 외부적인 요인과 외식기업 및 점포의 콘셉트 및 수익성, 운영체계, 메뉴 품목 판매 동향 등의 내부적인 요인이 있다(표 5-1).

외식기업 및 점포에서는 일반적으로 고정 메뉴를 제공하지만 계절에 따라 변화를 주기도 한다. 고객의 기호에 맞게 계절별 식재료를 주기적으로 변화있고 다양하게 사용하고, 제철에 생산되는 신선한 식재료를 선택하여 메뉴 교체에 활용한다. 정기적으로 분기별, 행사별, 각종 판매촉진활동에 맞추어 메뉴를 교체한다면 타 경쟁기업보다 차별화된 전략을 제시할 수 있다.

표 5-1 메뉴 교체 요인

요 인		내 용
외부적 요인	고객의 요구 변화	• 고객의 요구가 다양하게 변화되고 있고 이에 따른 메뉴 교체가 요구된다.
	식재료 수요와 공급	• 외식점포에서는 냉동된 식재료보다는 계절에 따른 신선한 식재료를 선호하여 계절별로 메뉴가 교체될 수 있다. 그러나 냉동 · 냉장기술 발달, 저장기술의 확장, 교통수단의 발달 등으로 인해 계절에 따른 식재료 수급의 차이는 많이 완화되고 있다.
	타 외식기업 및 점포와의 경쟁	• 타 외식기업 및 점포 메뉴의 분석은 차별화 되는 메뉴를 개발하는데 도움을 준다.
내부적 요인	외식점포의 콘셉트	• 외식점포의 콘셉트(concept)는 계속적으로 평가되고 개선되어야 하며 새로운 콘셉트는 메뉴의 교체를 요구한다.
	수익성	• 식재료의 원가, 새로운 메뉴 아이템의 추가와 삭제 등에 따른 수익성에 의해 메뉴가 교체된다.
	운영체계	• 외식점포의 확장이나 축소, 새로운 주방 기기의 도입, 종사원들의 생산능력 변화 등은 현재의 메뉴 개선 또는 교체를 요구한다.
	메뉴 품목 판매 동향	• 메뉴는 다른 메뉴의 판매를 증가 또는 감소시킨다. 따라서 메뉴 품목 판매 동향에 따라 메뉴는 교체될 수 있다.

패밀리레스토랑 신메뉴
STYLE로 날개를 달다!
Sophisticated 세련된 감각으로
Trendy 동향을 빠르게 파악해
Yummy 맛을 더욱 살리고
Light 건강하고 신선한 재료로
Exciting 참신한 메뉴를 만들다

저성장기에 접어든 패밀리레스토랑이 최근 1~2년 사이 다시금 활력 넘치는 일들을 벌이고 있다. 특히 올해에는 메뉴 개발에 주력하며 저마다 개성을 부여한 신메뉴를 출시, 고객 유치에 몰입하고 있다. 더욱 세련된 감각으로 소비자의 니즈를 빠르게 파악해 신선한 재료로 맛과 건강을 추구하는 참신한 메뉴들을 선보이고 있는 것. 다시금 비상을 추구하는 패밀리레스토랑의 스타일을 입은 신메뉴들을 살펴봤다.

3단 변신, 매력적인 패밀리레스토랑 되기에 한창

패밀리레스토랑이 3단 변신으로 업그레이드 중에 있다. 첫째, 낡고 식상한 분위기를 버리고 산뜻하고 깔끔한 인테리어로 리뉴얼했다. 둘째, 형식적이기만 했던 무릎 꿇고 주문을 받는 퍼피 독 서비스(puppy dog service)에서 벗어나 직장인들에게는 캐주얼한 미팅 공간으로, 이제 막 한 살이 된 아기의 돌잔치 파티 장소로 여러 고객의 상황에 따른 T.P.O. 서비스(Time, Place, Occasion Service)를 제공하고 있다. 셋째, 까다로워진 고객들의 입맛을 사로잡을 수 있는 감각적인 이른바 '스타일(S.T.Y.L.E.)' 이 있는 신메뉴를 잇따라 출시했다. 건강, 웰빙 등이 식문화의 핵심 키워드로 자리잡고 있는 가운데 이 같은 경향에 맞춘 참신한 메뉴들을 선보이기 시작한 것이다.

특히 패밀리레스토랑 업체들의 신메뉴 출시가 올 하반기 들어 더욱 본격화됐다. 빕스는 업계 1위 브랜드를 나타내듯 No.1 스테이크를 출시해 호응을 얻고 있으며 T.G.I.프라이데이스는 11종의 신메뉴를 선보이며 관심을 모았다. 세븐스프링스는 자연적이고 친환경적인 브랜드로 거듭나기 위해 샐러드바부터 매장 분위기까지 변신을 꾀해 확고한 브랜드 차별화를 이뤘다. 베니건스도 '셰프의 요리' 라는 콘셉트로 고급화된 신메뉴를 출시했다. 매장 수가 적은 씨즐러, 우노 역시 하반기 신메뉴를 출시하며 메뉴에 활기를 불어넣고 있다. 서비스나

(계속)

인테리어도 중요하지만 무엇보다 레스토랑의 경쟁력은 '메뉴' 가 핵심이다.

즉, 패밀리레스토랑 업체 역시 강력한 브랜드 경쟁력을 구축하기 위해 업그레이드된 신메뉴를 선보이고 있는 것이다.

신메뉴 개발이 곧 브랜드 개성을 찾는 길

올 하반기 패밀리레스토랑 업체들이 출시한 신메뉴들은 이전보다 식재료나 조리방법, 연출력 모두 업그레이드 됐다는 점과 브랜드 개성을 살리는 데 주력한 점이 특징이다. 과거 패밀리레스토랑 업계는 너도 나도 할인 판매에만 급급해 브랜드 차별화를 도모할 수 있는 신메뉴 개발에 소홀했었다. 고객 유치를 위해 한 업체에서 할인을 하면 줄지어 다른 업체들도 할인 혜택을 내세웠고, 「아웃백스테이크하우스」의 부쉬맨브레드를 시작으로 모든 업체가 식전 빵을 제공했다.

자연스레 고객들도 패밀리레스토랑은 당연히 통신사 할인 등 가격 혜택이 있어야만 가는 곳, 특정 브랜드를 선호하기보다는 '패밀리레스토랑에 간다' 라고 인식하게 되면서 브랜드별 특징이 없는 몰개성화가 양산됐다. 이같은 악순환의 번복과 치솟는 원가 부담의 압박으로 패밀리레스토랑이 지난 2~3년간 부진에 빠졌던 것이 사실. 패밀리레스토랑들은 저마다 이를 극복하기 위해 다방면으로 노력을 기울였다. 최근 각 브랜드마다 신메뉴 개발에 주력하고 있는 것도 자구책의 일환이다.

「아웃백스테이크하우스」는 지난 2009년부터 구다이아웃백(G' day Outback)이라는 슬로건 아래 2~3개월로 한정판매하는 신메뉴를 지속적으로 출시하고 있다. 단순히 신메뉴로 브랜드 차별화를 꾀한 것이 아니라 끊임없는 한정메뉴를 출시하는 전략으로, 셰프선발대회를 거쳐 뽑힌 젊은 요리사와 연예인 다니엘 헤니를 전면에 내세운 광고와 함께 신메뉴를 선보이며 인지도를 달리 한 것이다.

「빕스」는 샐러드바와 함께 스테이크의 고급화를 추구하며 충성고객을 만들어가고 있다. 지난 2008년 뜨거운 돌판 위에 스테이크를 올려 제공하는 얌스톤그릴스테이크로 호응을 얻은 「빕스」는 올 해 새로이 출시한 프리미엄 스테이크인 No.1 스테이크로 스테이크 마니아고객을 창출하고 있다. 팬 프라잉(pan frying) 조리법으로 스테이크의 육즙을 잘 살린 점이 특징. 현재 No.1 스테이크의 판매율은 총 스테이크 메뉴의 30%에 이를 정도로 큰 비중을 차지하고 있다.

고급 식재료를 사용해 입체감 있고 신선한 색감을 살리는 등 메뉴 스타일링도 한층 업그레이드 됐다. 스테이크에는 구운 감자나 웨지 감자 대신 아스파라거스나 파프리카 등 채소류로 가니쉬하고, 몸통만 있는 냉동 자숙 새우가 아닌 껍질이며 수염까지 통째로 요리한 대하를 올린 파스타, 향기로운 허브를 넣은 샐러드 등이 많아졌다.

자료 : 월간식당(2010년 12월).

3. 메뉴가격 결정 및 평가

1) 메뉴가격 결정

메뉴가격 결정은 메뉴계획이 이루어진 다음에 행해지는 과정으로서 식재료비와 인건비뿐만 아니라 추가적인 운영비용, 즉 임대료, 에너지 사용료, 광고비 등도 함께 고려해야 한다. 또한 메뉴가격은 가치와 경쟁 개념을 포함해야 하는데, 가치의 개념은 고객이 지불할 가치가 있다고 생각하는 메뉴의 가격을 말하며 경쟁의 개념은 타 외식기업 및 점포와의 경쟁을 고려한 가격을 의미한다. 예를 들어 맥도날드는 지역에 따라 햄버거 가격을 달리하여 메뉴가격의 경쟁력을 높인다.

메뉴가격은 가격 산출의 방법, 마케팅, 판매량 등을 고려하여 책정해야 한다. 그러나 아직도 많은 외식기업 및 점포에서는 경영자의 주관적인 판단에 의해 메뉴가격을 책정하고 있다. 이러한 방법은 많은 경험과 노하우를 필요로 하며 실패할 가능성이 높고 경영 내용을 분석하는 데 있어 타당성 있는 자료를 제시하지 못한다.

외식기업 및 점포의 경영자들이 메뉴가격을 결정할 때는 외식기업 및 점포에서 기대하는 수익과 고객의 요구에 따라 과학적이고 객관적인 메뉴의 가격 책정 방법이 필요하다. 메뉴의 가격책정방법에는 주관적 메뉴가격산출법, 객관적 메뉴가격산출법, 심리학적 메뉴가격산출법 등이 있다.

(1) 주관적 메뉴가격산출법

외식기업 및 점포의 경영자가 주관적인 판단에 의해 메뉴가격을 결정하는 방법으로 적정가격법, 최고가격법, 최저가격법, 경쟁자가격법 등이 있다.

■ 적정가격산출법

경영자 또는 관리자의 경험과 추측에 의해 적당하다고 판단되는 가격을 선택하는 방법이다.

■ 최고가격산출법

경영자가 메뉴 품목의 가치를 최대한으로 평가하여 고객이 지불할 수 있을 것이라고 생각되는 최고 금액을 메뉴가격으로 선택하는 것으로 고객의 반응에 따라 단계적으로 가격을 조정한다.

■ 최저가격산출법

상품가치의 최저가를 선택하여 고객으로 하여금 외식기업 및 점포의 매력을 느끼도록 하는 방법이다. 이 방법은 고객이 특정 음식의 낮은 가격을 보고 외식점포에 들어와 다른 음식까지 주문하도록 유도하는 것이다.

■ 경쟁자가격산출법

경쟁기업 및 점포에서 정한 가격을 그대로 따르는 방법으로 이는 경쟁기업 및 점포에서 제시한 가격에 대해 고객들이 만족하고 있다는 가정하에 이용 가능하다. 그러나 외식기업 및 점포마다 원가와 음식 판매량이 다르므로 단순한 모방은 바람직하지 않다.

(2) 객관적 메뉴가격산출법

객관적 메뉴가격산출법은 음식 가격에 대한 원가비율 즉, 식재료비와 인건비를 합한 원가의 비율을 근거로 메뉴가격을 산출하는 방법이다. 외식기업 및 점포에서 주로 사용하는 방법에는 가격요소(factor)에 의한 산출법, 주요원가(prime cost)에 의한 산출법, 실제원가(actual cost)에 의한 산출법 등이 있다.

■ 가격요소에 의한 산출법

이 방법에 의해 메뉴가격을 산출할 때는 우선 바람직한 식재료비 비율이 결정되어야 하고 식재료비 비율을 근거로 가격요소(factor)를 결정한다. 특정 메뉴의 식재료비에 가격 요소(factor)를 곱하여 메뉴 가격을 결정한다.

메뉴가격 = 메뉴의 식재료비 × 가격요소(factor)

예제 A 한식전문점의 평균 식재료비 비율이 40%이고 설렁탕의 식재료비가 2,000원이라면 가격요소에 의해 산출된 설렁탕의 가격은?

답
- 가격요소(factor) : 100% ÷ 40% = 2.5
- 설렁탕가격 = 2000원(식재료비) × 2.5(factor) = 5,000원

이 방법은 계산이 간단하여 외식기업 및 점포에서 널리 이용되고는 있지만 월말이 될 때까지 식재료비를 제외한 다른 비용들이 파악되지 않는다는 단점이 있다.

■ 주요 원가에 의한 산출법

주요 원가(prime cost)는 음식에 대한 식재료비와 그 음식을 생산하는 데 관여한 종사원들의 직접 인건비를 합한 것이다. 따라서 이 두 가지 비용이 올바르게 계산되어야 주요 원가가 정확하게 결정된다.

매일 모든 메뉴에 대한 식재료비와 직접인건비를 계산하는 것은 시간과 인력이 많이 요구되는 일이고 매번 음식 가격이 달라질 수 있으므로 외식기업 및 점포에서 이 방법을 활용하는 것은 실용적이지 못하다. 따라서 이 방법을 활용하기 위해서는 주요 원가인 식재료비, 직접인건비 및 운영상의 수익(margin)에 대한 비율을 미리 설정해야 한다. 메뉴 가격은 설정된 주요 원가비율을 이용하여 정해진 운영상의 수익비율로 책정된 계수에 음식의 주요 원가를 곱하여 결정한다.

■ 실제원가(actual cost)에 의한 산출법

정확한 원가기록을 보유하고 있는 외식기업 및 점포에서 사용하는 방법으로 음식 생산, 외식기업 및 점포 운영에 소요되는 제반 비용과 이윤까지 포함하여 메뉴가격을 결정한다. 우선, 표준레시피로부터 식재료비를 산출하고, 주요 변동원가인 인건비를 결정한 후에 손익계산서로부터 기타 변동원가, 고정원가 및 이윤을 매출액에 대한 비율로 산정한다. 이 방법은 메뉴가격에 모든 비용과 이윤이 포함된다는 장점이 있다.

메뉴가격 = 실제 식재료비 + 실제 인건비 + 기타 변동비 + 고정비 + 이윤

- **메뉴가격 = 메뉴의 주요 원가×계수**
- **계수 = 100 / 운영상의 수익 비율(%)**

예제 B 패밀리레스토랑의 어린이 메뉴가격을 결정하고자 한다. 식재료비는 2,000원, 직접인건비는 950원이고 식재료비의 비율은 40%, 직접 인건비 비율은 8%이다. 주요 원가에 의한 산출법으로 결정된 어린이 메뉴의 가격은?

답
- 어린이 메뉴의 주요 원가 : 2,000원(식재료비) + 950원(직접 인건비) = 2,950원
- 운영상의 수익률 : 100%－(40%(식재료비 비율) + 8%(직접 인건비 비율) = 52%
- 계수 : 100% ÷ 52%(운영상의 수익률) = 1.923

∴ 어린이 메뉴가격 = 2,950원(주요 원가)×1.923(계수) = 4,028원

실제로 B패밀리 레스토랑의 어린이 메뉴가격은 4,000원 또는 4,250원이 될 수 있다.

(3) 심리학적 메뉴가격산출법

외식기업 및 점포 경영자들은 가격을 책정하는 데 있어 심리학적인 측면을 고려하며 이는 고객들의 인지도와 구매결정에 영향을 미치게 된다. 외식기업 및 점포의 경영자들이 메뉴가격을 결정할 때 사용하는 심리학적 방법에는 홀수가격책정법, 중량 단위당 가격책정법, 세트메뉴 가격책정법 등이 있다.

■ 홀수가격책정법

이 방법은 가격의 숫자로 고객의 구매충동을 자극하는 것으로 미국에서는 센트 자리의 숫자를, 국내에서는 10원 단위의 숫자를 이용한다. 외식기업 및 점포에서 홀수가격을 책정하기 위해 사용하는 방법으로는 10원 단위 홀수가격책정법(예 : 4,750원, 4,770원) 1,000원보다 조금 작은 가격책정법(예 : 900원) 등이 있다.

■ 중량단위당 가격책정법

포장판매를 하는 외식기업 및 점포에서 많이 사용하는 방법으로 슈퍼마켓의 샐러드 바에서도 이용된다. 고객들은 필요한 음식의 양을 직접 정하여 무게를 잰

후 계산하게 되며 먹은 분량에 대해서만 비용을 지불한다고 인식하므로 만족도가 높아진다. 예를 들어, 카페아모제는 음식의 가격을 중량 단위(g 또는 ounce)로 제시하고 포장판매시 측정된 무게에 따라 최종 음식가격을 결정한다.

■ 세트메뉴 가격책정법

세트메뉴는 일정한 가격에 여러 가지 메뉴가 함께 제공되며 각각의 음식을 따로 주문할 때보다 저렴하므로 고객들은 세트메뉴를 선호하는 경향이 있다. 외식기업 및 점포의 측면에서도 다소 인기없는 메뉴와 인기있는 메뉴를 한 세트로 제공할 수 있다는 장점이 있다.

2) 메뉴 평가

메뉴의 평가는 고객만족과 합리적인 외식점포 운영을 위해 반드시 실시되어야 한다. 외식기업 및 점포에서는 제공되는 메뉴에 대한 고객의 의견을 종합 평가하여 메뉴 운영에 반영하기 위해 고객들이 직접 기입할 수 있는 카드 등을 테이블 위에 비치해 두기도 한다.

메뉴평가 방법에는 ABC 방법과 메뉴 엔지니어링 방법 등이 있다.

(1) ABC 분석

메뉴를 가치도에 따라 A, B, C의 세 등급으로 분류하여 그에 따라 차별적으로 관리하는 방식을 말하며, 메뉴관리에서 시간과 노력의 우선순위를 결정하는 데 도움을 준다.

A형 메뉴의 수는 전체 메뉴 수의 10~20%에 해당되지만 매출액에 있어서는 70~80%를 차지하는 메뉴들로 외식점포의 간판메뉴로 육성하는 것이 바람직하다.

B형 메뉴들은 전체 매출액의 15~20%를 차지하며 전체 메뉴 수의 20~40%에 해당되는 메뉴들이다.

C형 메뉴들은 전체 메뉴 수의 40~60%를 차지하고, 매출액은 5~10%에 해당되는 메뉴들로서 문제점을 파악하여 개선하거나 신제품을 개발하여 대체하는 것이 좋다.

(2) 메뉴 엔지니어링

메뉴 엔지니어링(menu engineering)은 마케팅적 접근에 의해 고객 측면과 외식기업 및 점포의 경영 측면을 종합적으로 평가할 수 있는 기법이다.

메뉴 엔지니어링은 보통 1개월을 기준으로 선정하며, 범주가 다른 메뉴의 비교는 무의미하므로 주요리(main dish)는 주요리끼리, 전채요리(appetizer)는 전채요리끼리 비교해야 한다.

메뉴 엔지니어링에서는 메뉴의 인기도와 수익성을 근거로 메뉴를 판정하여 의사결정을 내리게 된다.

A등급의 간판메뉴 선정방법

매출액 순위 1~5위의 메뉴를 분석한 후 이 중 커피를 제외한 품목을 간판메뉴의 후보로 선정하게 되는데 선정요건은 다음과 같다.

- 작업성이 편리할 것 : 대량으로 주문이 들어와도 쉽고, 빠르게 조리하여 제공할 수 있어야 한다.
- 식자재 조달이 연평균적으로 용이한 메뉴일 것 : 아무리 우수한 메뉴라도 식자재 조달이 계절적으로 한정되어 있으면 간판메뉴로 선정될 수 없다.
- 가능한 점포의 분위기(이미지)에 어울릴 수 있는 메뉴일 것
- 맛있는 제품일 것 : 고객을 대상으로 한 조사를 통해 결정한다.
- 이익공헌도가 높은 제품일 것 : 이익공헌도가 높다는 것은 이익에 기여하는 바가 높은 제품을 말한다. 이익공헌도는 단일 품목의 원가율에 의해서만 결정되는 것은 아니지만, 간편하게 원가율만을 고려하여 비교하기도 한다. 예를 들어, A제품의 판매가 5,000원, 원가율 30%, 판매개수 10개이고, B제품의 판매가 8,000원, 원가율 40%, 판매개수 10개라고 할 때, A, B 제품의 이익공헌도를 계산해 보면 다음과 같다(작업시간, 서빙방법 등 모든 조건이 동일하다고 가정한다).

  A제품 이익 = 5,000원 × 70%(100-30%) × 10개 = 35,000원
  B제품 이익 = 8,000원 × 60%(100-40%) × 10개 = 48,000원

  따라서, B제품이 A제품보다 이익공헌도가 높다고 할 수 있다.

• 메뉴의 인기도 : 각 메뉴품목이 판매된 비율(Menu Mix 비율 : MM%)
• 메뉴의 수익성 : 각 메뉴품목이 수익에 공헌하는 정도, 즉 공헌마진 (contribution margin : CM)

메뉴 엔지니어링의 결과는 각 메뉴 품목의 판매비율과 공헌 마진에 따라 stars, plowhores, puzzles, dogs의 4가지 범주로 분류된다.

■ Stars

Stars로 판정된 품목들은 인기도와 수익이 모두 높은 품목들로 외식점포의 대표 메뉴가 이에 해당된다. 이러한 stars 메뉴품목들은 잘 관리하여 고수익 아이템으로 계속 유지시킬 필요가 있다.

■ Plowhores

Plowhores로 판정된 품목들은 다소 인기는 있지만 수익이 낮은 메뉴이다. Plowhores 메뉴품목은 가격을 올리는 대신 원가가 낮은 다른 품목들과 함께 세트메뉴로 판매하면 마진이 증대될 수 있다. 또는 고객에게 반감을 주지 않는 범위 내에서 1인분량을 조정하거나 메뉴에 부차적으로 들어가는 비용, 예를 들어 곁들이는 채소나 장식에 쓰이는 재료를 줄여서 원가를 낮추어 보는 것도 좋은 방법이다. Plowhores 아이템이 노동력이나 숙련도가 많이 요구된다면 가격을 상향조정하거나 다른 메뉴로 대체시킨다.

■ Puzzles

Puzzles로 판정된 품목은 수익은 높지만 인기가 낮은 아이템이다. 이 범주에 속한 메뉴 품목들은 메뉴표에서의 위치를 고객의 눈에 잘 띄도록 조정하거나 가격을 약간 낮추어 고객수요를 늘리거나 메뉴명을 좀 더 친숙한 이름이나 문구로 바꾸어 본다. 이 품목들은 판매부진으로 인한 음식의 품질, 재고 누적 등의 문제를 일으킬 수도 있으므로 전체 메뉴 중 Puzzles 아이템의 수가 많은 것은 바람직하지 않다.

■ Dogs

Dogs로 판정된 품목은 인기도 없고 판매수익도 별로 없으므로 과감하게 제거한다. 그러나 조금이라도 인기가 있는 아이템일 경우 메뉴가격을 타당한 가격으로 인상하면 인기도가 다소 증가되는 경우가 있다.

메뉴 엔지니어링 분석의 예

메뉴 엔지니어링 기법에 의해 C 외식점포의 조식 메뉴 분석을 실시한 결과는 다음과 같다.

• 메뉴 엔지니어링 분석표

품목명	판매단가	판매수량	원가	총매출	총원가	총공헌이익	조정	조정율	1차 변화	영향1	총변화량
가평국밥	10,000	4,733	2,830	47,330,000	13,394,390	33,935,610	1,000	0.10	331	-	-331
진부령황태탕	10,000	1,428	2,220	14,280,000	3,170,160	11,109,840				235	235
영양전복죽	14,000	115	4,100	1,610,000	471,500	1,138,500				19	19
계란요리/토스트	9,500	423	1,910	4,018,500	807,930	3,210,570				70	70
프렌치토스트	8,000	50	1,900	400,000	95,000	305,000				8	8
계				67,638,500		49,699,520					

• 2004년 조식 메뉴 분석결과

품목명	MM/CM 분석		
	이익	선호도	판정
가평국밥	L	H	Plowhorse
진부령황태탕	H	H	Star
영양전복죽	H	L	Puzzle
계란요리/토스트	H	L	Puzzle
프렌치토스트	L	L	Dog

• 메뉴 엔지니어링 결과에 대한 개선방안

• 조식 메뉴-가평국밥 "가격인상 및 식재료 절감 노력"

- 메뉴구성비 2003년 66.7% →' 2004년 70.1% 상승
- 식재료비 비율 2003년 17.5% →' 2004년 28.3% 상승
- 제언 : 가격 1,000원 인상(현재 10,000원 → 11,000원)
- 식재료 원가절감 방안(예 : 얼가리 배추-출하 성수기 대량구매, 쇠고기-한국관광용품센터 물품 사용)

• 개선 후 메뉴 엔지니어링 분석표

품목명	판매단가	판매수량	원가	총매출	총원가	총공헌이익	매출개선 효과	총공헌이익 개선효과
가평국밥	11,000	4,402	2,830	48,418,590	12,456,783	35,961,807	1,088,590	2,026,197
진부령황태탕	10,000	1,663	2,220	16,626,779	3,691,145	12,935,634	2,346,779	1,825,794
영양전복죽	14,000	134	4,100	1,874,588	548,986	1,325,601	264,588	187,794
계란요리/토스트	9,500	493	1,910	4,678,901	940,705	3,738,196	660,401	527,626
프렌치토스트	8,000	58	1,900	465,736	110,612	355,124	65,736	50,124
계				72,064,595		54,316,363	4,426,095	4,616,843

참고문헌

김경환 · 차길수(2002). 호텔경영학. 가산출판사.
김헌희 · 이대홍 · 김상진(2007). 글로벌시대의 외식산업의 이해. 백산출판사.
나정기(2009). 메뉴관리의 이해. 백산출판사.
롯데리아(1999). 롯데리아 20년사.
선동규 · 김의근 · 최창권(2009). 외식사업경영론. 백산출판사.
양일선 외(2008). 단체급식. 교문사.
원융희 · 이보연 · 김준원(2004). 레스토랑 메뉴디자인. 신광출판사.
최주락 외(2003). 메뉴기획관리론. 백산출판사.

Drysdale, J.A.(1998). *Profitable Menu Planning,* Prentice Hall.
Jakle, J.A.Sculle, K.A.(1999). *Fast Food.* Johns Hopkins.
Lundberg, D.E. & Walker, J.R.(1993). *The Restaurant From Concept to Operation.* John Wiley & Sons, Inc.
Spears, M.B. & Gregoire, M.B.(2004). *Foodservice Organizations.* Prentice Hall.
Walker, J.R.(1996). *Introduction to Hospitality.* Prentice Hall.

베니건스 홈페이지 : http://www.bennigans.co.kr
비비고 홈페이지 : http://www.bibigo.com
맥도날드 홈페이지 : http://www.mcdonalds.co.kr

Chapter 6
외식서비스

고객에게 서비스를 어떻게 제공해야 하는가?

1. 외식서비스의 개념
2. 외식서비스 설계
3. 서비스 품질 평가

Chapter 6 외식서비스

학습목표

1. 서비스의 정의, 특성, 유형에 따른 분류를 이해한다.
2. 서비스 공정관리, 고객의 대기관리, 고객과의 접점관리의 중요성을 파악한다.
3. 서비스 품질의 중요성 및 유형에 대해 알아보고, 서비스 품질을 측정하는 방법을 이해한다.

1. 외식서비스의 개념

21세기는 서비스산업의 시대라 할 만큼 서비스산업이 전체 산업분야에서 차지하는 비중이 점점 더 커지고 있다. 외식산업은 이러한 서비스산업의 한 분야로서 21세기에는 시장 규모가 더 확대되고 산업의 전문성 측면에서도 두각을 나타낼 것으로 전망되고 있다.

1) 외식서비스의 정의

서비스라는 용어는 흔히 우리가 일상생활에서 쉽게 사용하고 있으며 그 쓰임새에 따라 의미가 다르게 사용된다. 미국 마케팅협회(American Marketing Association : AMA)는 서비스를 판매 목적으로 제공되거나 상품의 판매와 관련하여 제공되는 제반 활동, 편익, 만족으로 정의하였다. 또한 코틀러(Kotler)는 서비스를 본질적으로 무형이며 소유권의 이동 없이 타인에게 제공되는 행위 또는 만족이라고 하였다.

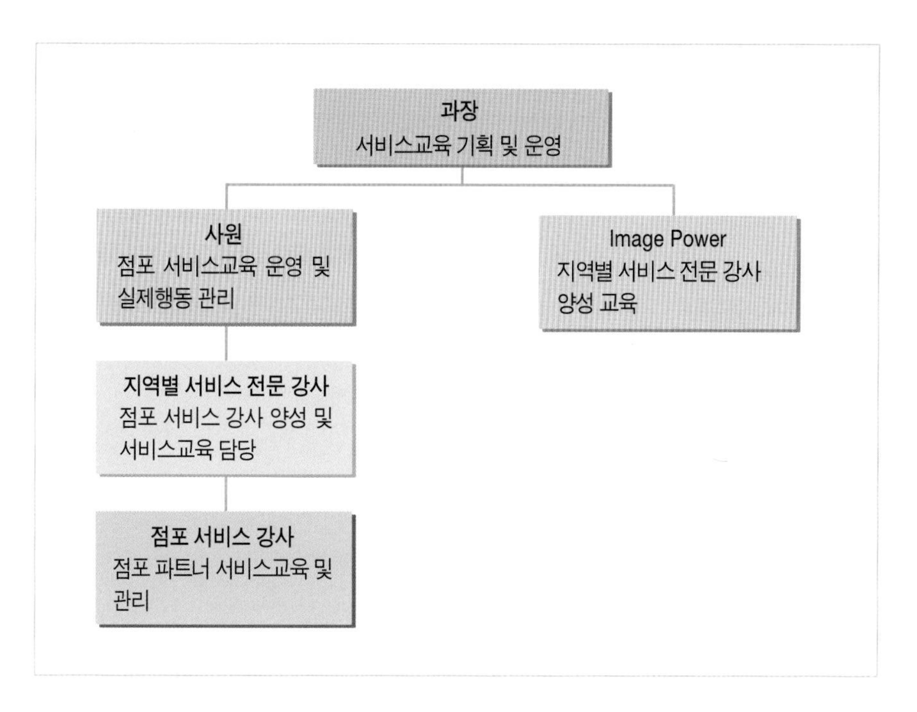

그림 6-1 외식기업의 서비스 담당 직원 조직도

자료 : 스타벅스.

외식점포에서의 서비스는 음식이 고객에게 제공되는 데 포함되는 모든 과정을 의미하며 고객의 만족에 지대한 영향을 미치므로 점포 운영에 있어서 중요한 요소이다. 따라서 서비스 문화(service culture)의 개발이 중요한 과제가 되고 있다.

2) 외식서비스의 특성

서비스는 보여지는 것이라기보다는 느껴지는 부분이 더 많다. 서비스의 범위는 넓고 다양하나 제품과 구별되는 몇 가지 뚜렷한 특징을 갖고 있다(표 6-1).

표 6-1
서비스의 특성

특 성	내 용
무형성 (intangibility)	• 서비스는 추상적이며, 만질 수 없다. • 서비스를 제공받기 전에는 맛 볼 수도, 냄새를 맡을 수도, 소리를 들을 수도 없다.
이질성 (heterogeneity)	• 서비스는 생산과 분배과정에 사람이 개입하기 때문에 유형 제품처럼 동질적일 수 없다. • 서비스는 품질이 일정하지 않아 가변적이다.
비분리성 (inseparability)	• 서비스는 생산과 소비가 동시에 일어난다. • 생산과 동시에 소비되므로 서비스 생산과정에 고객이 참여한다.
소멸성 (perishability)	• 서비스는 재고형태로 보관할 수가 없으며 즉시 사용하지 않으면 사라진다. • 서비스는 소멸하기 때문에 수송이 불가능하다.

(1) 무형성

서비스는 유형의 제품이 아니라 일련의 행위 또는 과정이므로 고객이 구입하기 전에는 눈으로 보거나 냄새를 맡거나, 듣거나 느낄 수 없으며 고객에게 보여주기 위해 미리 진열해 놓을 수도 없다.

이와 같은 무형성으로 인한 서비스의 불확실성을 줄이기 위해 외식점포에서는 고객에게 서비스에 관한 정보와 확신을 줄 수 있는 단서를 제공하고, 구전 커뮤니케이션을 자극하며, 강력한 이미지를 창출하도록 노력해야 한다. 예를 들어 외식점포 주변의 환경과 청결 상태 등은 그 점포가 얼마나 잘 운영되고 있는지를 암시해 준다.

(2) 이질성

서비스는 전달하는 사람의 숙련도와 전문성, 서비스를 제공받는 고객, 시간 및 장소, 환경 등에 따라 내용이나 질이 달라진다. 외식산업은 수요의 변동폭이 큰 특징을 갖고 있어 성수기에 일관성 있는 서비스를 제공하기 어려운 것도 서비스의 이질성 때문이다. 그러므로 고객과 접촉하는 서비스 직원을 신중히 선발하고 체계적으로 교육시켜야 한다.

서비스의 이질성은 개별고객으로부터 주문을 받아 서비스를 제공하는 기회를 요구하기도 하므로 서비스의 개성화를 통해 다양한 고객의 욕구에 대응해야 한다.

(3) 비분리성

서비스는 제공자에 의해 생산됨과 동시에 고객에게 소비되는 특성을 갖고 있다. 유형적 제품은 생산된 후 판매되고 소비되지만, 서비스는 생산과 동시에 소비되기 때문에 고객이 서비스 공급에 참여하는 경우가 많다. 또한 서비스는 제품과는 달리 구입 전 시험해 볼 수도 없고, 사전에 품질을 통제하기도 어렵다.

외식점포에서는 생산과 소비가 동시에 일어나는 곳에 서비스 제공자와 고객이 함께 있게 되므로 접객 종사원도 서비스의 일부가 된다. 어느 외식점포에서 음식이 아무리 훌륭했다 하더라도 서비스 제공자의 태도가 좋지 않았다면 고객은 전반적으로 그 점포에 대해 낮게 평가할 뿐 아니라 만족을 느끼지 못할 것이다.

또한 서비스의 비분리성은 고객도 서비스의 일부임을 의미한다. 어떤 고객이 조용하고 로맨틱하다는 이유로 찾은 외식점포에 단체손님들이 와서 큰 소리로 떠들고 있으면 그 고객은 외식점포에 대해 크게 실망을 할 수도 있다.

(4) 소멸성

판매되지 않은 제품은 재고로 보관할 수 있지만 제공되지 않은 서비스는 사라지게 된다. 즉, 서비스는 저장할 수 없다. 이러한 서비스의 소멸성은 과잉생산에 의한 손실과 과소생산으로 인한 이익기회의 상실이라는 문제를 야기시킨다. 따라서 수요에 따라 서비스 생산계획을 조정하고, 임시 직원의 채용을 통해 유연성을 확보하며 직원에게 다양한 직무교육을 시행하여 유사시에 활용할 수 있도록 해야 한다.

3) 외식서비스의 유형

외식서비스의 유형은 서비스 수준, 음식의 생산과 서비스 장소의 분리 여부에 따라 달라진다. 현재 외식기업 및 점포에서 사용되고 있는 서비스 유형은 테이블 서비스(table service), 카운터 서비스(counter service), 셀프 서비스(self-service), 트레이 서비스(tray service), 포장판매 서비스(take-out service), 배달판매 서비스(delivery service) 등으로 분류할 수 있다.

(1) 테이블 서비스

테이블 서비스는 외식점포에서 흔히 볼 수 있으며 고객이 종사원의 정중하고 세련된 서비스를 제공받으면서 식사를 하는 것을 말한다. 즉 고객은 종사원에 의해 좌석으로 안내되고 메뉴를 살펴본 후 종사원에게 주문을 하고 주방으로부터 고객의 테이블까지 종사원이 음식을 가져다 주는 형태이다. 따라서 테이블 서비스 방식을 제공하는 외식점포에서는 훈련이 잘 된 종사원이 가장 중요하다.

테이블 서비스는 프렌치 서비스(French service), 러시안 서비스(Russian service), 아메리칸 서비스(American service) 등으로 구분된다.

프렌치 서비스는 고급 외식점포에서 제공되는 최상의 서비스 방식이다. 고객의 테이블 옆에서 숙련된 종사원이 간단한 조리기구나 재료가 준비된 카트를 이용하여 고객에게 직접 요리를 만들어 제공하거나 혹은 조리된 음식을 간단한 가열기구를 이용하여 식지 않게 음식을 덜어주는 서비스이다. 또한 고객이 식사하기 편리하도록 생선의 뼈를 제거해 주고 고기를 잘라주기도 한다.

러시안 서비스는 주로 연회행사 등에 사용되는 격조높은 서비스 방식이다. 직원이 큰 쟁반에 멋있게 장식된 음식을 고객에게 보여주면 고객이 직접 원하는 만큼 덜어 먹거나, 혹은 종사원이 테이블을 돌아가면서 고객에게 적당량을 덜어주는 방법이다.

아메리칸 서비스는 일반 외식점포에서 가장 널리 이용되고 있는 서비스 형식으로 신속한 서비스와 고객 회전이 빠른 점포에 적합하다. 이 서비스는 주방에서 고객의 주문에 의해 만들어져 접시에 담겨진 음식을 서비스 종사원이 고객 테이블에 직접 제공해준다.

(2) 카운터 서비스

카운터 서비스는 고객에게 주방을 개방하여 고객이 일련의 조리과정을 직접 볼 수 있도록 카운터를 테이블로 하여 음식을 제공하는 방식이다. 이 서비스는 철판요리점, 초밥집, 간이식당, 커피숍, 스낵 바, 칵테일 바 등에서 이용되고 있으며 신속한 서비스를 원하는 고객들이 모이는 공항이나 터미널에서 많이 볼 수 있다.

이 서비스 방식에서는 고객이 기다리는 시간을 짧게 할 수 있고 고객이 직접 조리과정을 지켜보며 조리법에 대해 물어볼 수도 있고 이로 인해 호기심을 불러일으키기도 하며 고객의 불평을 줄일 수도 있다.

(3) 셀프 서비스

셀프 서비스는 패스트푸드점이나 뷔페, 카페테리아 등에서 널리 이용되고 있으며 고객이 직접 기호에 맞는 음식을 주문한 후 테이블로 가져와 식사하는 방법이다. 이 서비스 방식은 고객의 입장에서는 신속한 식사를 할 수 있고 음식의 양을 조절할 수 있으며 외식점포의 입장에서는 소수의 직원으로 많은 고객에게 서비스를 제공함으로써 인건비를 절감할 수 있다는 장점이 있다.

뷔페 서비스는 일정 가격을 지불한 후 진열된 모든 음식을 자유로이 선택할 수 있으며 음식의 양과 선택 횟수에 제한없이 먹을 수 있는 형태로 호텔의 뷔페 레스토랑이 대표적이다.

카페테리아 서비스는 고객들의 기호에 맞는 다양한 음식을 제공하고 고객들로 하여금 자유로이 음식을 선택하게 한 후 선택한 음식에 해당하는 가격을 지불하게 하는 방식이다.

(4) 트레이 서비스

트레이 서비스는 호텔의 룸 서비스에서 이용되고 있으며 음식을 주방에서 조리하여 1인분씩 배분한 식사를 쟁반에 담아 고객에게 제공해주는 형태이다. 트레이 서비스의 가장 중요한 요소는 고객들에게 음식이 전달될 때까지 음식의 적절한 온도와 품질이 유지되어야 한다는 점이다.

(5) 포장판매 서비스

포장판매(take-out) 서비스는 가정식 대용(home meal replacement)를 원하는 맞벌이 부부나 독신가구 등의 증가로 인해 최근 외식산업에서 빠르게 성장하고 있는 방식 중 하나이다. 이 방식은 고객으로 하여금 외식점포에서 구입한 음식을 가정이나 직장, 또는 야외공원 등 원하는 장소에서 식사할 수 있게 하며 패스트푸드점은 포장판매음식을 제공하는 대표적인 곳이다.

「카페 아모제」의 포장판매

과거에는 주부들이 가정 내에서 직접 조리를 하였으나, 최근에는 백화점이나 할인마트,테이크아웃 점포에서 고객이 원하는 음식을 구입하여 집에서 데우거나 그냥 먹을 수 있도록 음식을 제공하고 있다.

「카페 아모제(CAFE AMOJE)」는 가정식 대용(Home Meal Replacement : HMR)을 캐치프레이즈로 내걸고 바쁜 현대인들에게 격조 높은 레스토랑 수준의 신선한 음식을 고객의 취향에 맞게 빠르게 제공하고 있다. 또한 '신선한(fresh), 활동적인(actively), 친근한(friendly)' 을 브랜드 콘셉트로 하여, 집에서 어머니가 만든 것과 똑같은 정성어린 음식을 고객에게 제공하고 있다.

「카페 아모제」는 지난 2000년 12월 신세계 백화점 강남점을 시작으로 점포를 운영, 샐러드와 멕시칸 요리를 비롯해 초밥, 골든롤 등의 메인요리, 베이커리, 음료 등 주부층을 대상으로 다양한 가정식 대용 제품을 선보이고 있다. 메뉴는 크게 핫 메뉴와 콜드 메뉴로 나뉘며 닭다리, 치킨케밥, 소시지, 치킨롤 등의 더운 음식은 바닥에 열선이 깔려 있는 핫(hot) 쇼케이스에, 샐러드나 음료, 베이커리 등의 찬 음식은 콜드(cold) 쇼케이스와 아이스 빈(ice bin)에 얼음을 채워 보관해 온도 변화로 인한 음식 맛의 변질을 막고 있다. 인기메뉴는 홍콩식 골든롤과 바비큐폭립, 치킨케밥, 멕시칸 치킨롤 등이며 판매 비율을 보면 핫 메뉴가 80%, 콜드메뉴가 20%를 차지하고 있다.

포장용기는 샐러드 등 찬 음식을 담는 페트 재질의 투명용기와 핫 음식용의 전자레인지 용기, 그리고 튀김류를 위한 종이용기로 구분되며 같은 종류의 용기라 하더라도 무게가 많이 나가는 음식용은 용기가 깊다. 고객이 주문한 음식은 각각의 용기에 담은 후 실링기를 이용한 진공포장으로 공기의 유입을 차단, 맛의 변화를 최대한 줄이고 있다. 한편 샐러드용 드레싱은 아웃소싱 업체를 통해 별도의 진공팩 상태로 들어온다.

「카페 아모제」의 매장은 가장 자리를 고객의 동선으로 하고 내부를 직원 공간으로 하는 아일랜드형과 벽면을 끼고 일자형, ㄱ자형, ㄷ자형 구조를 갖는 숍형으로 구분한다.

자료 : (주)아모제.

일본의 가정식 대용(HMR) 시장

우리나라보다 HMR시장의 도입이 10년 이상 앞선 일본은 이 시장이 본격적 성장단계에 접어들어 2001년 이미 6조 엔대를 돌파하였다. 독신 및 맞벌이 세대가 일반화된 일본 특성상 HMR에 대한 수요가 넘쳐나고 여기에 백화점 식품매장은 물론 슈퍼마켓이나 호텔에서까지 HMR 사업에 뛰어들면서 시장 규모는 날로 팽창하고 있다.

슈퍼마켓 가운데 백화점 식품 매장의 노하우를 적극 도입한 곳으로 「이세탄」 긴시죠점을 꼽을 수 있는데 오픈 키친 형식으로 운영, 조리과정의 생동감을 그대로 전달하는 대면 판매방식으로 제공되고 있다. 원가율이 45%에 이르지만 생선, 정육 등의 관련 식재로 직접 요리를 만들어냄으로써 비용을 절감하고 반찬 전체의 로스율도 2%로 낮추고 있다. 평일 약 5,000명, 휴일 약 8,000명이 내점, 월 3억 엔의 매출을 기록하고 있으며 전점포 면적 606평 가운데 15%를 HMR이 차지하고 있다.

도시형 슈퍼마켓인 「세이유」도 HMR시장에 진출했는데 지난 해 180평 규모에서 연간 약 12억 엔의 매출을 달성했으며 이 중 HMR의 비율은 17.5%에 달했다. 프렌치 음식, 양식, 중식 등 55종의 다국적 요리를 폭넓게 다뤄 외국인이 많이 사는 록본기에도 진출하였다. 30여 종의 일식 요리를 손님이 자유자재로 선택할 수 있는 「에비스 大黑」은 하루 약 1,000명의 고객이 찾고 8평 매장에서 월 매출 1, 800만 엔을 판매하고 있으며 100g 기준의 판매량을 없애고 손님이 좋아하는 종류를 원하는 양만큼 선택할 수 있는 방식을 택한 것이 인기 비결이라고 할 수 있다. 요리를 담는 용기도 3칸용, 5칸용 등 5종으로 준비, 최대 10종의 반찬을 조금씩 나눠서 구매할 수 있게 했다.

한편 장기불황으로 어려움을 겪었던 일본의 호텔들도 최근 몇 년 사이에 HMR 시장에 합류했다. 호텔 레스토랑의 유명 조리사가 매장 바깥에서 빵을 전시하고 고객 취향에 따라 스테이크를 구워주며 연회나 모임을 즐기기 위해 호텔에 온 사람들이 레스토랑보다 훨씬 저렴한 가격으로 동질의 요리를 맛볼 수 있다. 또한 점심시간에 인근 오피스가에 할인쿠폰을 발행하여 고객층을 확대하고 있다.

자료 : 월간식당(2004년 6월).

(6) 배달판매 서비스

배달판매 서비스는 최근 외식업에서 빠르게 성장하고 있는 또 하나의 서비스 방식으로 외식점포의 주방에서 조리된 음식을 고객이 있는 가정이나 사무실 등으로 운반해주는 것이다. 이 서비스는 배달하는 과정 동안 음식의 온도와 품질이 적절히 유지되는 것이 가장 중요하다.

과거에는 중국음식점이나 피자전문점으로 국한되었던 배달판매서비스가 최근에는 패밀리레스토랑을 비롯하여 가정식 백반, 반찬 배달업 등 그 영역이 확대되고 있다.

이와 더불어 인터넷 보급의 배경하에 배달전문 사이트가 등장하였으며 인터넷은 외식배달 전문점을 더욱 활성화시켜 주고 있다.

배달판매 전문점인 「도미노피자」

피자업계가 배달 중심으로 재편성됨에 따라 배달전문매장이 개선되고 있다. 배달에 대한 이미지 및 근무환경을 개선할 목적으로 매장 평수를 확대(20평 이상)하고 있으며 위치도 골목에서 대로변으로 이전하고 있다. 이는 기존 고객들에게 브랜드 인지도를 높이고 고급스러운 인테리어를 통해 고객 만족도를 증대하고자 함이다. 2002년부터 피자 기업은 매장위치를 변경할 리포지셔닝(Re-positioning)을 실시하고 있다. 「도미노피자」는 현재 전체 업장의 90% 이상을 대로변에 위치시켰으며 매장의 리뉴얼을 지속적으로 실시, 배달선두업체로서의 이미지를 고수하고 있다. 또 매장의 면적을 실평수 25평 이상으로 하고 편도 2차선 왕복도로 이상에 위치하게 하여 매장도 밝은 분위기로 바꿔나가고 있다.

「도미노피자」는 30분 약속을 지키는 배달 서비스를 내세우고 가장 맛있는 피자를 맛 볼 수 있는 시간인 오븐에서 나온지 30분 이내에 고객을 방문한다.

피자의 맛을 유지하기 위해 「도미노피자」가 개발한 피자 배달가방은 Magnetic Induction System 방식에 따른 Domino' s Hot Bag으로 피자가 가장 맛있는 온도인 75℃를 40분간 유지하여 최상의 피자 맛을 보존한다.

자료 : 도미노피자.

'소셜'의 힘, 음식 배달 사이트까지 미치다!

〈맛집 음식을 즐길 수 있는 밥코리아〉

소셜 네트워크를 활용한 인기 음식배달사이트 '밥코리아 닷컴'

'소셜' 이라는 단어가 사회적으로 큰 붐을 일으키고 있는 요즘, 소셜네트워크를 활용한 음식 배달 사이트 '밥코리아닷컴' 이 등장해 큰 인기를 얻고 있다. 밥코리아닷컴(www.bobkorea.com)은 한국 최고의 음식만을 모아 배달하는 신개념 라이프스타일 가이드로, 사용자들이 온라인으로 음식을 구매하면 당일배송을 하는 사이트다.

오늘날 다양한 온라인 쇼핑몰에서 음식물을 판매한다. 그 중에서도 두드러지는 밥코리아닷컴만의 강점은 바로 누구나 장소의 제약을 받지 않고 서울의 최고 맛집들의 음식을 맛볼 수 있다는 점이다. 가격 또한 직접 맛집을 찾아가는 것에 비해 부담이 적다.

오픈 첫 달 하루 평균 방문자가 1,000~2,000을 오갈 정도로 높은 인기를 받고 있는 밥코리아닷컴은 서울의 여러 유명 맛집들에게서 러브콜을 받고 있다. 하지만 밥코리아닷컴에 입점하는 것은 결코 쉽지 않다. 김세훈 대표에 따르면 음식점이 밥코리아닷컴과 가맹하기 위해서는 까다로운 심사를 통과해야만 한다.

밥코리아닷컴은 온라인 사이트에서 음식을 판매할 뿐만 아니라, '소셜' 이라는 시대적 흐름에 맞게 사용자들이 상품들을 자신의 트위터와 페이스북에 스크랩해서 소개할 수 있게 했다. 또한 공식트위터(@bobkorea_dotcom)를 운영하면서 사용자들에게 다양한 정보와 이벤트를 제공하기도 한다. 공식트위터의 팔로워 수가 500명을 넘을 만큼 인기가 높다. 이러한 인기에 힘입어 오픈한 지 한 달만에 메뉴를 7개나 늘렸다.

오픈당시 판매하던 곰탕, 해물찜 등 5개의 메뉴에 뒤이어 이번에 늘어나는 메뉴는 신사동 프로간장게장의 '간장게장과 양념게장', 양재동 영동족발(구 영동회관 왕족발)의 '족발', 가로수길 리틀사이공의 '쌀국수', 낙원동 마산해물아구찜의 '아구찜', 유림원(구 유림보신원)의 '닭볶음탕', 노량진수산시장의 '모듬회' 등이다.

'어떻게 하면 서울 구석구석에 숨어있는 최고 맛집의 음식을 멀리 있는 사람도 편히 먹을 수 있을까?' 라는 고민이 녹아있는 밥코리아닷컴의 행보가 기대된다.

자료 : 월간식당(2010년 10월).

일본의 배달전문 외식점포

일본에서는 제2차 세계대전 이후 도시화가 진행되면서 음식배달서비스의 수요가 증가하였고, 오랜 역사와 함께 편리성을 추구하는 고객들과 고령자들을 대상으로 배달판매 전문 외식점포들이 활성화되고 있다.

Seven-Meal Service 회사는 7dream.com의 인터넷 웹사이트와 7-Eleven 점포의 멀티미디어(multimedia) 단말기를 연결함으로써 빠르고 경제적이면서 고품질의 서비스를 제공하는 것을 목적으로 하고 있다.

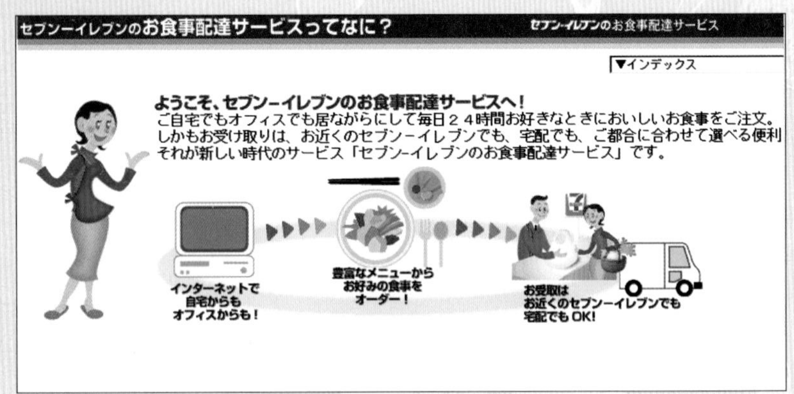

자료 : 7-eleven.

(주)쇼크본은 여성의 사회진출이 왕성해지면서 식사의 준비나 조리의 간편화에 대한 요구가 높아짐에 따라 사전 조리 준비가 끝난 상태의 반찬을 의미하는 '카르쇼크(カルショク)'를 개발하였다. 카르쇼크는 사전조리가 끝난 반찬이 조리방법과 함께 배달된다. 또한, (주)쇼크본의 자회사인 요시케이는 식사재료 택배 서비스로 한 끼분 또는 두 끼분 등의 식사 재료를 배달해 준다.

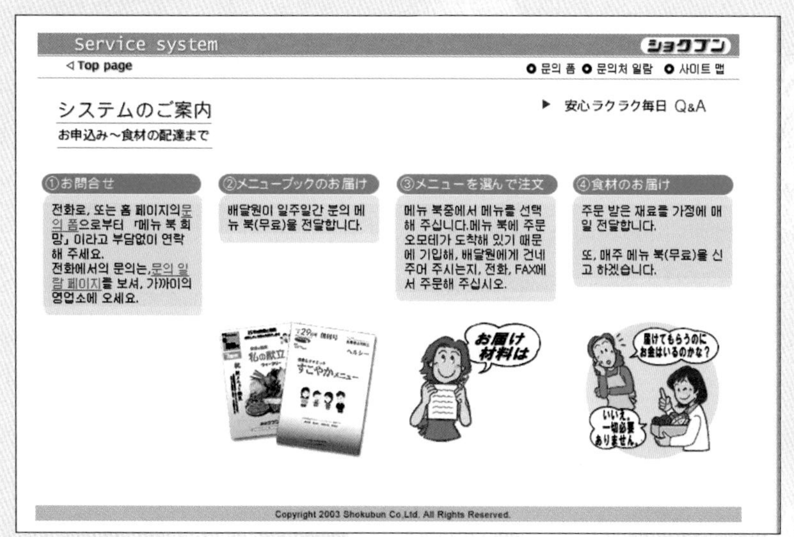

자료 : (주) 쇼크본

2. 외식서비스 설계

1) 서비스 공정

외식산업에서의 서비스는 일반적으로 일련의 과정(process)이나 흐름(flow)의 형태로 전달되며 서비스 공정은 서비스가 전달되는 절차나 활동들의 흐름을 의미한다. 서비스는 제공자와 고객이 함께 존재해야 수행될 수 있으며 고객은 서비스 공정 내에서 일정한 역할을 수행하게 된다. 예를 들어 테이블 서비스를 제공하는 외식점포를 방문한 고객들은 안내된 자리에 앉아 주문을 한 후 음식을 제공받고 식사를 하는 전과정(process)에 참여하게 되며 그 과정에서 얻은 경험을 중요하게 여긴다. 그러므로 서비스 공정의 단계와 서비스 제공자의 처리능력은 서비스의 품질을 결정하는 데 매우 중요하며 구매 후 고객의 만족과 재구매 의사에도 결정적인 영향을 미칠 수 있다.

(1) 서비스 청사진

서비스 청사진(blueprint)은 서비스 공정의 특성을 객관적으로 표현한 것으로 서비스 전달과정에서의 고객과 종사원의 역할, 서비스 공정과 관련된 단계와 흐름 등을 묘사해 놓은 것이다. 따라서 서비스 청사진은 서비스 공정의 단계를 분류하는 기준이 될 뿐만 아니라 고객에게는 외식점포에서 경험하게 될 서비스의 특성을 나타내 주고, 서비스 제공자에게는 업무수행의 지침이 된다.

청사진의 구성요소에는 고객의 행동(customer actions), 서빙 종사원의 행동(on-stage contact employee actions), 주방 종사원의 행동(backstage contact employee actions), 지원 요소(support components) 등이 있다. 고객의 행동은 서비스 구매, 소비, 평가 등의 공정에서 고객이 수행하는 단계, 활동, 상호작용 등을 나타낸다. 서빙 종사원의 행동은 고객이 외식점포에서 가시적으로 볼 수 있는 종사원의 행동을 의미하며, 주방 종사원의 행동은 고객에게 직접적으로 보여지지는 않지만 서빙 종사원을 지원해주는 종사원의 행동을 말한다. 지원 요소는 서비스를 제공하는 종사원을 지원하기 위한 내부적 서비스를 뜻한다.

이러한 청사진의 구성요소들은 3개의 수평선으로 분류되어지는데 첫 번째 수평선은 상호작용선(line of interaction)으로 고객과 외식점포간의 직접적인 상호작용이 발생하는 것을 기준으로 한다. 두 번째 수평선은 가시선(line of visibility)으로 고객에게 보이는 서비스 활동과 보이지 않는 활동을 구분해 주며 이 선을 기준으로 서빙 종사원의 활동과 주방 종사원의 활동이 나뉘어진다. 세 번째 수평선은 내부적 상호작용선(line of internal interaction)으로 서비스를 지원하는 활동과 주방 종사원의 활동을 구분한다.

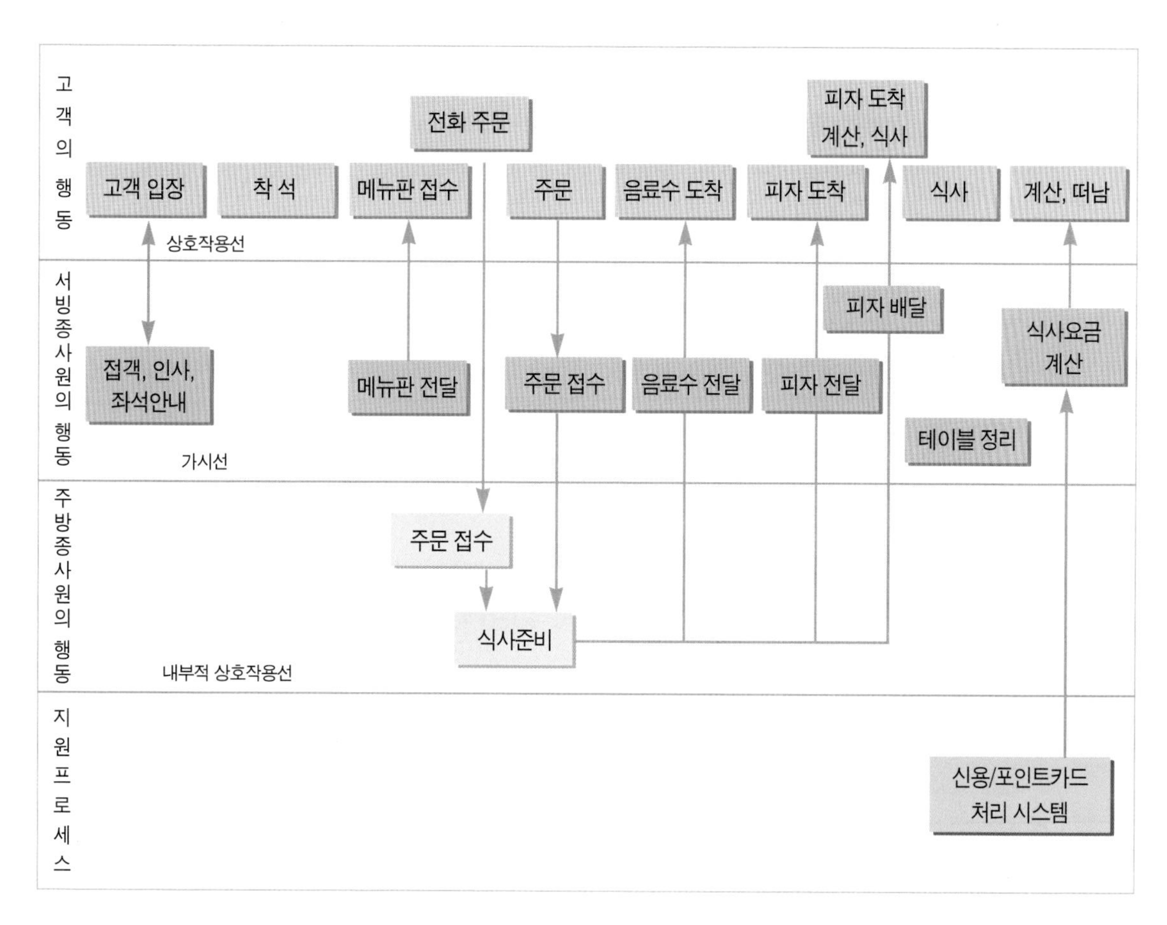

그림 6-2 피자 점포의 서비스 청사진의 예

(2) 서비스 공정 매트릭스

서비스 공정은 고객과의 상호작용 및 개별화 정도(degree of interaction and customization)와 노동집약도(degree of labor intensity)를 두 개의 축으로 하는 매트릭스(matrix)로 분류할 수 있다(그림 6-3).

고객과의 상호작용 및 개별화 정도는 두 가지 개념이 결합된 것으로 결합척도(joint measure)의 값은 두 개념이 모두 높은 서비스에 대해서 높게 나타난다. 고객과의 상호작용이란 서비스 생산 과정에서 서비스 제공자와 고객 간의 상호작용 수준이 얼마나 되는가를 의미한다. 이는 서비스 제공자와 고객의 접촉시간뿐만 아니라 추가적 서비스를 요구하거나 서비스 일부분을 삭제하는 등 고객의 서비스 생산 공정에 대한 능동적 참여 등의 의미도 포함한다. 개별화 정도는 고객에게 제공되는 서비스가 고객들의 다양한 요구를 개별적으로 얼마나 충족시켜 주는가를 의미한다. 개별화 정도가 높을수록 개별 고객의 욕구는 정확하게 반영된다고 할 수 있다.

노동집약도는 서비스 생산과정이 얼마나 인적자원에 의존하는가를 말하며 노동에 대한 의존도와 자본에 대한 의존도의 상대적 비율로 나타낸다. 즉, 노동집약도가 높다는 것은 서비스 생산을 주로 인적자원에 의존하여 종사원의 근무시간이나 노력 등이 상대적으로 큰 노동집약적인(labor intensive) 공정을 의미한

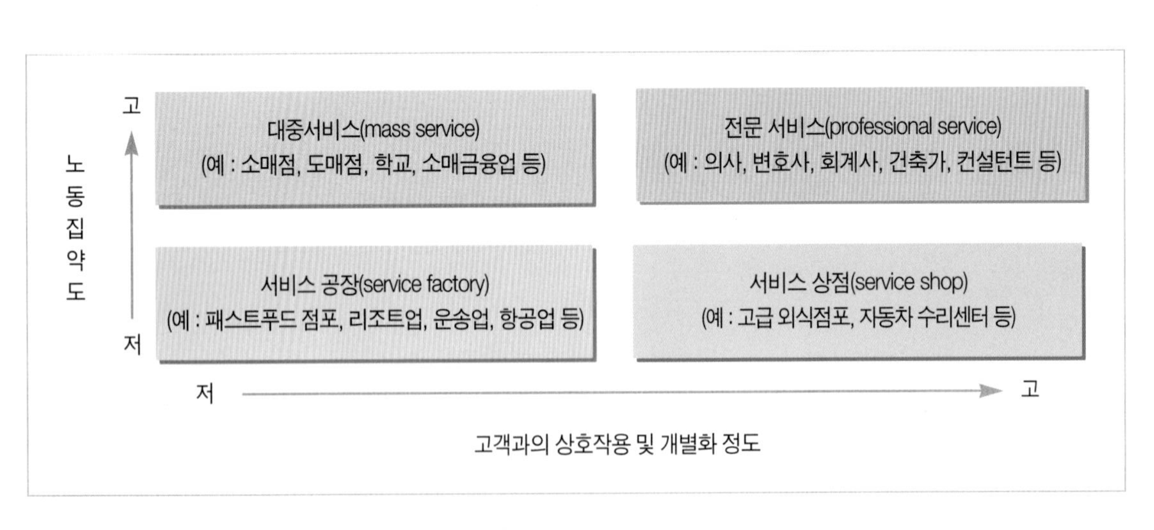

그림 6-3 서비스 공정 매트릭스

다. 반면 노동집약도가 낮다는 것은 서비스 생산이 주로 기기나 설비 등의 자본에 대한 의존도가 높은 자본집약적인(capital intensive) 공정을 말한다.

외식기업 및 점포는 서비스 공정 매트릭스상에서 여러 가지 특성이 결합된 부분에 해당된다. 예를 들어 패스트푸드 점포는 서비스 공장(service factory) 부분을 대표하는 곳이지만 테이블 서비스를 제공하는 고급 외식점포는 상당히 높은 정도의 고객과의 상호작용 및 개별화 공정을 수행하고 패스트푸드 점포에 비해 노동에 대한 의존도가 다소 높으므로 서비스 상점(service shop) 부분으로 분류할 수 있다. 또한 미식가를 위한 전문 외식점포는 전문 서비스(professional service) 부분에 해당된다고 볼 수 있다.

2) 대기관리

(1) 대기관리의 개념

대기는 고객이 서비스를 제공받을 준비가 되어 있는 시간부터 실제로 서비스가 수행되기 시작할 때까지의 시간을 의미한다. 고객의 수나 요구에 비해 서비스를 제공하는 인력이나 시설 등이 부족하면 고객들이 기다리는 대기의 상황이 발생한다. 일반적으로 고객들은 대기의 상황을 부정적인 경험으로 인식하므로

대기관리의 기본 원칙

- 아무 일도 하지 않고 있는 시간(unoccupied time)이 뭔가를 하고 있을 때보다 더 길게 느껴진다.
- 구매 전 대기가 구매 중 대기보다 더 길게 느껴진다.
- 언제 서비스를 받을지 모르면서 기다리는 것이 기다려야 할 시간을 알고 기다리는 것보다 대기시간이 길게 느껴진다.
- 원인이 설명되지 않은 대기시간이 더 길게 느껴진다.
- 혼자 기다리는 것이 더 길게 느껴진다.
- 불공정한 대기시간이 더 길게 느껴진다.
- 고객들은 가치 있다고 생각하는 서비스를 더 오래 기다린다.

대기시간의 효과적인 관리는 고객에게 만족을 줄 수 있고 재구매 의사에도 큰 영향을 미칠 수 있다.

(2) 대기관리 기법

고객의 대기를 효과적으로 관리하는 기법에는 서비스 생산관리와 고객 인식관리의 두 가지가 있다. 서비스 생산관리(operation management) 기법은 외식기업 및 점포가 수행하는 서비스의 방법을 변화시켜 고객의 대기시간을 감소하는 것이다. 고객의 인식관리(perception management) 기법은 실질적인 생산시스템의 변화는 없지만 고객의 서비스에 대한 지각을 변화시켜 체감 대기시간을 줄이는 것이다.

외식기업의 대기관리 사례

「아웃백스테이크하우스」는 기다리는 손님들을 위해 페이저 서비스(pager service)를 제공하고 있다. 웨이팅이 시작되는 시각에 고객에게 페이저를 주고 순서가 되면 페이저를 울려준다. 매장 바깥 약 1km까지 전파가 연결되므로 고객들은 매장 안에서 답답하게 기다리지 않고 근처에서 간단한 볼일을 보면서 시간을 보낼 수 있다.

3) 진실의 순간(MOT) 관리

진실의 순간(moments of truth : MOT)은 스웨덴의 리차드 노먼에 의해 처음으로 사용되었고 스칸디나비아 항공사 사장인 얀 칼슨이 '고객을 순간에 만족시켜라: 결정적 순간' 이라는 저서에서 고객과의 접촉(encounter) 순간의 중요성을 강조하면서 이 용어를 서비스산업의 고객만족기법에 도입하였다.

진실의 순간은 고객의 서비스 품질에 대한 인식에 결정적인 역할을 하므로 결정적 순간이라고도 한다. 본래 결정적 순간은 스페인의 투우 용어로 투우사가 긴장을 풀지 않고 기회를 겨루다 투창을 꽂는 최후의 순간을 의미한다. 외식기업 및

표 6-2

대기관리기법

기 법	내 용
서비스 생산관리기법	• 예약을 활용한다. • 고객을 유도하기 위한 커뮤니케이션을 활용한다. – 손님이 많지 않은 점심시간을 이용하는 고객에게 할인된 가격으로 음식을 제공하는 것 등이 그 예이다. • 공정한 대기시스템을 구축한다. – 먼저 도착한 고객에게 서비스를 먼저 제공하는 원칙이 지켜져야 한다.
고객의 인식관리기법	• 서비스가 시작되었다는 느낌을 준다. – 서비스 제공 이전의 대기가 과정 중의 대기보다 더 길게 느껴지므로 기다리는 고객을 위해 비디오나 잡지 등의 볼거리나 간단한 음식 등을 제공한다. • 총 예상 대기시간을 알려 준다. • 이용되고 있지 않은 자원은 보이지 않게 한다. – 일을 하지 않고 있는 종사원이나 사용되지 않는 시설 등은 보이지 않게 한다. • 고객을 유형별로 대응한다. – 고객을 성격에 따라 품질 선호 고객, 시간 선호 고객, 중립 고객 등으로 분류하여 차별적인 대응을 한다. 품질 선호 고객은 짧은 대기시간 보다 친절한 종사원을 선호하며 시간 선호 고객은 전체적인 만족에 있어 대기시간의 길이를 강조한다.

점포에서의 결정적 순간은 서비스 제공자가 고객에게 서비스를 보여줄 수 있는 기회로서 지극히 짧은 순간이지만 고객의 서비스에 대한 인상을 좌우할 수 있다.

일반적으로 고객은 일련의 결정적 순간들을 경험하게 되며 이 과정에서 고객이 받게 되는 경험의 축적을 서비스 사이클(service cycle)이라 한다. 고객은 여러 번의 결정적 순간 중 한 가지만 나쁜 경우에도 불만족을 나타낼 수 있다. 따라서 외식기업 및 점포에서는 고객과의 접점(point of contact)에서의 모든 결정적 순간을 파악하고 서빙 종사원들의 우수한 서비스 수행과 이를 뒷받침해줄 수 있는 서비스 조직을 구축하는 등의 방안을 모색해야 한다.

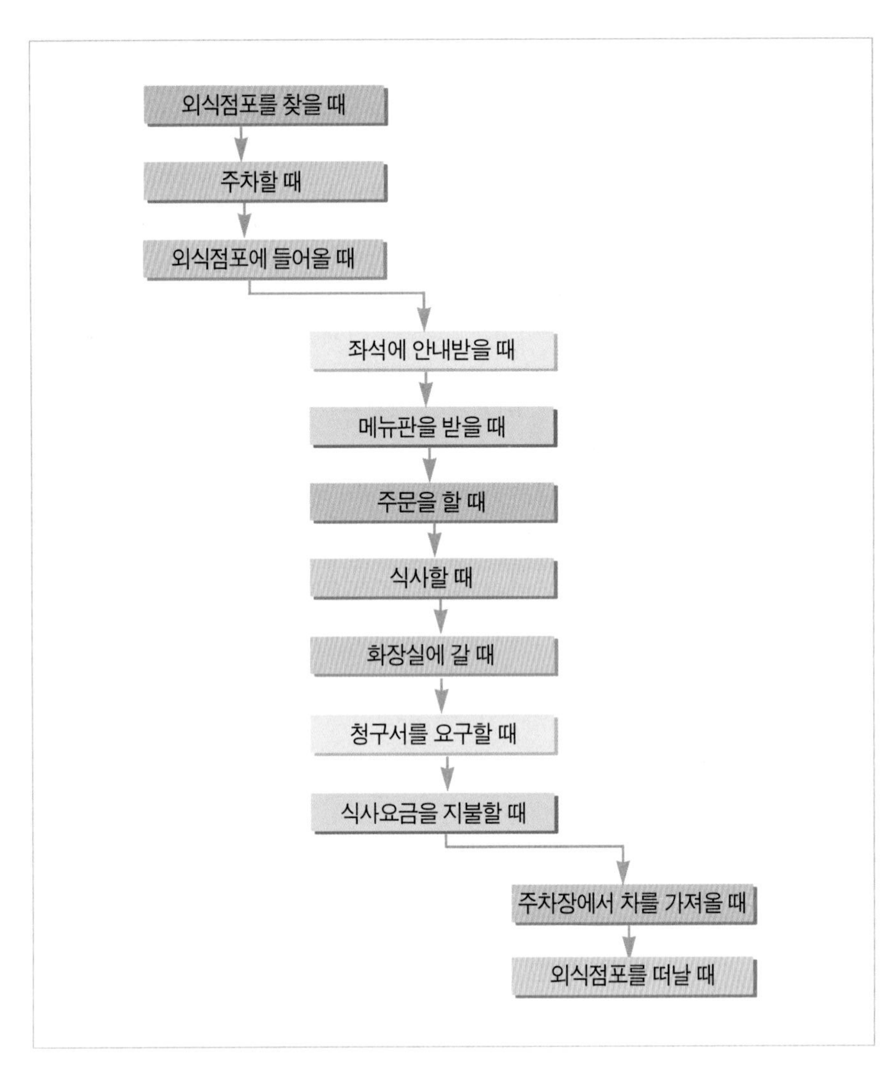

그림 6-4 외식점포의 진실의 순간(MOT)

자료 : 이명헌(1999).

3. 서비스 품질 평가

1) 서비스 품질

(1) 서비스 품질의 중요성

농업과 제조업의 생산성이 증가됨에 따라 제품을 판매하고 서비스하는 데 있어 품질이 더욱 중요해지고 있다. 서비스나 제품의 품질(quality)은 고객의 인식에 의해 결정되며 고객의 인식은 서비스 속성들이 고객을 만족시키는 정도를 나타낸다. 외식산업에서는 고객들이 과거에 비해 보다 일관적이고 양질의 서비스를 요구하고 있어 서비스 품질관리의 중요성이 강조되고 있으며 특히 서비스는 생산과 소비가 동시에 이루어지므로 철저한 사전 품질관리가 필요하다.

외식기업의 서비스 품질이 향상되면 경쟁기업 및 점포에 비해 나은 서비스를 제공받은 고객들의 충성도가 높아지고 이로 인한 재구매 및 구전효과로 신규 고객의 확보가 가능해져 시장점유율이 증가되고 일정한 수익을 확보할 수 있다. 또한 양질의 서비스는 잘못된 서비스 제공으로 인해 야기될 수 있는 비용을 절감해 주고 우수한 직원의 보유 및 신규 직원의 모집을 용이하게 하는 효과가 있다.

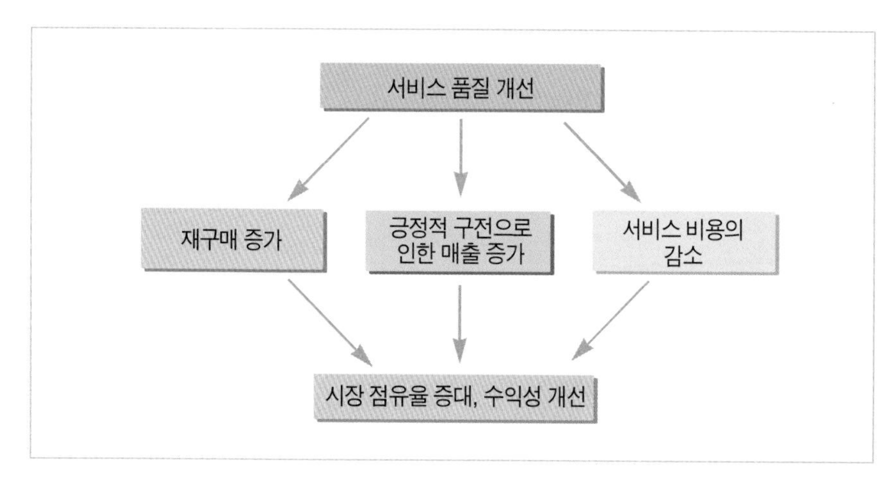

그림 6-5
서비스 품질 개선 효과

(2) 서비스 품질의 차원

파라슈라만(Parasuraman) 등에 의하면 고객은 서비스 품질을 평가하는데 있어 신뢰성(reliability), 대응성(responsiveness), 확신성(assurance), 공감성(empathy), 유형성(tangibles) 등의 다섯 가지 차원을 활용하고 있다.

표 6-3 서비스 품질 결정 요인

갭(gap)	내 용
신뢰성 (reliability)	• 고객에게 직접 · 간접적으로 약속한 서비스를 고객에게 정확하게 제공하는 능력을 말한다. • 약속된 서비스가 제대로 제공되지 않으면 고객의 실패 허용구간(tolerance zone)이 좁아져 서비스에 대한 기대 수준이 높아진다.
대응성 (responsiveness)	• 고객을 도와주고 고객에게 신속한 서비스를 제공하고자 하는 의지를 나타낸다. • 고객의 요구, 질문, 문제, 불만 등을 처리하는 배려(attentiveness)와 신속성(promptness)을 강조한다.
보장성 (assurance)	• 종사원의 지식, 정중함 및 고객에게 믿음과 확신을 심어줄 수 있는 능력을 의미한다. • 고객은 초기 단계에서 보장성을 평가하기 위해 각종 수상경력, 인증서 등의 증거를 사용할 수도 있다. • 종사원의 서비스 수행 능력, 고객과의 효과적인 의사소통 등이 중요하게 작용한다.
공감성 (empathy)	• 고객 개개인에게 제공하는 주의(attention)와 보살핌(caring)을 나타내며 고객이 특별하다고 느낄 수 있도록 하기 위한 서비스 제공자의 노력, 접근성 등에 의해 표현된다.
유형성 (tangibles)	• 시설설비, 기기 및 도구, 종사원의 외모, 메뉴판 등 외식기업 및 점포에서 보여줄 수 있는 물리적 증거를 의미한다. • 신규 고객이 서비스 품질을 평가할 때 중요하게 작용하며 외식점포와 같이 고객이 직접 방문하여 서비스를 제공받는 곳에서 더욱 강조된다.

(3) 서비스 품질의 유형

고객에 의해 주관적으로 인지되는 서비스 품질은 기술적(technical) 차원과 상호작용(interaction)의 차원, 물리적 환경(physical environment)의 차원으로 분류할 수 있다.

서비스 품질의 기술적 차원은 서비스 제공자와 고객의 상호작용이 끝난 후에 고객에게 남겨지는 것(what)을 나타내며 결과 품질(outcome quality)이라고도 한다. 상호작용의 차원은 고객이 서비스를 제공받는 과정에 관한 것으로 과정 품질(process quality)이라고도 하며, 물리적 환경의 차원은 서비스가 전달되는 장소에 관한 것을 나타낸다. 예를 들어, 외식 점포의 고객은 제공받은 음식에 대한 인식(결과 품질), 음식이 제공되는 방법과 종사원과의 상호작용(상호작용의 품질), 점포의 인테리어와 분위기 등(물리적 환경의 품질)에 의해 서비스의 품질을 판단하게 된다.

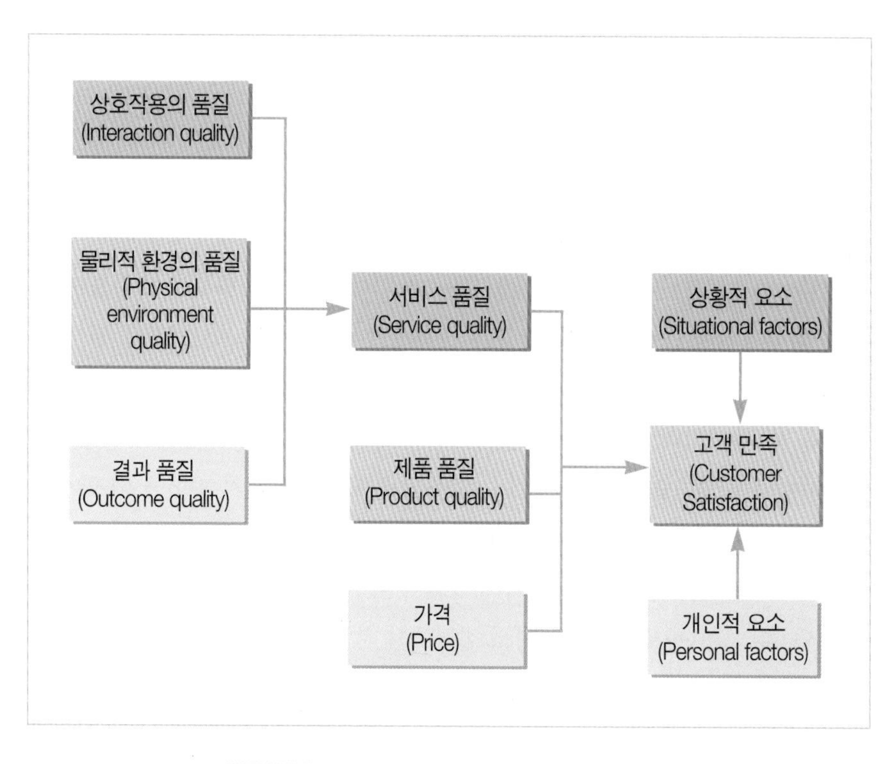

그림 6-6 고객의 서비스 품질 인식과 고객만족

2) 서비스 품질 측정

(1) 서비스 품질의 차이(갭)

고객들은 개인적 욕구, 외식기업의 이미지 및 광고, 과거 경험, 구전, 가격 등의 요소를 토대로 구매 이전에 서비스에 대한 기대(expectation)를 가지며 이러한 기대와 실제로 제공받은 서비스에 대한 인식을 비교하여 서비스의 품질을 평가한다. 즉, 고객은 서비스에 대한 기대도와 인식도의 차이(gap)에 의해 서비스 품질을 평가하게 되며 기대도보다 인식도가 높을 경우 고객들은 감동하게 된다.

외식기업은 고객에 대한 피드백(feedback) 과정으로 서비스에 대한 고객의 기대도와 인식도간의 차이(gap)를 측정하고 이를 해소하기 위해 노력해야 한다. 이러한 외식서비스 품질관리는 파라슈라만(Parasuraman) 등이 제시한 갭 모델을 통해 수행될 수 있으며 이 모델에서는 기대와 인식 사이에서 발생 가능한 5가지 갭을 나타내고 있다(그림 6-10). 이러한 5가지 갭 중에서 고객의 갭은 최종적으로 고객이 인식하게 되는 품질의 차이로서 다른 4가지 갭의 크기에 따라 달라진다.

첫 번째 갭은 외식기업의 경영자가 고객이 기대하는 바를 알지 못할 때 발생되며 이는 고객의 기대가 형성되는 과정에 대한 경영자의 이해 부족이 원인이다. 이 갭은 고객과 직접 접촉하는 종사원과 경영자의 사이에 관리계층이 많이 존재할수록 커지므로 관리계층을 줄이는 것이 이 갭을 최소화하는데 중요하다. 또한 외식기업에 대한 고객의 요구를 조사하기 위해 적극적인 노력을 해야 한다. 두 번째 갭은 고객의 기대를 충족시키기 위한 서비스 품질 표준이 설정되지 못했을 때 야기되며 일반적으로 양질의 서비스를 제공하려는 경영자의 헌신이 부족하거나 경영자의 인식이 서비스 품질 표준으로 전환되지 못했을 때 발생된다. 세 번째 갭은 실제로 고객에게 제공된 서비스의 수준이 경영자가 설정한 표준과 일치하지 않았을 때 발생되며 종사원이 직무에 적합하지 않을 때 발생되기도 한다. 이 갭은 종사원과 고객과의 접점에서 발생하므로 외식기업에서는 특히 중요하며 종사원들이 직무 수행을 위해 사용하는 도구나 기술이 직무에 적합하고 부족하지 않을 때 양질의 서비스를 제공하게 된다. 네 번째 갭은 고객에게 실제로 제공된 서비스 수준이 고객과의 외부 의사소통을 통해 외식기업이 약속한

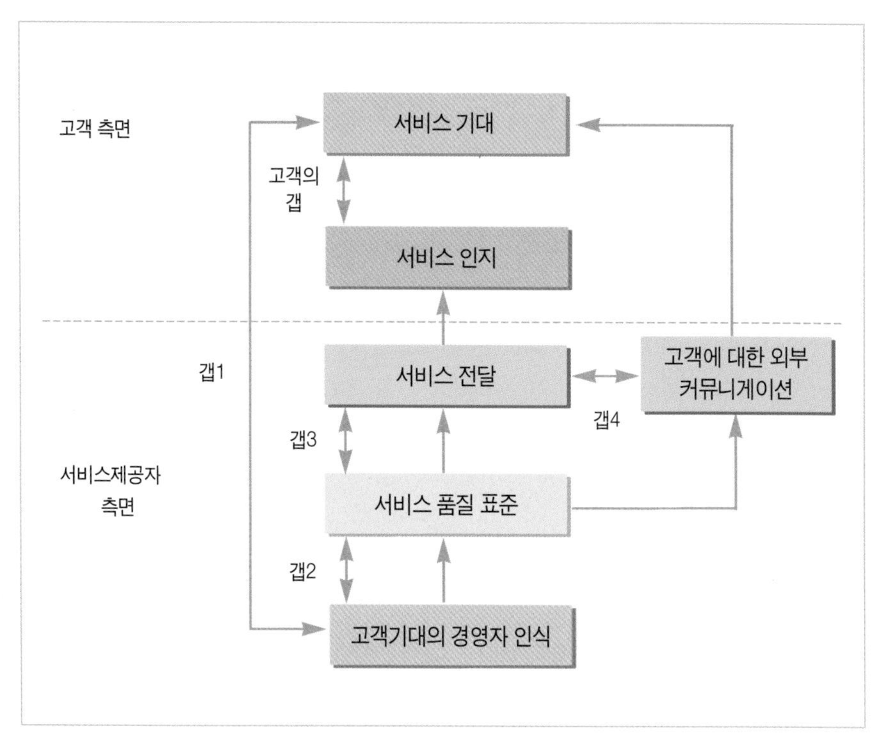

그림 6-7 서비스 품질 갭 모델

자료 : Zeithaml & Bitner(2003).

수준에 미치지 못할 때 발생되며 고객과 직접 접촉하는 종사원과 외부 의사소통을 담당하는 부서와 정보교환이 제대로 이루어지지 않는 것도 원인이 된다. 그러므로 외식기업은 모든 고객에게 동일한 수준의 서비스가 제공되는지, 고객과 약속한 서비스가 제대로 전달되는지 등을 확인해야 한다.

(2) 서비스 품질의 측정도구

외식기업은 제품과는 달리 객관적인 평가가 어려운 서비스를 고객의 입장에서 평가하고 개선해야 한다. 이를 위해 유용하게 사용되고 있는 외식서비스 품질 평가도구로는 서브퀄(SERVQUAL)과 다인서브(DINESERV)가 있다. 이 도구들은 제공받은 서비스에 대한 고객의 인식도를 측정하여 서비스 품질과 이에 따른 고객의 만족도를 평가한다. 서브퀄(SERVQUAL)은 갭 모델에 근거한 대표적

기대도

신뢰성(5문항)

1. 우수한 외식점포는 정해진 시간안에 처리하겠다고 약속한 사항을 반드시 지켜야 한다.
   전혀 동의하지 않는다 보통이다 매우 동의한다
   ①············②············③············④············⑤············⑥············⑦
2. 우수한 외식점포는 고객에게 문제가 생겼을 때 관심을 갖고 해결해 주어야 한다.
   전혀 동의하지 않는다 보통이다 매우 동의한다
   ①············②············③············④············⑤············⑥············⑦

⋮

대응성(3문항)

1. 우수한 외식점포의 종사원들은 고객에게 신속한 서비스를 제공해야 한다.
   전혀 동의하지 않는다 보통이다 매우 동의한다
   ①············②············③············④············⑤············⑥············⑦
2. 우수한 외식점포의 종사원들은 항상 기꺼이 고객을 도와 주어야 한다.
   전혀 동의하지 않는다 보통이다 매우 동의한다
   ①············②············③············④············⑤············⑥············⑦

⋮

확신성(4문항)

1. 우수한 외식점포 종사원들의 행동이 고객에게 확신을 주어야 한다.
   전혀 동의하지 않는다 보통이다 매우 동의한다
   ①············②············③············④············⑤············⑥············⑦
2. 우수한 외식점포는 고객이 안심하고 거래할 수 있는 안전을 확보하여야 한다.
   전혀 동의하지 않는다 보통이다 매우 동의한다
   ①············②············③············④············⑤············⑥············⑦

⋮

공감성(4문항)

1. 우수한 외식점포는 고객에게 개별적인 관심을 기울여야 한다.
   전혀 동의하지 않는다 보통이다 매우 동의한다
   ①············②············③············④············⑤············⑥············⑦
2. 우수한 외식점포는 고객에게 개인적으로 신경을 써 줄 종사원을 보유해야 한다.
   전혀 동의하지 않는다 보통이다 매우 동의한다
   ①············②············③············④············⑤············⑥············⑦

⋮

유형성(5문항)

1. 우수한 외식점포는 최신 기기를 갖추어야 한다.
   전혀 동의하지 않는다 보통이다 매우 동의한다
   ①············②············③············④············⑤············⑥············⑦
2. 우수한 외식점포의 시설은 시각적으로 보기에 좋아야 한다.
   전혀 동의하지 않는다 보통이다 매우 동의한다
   ①············②············③············④············⑤············⑥············⑦

⋮

인식도

신뢰성(5문항)

1. 외식점포는 정해진 시간안에 처리하겠다고 약속한 사항을 반드시 지킨다.
   전혀 동의하지 않는다 보통이다 매우 동의한다
   ①············②············③············④············⑤············⑥············⑦
2. 외석점포는 고객에게 문제가 생겼을 때 관심을 갖고 해결해 준다.
   전혀 동의하지 않는다 보통이다 매우 동의한다
   ①············②············③············④············⑤············⑥············⑦

⋮

(계속)

대응성(3문항)

1. 외식점포의 종사원들은 고객에게 신속한 서비스를 제공한다.
   전혀 동의하지 않는다 보통이다 매우 동의한다
   ①…………②…………③…………④…………⑤…………⑥…………⑦
2. 외식점포의 종사원들은 항상 기꺼이 고객을 도와준다.
   전혀 동의하지 않는다 보통이다 매우 동의한다
   ①…………②…………③…………④…………⑤…………⑥…………⑦

⋮

확신성(4문항)

1. 외식점포 종사원들의 행동이 고객에게 확신을 준다.
   전혀 동의하지 않는다 보통이다 매우 동의한다
   ①…………②…………③…………④…………⑤…………⑥…………⑦
2. 외식점포는 고객이 안심하고 거래할 수 있는 안전을 확보하고 있다.
   전혀 동의하지 않는다 보통이다 매우 동의한다
   ①…………②…………③…………④…………⑤…………⑥…………⑦

⋮

공감성(4문항)

1. 외식점포는 고객에게 개별적인 관심을 기울인다.
   전혀 동의하지 않는다 보통이다 매우 동의한다
   ①…………②…………③…………④…………⑤…………⑥…………⑦
2. 외식점포는 고객에게 개인적으로 신경을 써줄 종사원을 보유하고 있다.
   전혀 동의하지 않는다 보통이다 매우 동의한다
   ①…………②…………③…………④…………⑤…………⑥…………⑦

⋮

유형성(5문항)

1. 외식점포는 최신 기기를 갖추고 있다.
   전혀 동의하지 않는다 보통이다 매우 동의한다
   ①…………②…………③…………④…………⑤…………⑥…………⑦
2. 외식점포의 시설은 시각적으로 보기에 좋다.
   전혀 동의하지 않는다 보통이다 매우 동의한다
   ①…………②…………③…………④…………⑤…………⑥…………⑦

⋮

그림 6-8 서브퀄 평가 내용

자료 : Parasuraman 등(1998).

인 서비스 품질 평가도구로서 21개의 서비스 속성 관련 문항으로 구성되고 신뢰성, 대응성, 확신성, 공감성, 유형성의 5가지 차원으로 고객의 기대도와 인지도를 조사하여 그 갭을 근거로 서비스 품질을 평가한다. 다인서브(DINESERV)는 서브퀄의 응용도구로서 외식기업 및 점포의 서비스품질 평가도구로 널리 활용되고 있으며 5가지 차원으로 구성된 29개 문항에 대해 7점 척도로 평가한다. 외식기업은 이러한 서브퀄과 다인서브를 이용하여 경쟁 기업과의 서비스 수준을 비교함으로써 경쟁적 우위와 부적절한 서비스 차원을 파악할 수 있다.

Part A. 기대도 평가 항목

이 외식점포는…

1. 주차장이 잘 확보되어 있고 건물의 외관이 좋다.
2. 식당의 미관이 보기 좋다.
3. 종사원이 단정하고, 깔끔하며, 알맞는 복장을 갖추었다.
4. 점포의 이미지와 가격대에 맞는 실내장식이 되어 있다.
5. 메뉴가 읽기 쉽게 명시되어 있다.
6. 메뉴판은 외식점포의 이미지를 시각적으로 잘 반영하고 있다.
7. 식당이 편안하고 내부에서 이동이 용이하다.
8. 화장실이 청결하다.
9. 식당이 청결하다.
10. 의자가 편안하다.
11. 서비스가 적정시간 내에 이루어진다.
12. 실수가 있으면 바로 수정된다.
13. 신뢰할 수 있는 서비스가 일관되게 제공된다.
14. 정확한 고객관리가 이루어진다.
15. 주문한 음식이 정확하게 서비스된다.
16. 바쁜 시간에는 종사원들을 이동배치하여 서비스가 지체되거나 품질이 떨어지지 않도록 한다.
17. 신속한 서비스를 제공한다.
18. 고객의 특별한 요구가 있을 때에는 별도로 이를 따르기 위해 노력을 기울인다.
19. 종사원들이 고객의 질문을 완벽하게 대답해줄 수 있다.
20. 고객을 대할 때 편안하고 신뢰가 느껴지도록 한다.
21. 종사원이 메뉴의 음식, 재료 및 조리방식에 관한 정보를 제공하며 그러한 의지를 갖고 있다.
22. 종사원이 고객에게 안정감을 느끼게 한다.
23. 종사원이 잘 훈련되어 있고 유능하며 경험이 풍부하다.
24. 종사원들은 자신들의 업무를 잘 수행하기 위한 노력을 하는 것 같다.
25. 종사원이 정책이나 절차보다는 고객 개인의 요구에 맞춰 준다.
26. 고객에게 특별한 기분을 느끼게 해준다.
27. 고객의 개인적인 요구를 미리 예측하여 처리한다.
28. 문제가 발생했을 때 종사원들이 진심으로 사과하고 문제를 해결한다.
29. 고객들을 진심으로 대하는 것 같다.

그림 6-9 다인서브 평가 문항

자료 : 양일선 외(2002).

참고문헌

김경환 · 차길수(2002). 호텔경영학. 현학사.
김성혁(1999). 외식업의 서비스. 백산출판사.
박강수 · 김형순 · 김형태 역(2010). 호텔 · 외식 · 관광마케팅. 도서출판 석정.
박인규 · 안순례 · 하창용(2003). 외식경영실무. 대왕사.
신재영 · 박기용 · 정청송(2001). 호텔 · 레스토랑 식음료 서비스관리론. 대왕사.
양일선 외(2008). 단체급식. 교문사.
양일선 외(2008). 급식경영학. 교문사.
이명헌(1999). 고객 트랜드 변화와 외식서비스 마케팅 전략, 한국외식경영학회 추계학술세미나.
이명호 외 7인(2010). 경영학으로의 초대. 박영사.
이유재(2008). 서비스마케팅. 학현사.
한국외식사업연구소(2002). 외식사업실무론. 백산출판사.

Lundberg, D.E.(1993). *The Restaurant : From Concept To Operation*. John Willey & Sons, Inc.
Patton, M.E.(2002). 댄싱 서비스, 서비스 경영론. 학현사
Spears, M.C. & Gregoire, M.B.(2004). *Foodservice Organizations*. Pearson Prentice Hall.
Zeithaml, V.A.& Bither, M.J.(2003) *Service Marketing*. McGraw-Hill.

7-eleven meal 홈페이지 : http://www.7meal.com
Domino Pizza Korea 홈페이지 : http://www.dominos.co.kr
(주) 쇼크본 홈페이지 : http://www.shokubun.co.jp
(주) 아모제 홈페이지 : http://www.marche.co.kr

Chapter 7
외식생산성과 품질관리

외식기업은 생산성과 품질을 어떻게 평가해야 하는가?

1. 외식수요예측
2. 외식생산성
3. 외식품질관리

Chapter 7

외식생산성과 품질관리

학습목표

1. 외식기업에서 수요예측의 중요성과 수요예측방법을 이해한다.
2. 외식기업에서의 생산성 개념, 생산성 지표 및 생산성 향상 방안을 파악한다.
3. 외식기업에서 품질의 정의 및 의의에 대해 알아본다.
4. 외식기업의 품질경영성과를 평가하는 품질대상과 품질평가도구를 파악한다.

1. 외식수요예측

1) 외식수요예측의 개념

외식기업의 업무계획은 수요예측으로부터 시작된다. 정확한 수요예측은 노동력과 시설 · 설비 배치 및 생산계획뿐만 아니라 예산 설정 및 구매단계에도 영향을 준다. 수요예측(forecasting)은 과거의 자료를 통해 미래의 수요를 예측하는 데 도움을 주는 수량적 과정이다. 수요예측의 세부업무는 다음과 같다. 첫째, 미래의 특정일자에 제공되는 음식의 수 예상, 둘째, 생산해야 할 음식량의 예측, 셋째, 음식 생산에 필요한 식자재량의 예측이다.

음식의 수에 대한 예측이 잘못되었을 경우 과소 및 과잉생산이라는 결과를 낳게 되어 외식기업에 손실을 가져온다. 과소생산(underproduction)의 경우 부족한 음식의 추가 생산으로 인해 종사원의 작업계획이 변경되고, 종사원의 사기 및 서비스 수준이 저하되고 이로 인해 고객만족에까지 영향을 미치게 된다. 반면 과잉생산(overproduction)의 경우 초과된 음식의 보관 및 재분배에 따른 비용 등을 발생시키고, 재가열된 음식은 질과 풍미가 저하되며, 재활용이 어려운 경우에는 폐기해야 하므로, 결국 불필요한 비용이 낭비되는 결과를 가져온다.

2) 외식수요예측방법

예전에는 수요예측 시 숙련자의 경험과 직관적인 논리에 의존하는 경향이 강했지만 이 경우 숙련자가 없을 경우에는 정확한 예측이 어렵다는 단점이 있다. 따라서 과학적, 통계적, 체계적인 시장분석을 토대로 예측을 하여 수요관리를 할 수 있는 방법이 개발되었다. 수요예측방법을 결정할 때는 선택비용, 정확성, 과거기록의 이용성 등을 고려해야 한다. 외식기업에서 사용되고 있는 수요예측방법은 주관적 예측방법과 객관적 예측방법으로 분류할 수 있다(표 7-1).

표 7-1 수요예측방법

구 분		세부 예측방법	내 용
주관적 예측방법		최고관리자기법	장기계획방법으로 신상품 개발시에 사용하는 방법
		판매원 의견 조사법	판매자의 의견을 수렴하는 방법
		외부 의견 수렴법	외국 진출 시 그 나라의 정치적 · 경제적 상황을 고려해서 예측할 때 외부 전문가들의 의견을 수렴하는 방법
		델파이기법	전문가 집단에게 1차 설문조사를 거친 후 이를 종합하고 합의된 결과가 도출될 때까지 의견조사를 반복하여 실시하는 방법
객관적 예측방법	시계열 분석방법	단순이동평균법	과거 일정기간 동안의 자료를 동일한 가중치로 적용하는 방법
		가중이동평균법	최근의 자료에 더 높은 가중치를 주어 적용하는 방법
		지수평활법	과거의 기록 중 시기별로 가중치를 적용하여 예측량을 산출하는 방법
	인과형 예측방법	선형회귀분석모델	판매량을 기준으로 하여 판매량에 영향을 주는 요소 하나하나를 고려하여 분석하는 방법
		다중회귀분석모델	판매량을 기준으로 영향을 주는 요소를 모두 분석하는 방법

(1) 주관적 예측방법

과거기록이 없거나 조사된 자료가 충분하지 않을 때 사용하는 방법이며, 최고관리자기법, 판매원 의견 조사법, 외부 의견 수렴법, 델파이(delphi)기법 등을 들 수 있다.

(2) 시계열분석방법

시계열분석방법(time series model)은 연별, 반기별(상반기, 하반기), 분기별(4개월 단위), 월별, 주별, 일별 등 시계열별로 과거의 매출실적이나 판매 등의 자료를 이용하여 추이나 경향을 분석함으로써 미래의 수요를 예측하는 방법이다. 이동평균법과 지수평활법이 있으며, 이동평균법은 단순이동평균법과 가중이동평균법으로 나뉘어진다.

■ 이동평균법(moving average method)

최근의 일정기간 동안 기록의 평균을 산출하여 수요를 예측하는 방법이다. 이것은 새로운 기록이 발생할 때마다 가장 오래된 기록을 제외시키고, 최근 기록의 평균만을 가지고 산출한다. 계산방법이 간단하여 널리 이용되고 있다.

단순이동평균법(simple moving average method)은 과거 일정기간 동안의 자료를 동일한 가중치로 적용하는 방법으로 3개월과 5개월 이동평균법이 가장 많이 사용된다. 3개월간 이동평균법은 예측시점에서 가장 가까운 3개월의 실제 고

예 A 패스트푸드점의 과거 고객의 수 자료를 참고해서 3개월간의 단순이동평균법으로 5월의 예상 고객수를 예측하시오.

월	실제 고객수(명)	예상 고객수(명)
1	1,000	
2	1,500	
3	1,200	
4	1,100	
5		1,267

* 5월의 예상 고객수 = 1,267명

객수를 합하여 3으로 나눈 후 평균값을 산출하여, 이 평균값을 예측값으로 결정한다.

가중이동평균법(weighted moving average method)은 최근의 실적치에 가장 높은 가중치를 부여하는 방법으로, 예를 들어 3개월 가중이동평균법의 경우 예측시점에서 가장 가까운 달의 자료는 0.7, 그 전 달의 자료는 0.2, 가장 먼 달의 자료는 0.1의 가중치를 부여하여 예측값을 결정한다.

■ 지수평활법(exponential smoothing method)

단기적인 수요예측에 많이 사용하는 방법으로 복잡한 형태를 취하고 있으나 사용하기에는 간편한 모델로서 과거의 기록 중 시기별로 가중치를 적용하여 예측치를 산출하게 되는 데, 최근 기록의 경우 가장 높은 가중치를 부여하고 오래된 기록일수록 수적으로 감소시키는 가중치를 적용함으로써 최근의 기록이 미래의 수요예측에 가장 큰 영향을 주도록 하는 방법이다.

일반적으로 평준항수값이 0.1~0.3은 수요의 변동이 많지 않은 경우, 0.4~0.6은 수요가 불안정한 0.7~0.9는 새로운 품목의 경우에 사용한다.

수요예측치 = a×(가장 최근의 실제 고객수) + (1−a)×(가장 최근의 예상 고객수)
a는 평준항수($0 < \alpha < 1$)

예 B 패밀리 레스토랑을 이용한 고객의 수가 다음과 같을 경우, 지수평활법을 이용하여, 2, 3, 4월의 예상 고객수를 예측하시오(단, 이 점포는 수요변동이 많지 않은 곳으로 10% 정도(a = 0.1)의 변동이 있다고 한다).

월	실제 고객수(명)	예상 고객수(명)
1	1,000	1,100
2	1,300	1,090
3	1,500	1,111
4	1,200	1,150

*2월의 예상 고객수 = 0.1×(1,000명) + 0.9×(1,100명) = 1,090명
*3월의 예상 고객수 = 0.1×(1,300명) + 0.9×(1,090명) = 1,111명
*4월의 예상 고객수 = 0.1×(1,500명) + 0.9×(1,111명) = 1,150명

(3) 인과형 예측법

수요는 환경요인이나 기타 다른 요인과 관계가 있다는 가정하에 인과관계를 나타내는 인과모델을 만들어 미래의 수요를 예측하는 방법이다. 수요에 영향을 줄 수 있는 요인들로는 수요량, 가격, 광고비, 경쟁가격, 시장의 유동성 등이다.

인과형 모델은 중장기 예측모델로서, 회귀분석모델(regression model)을 사용한다. 이 모델은 선형회귀분석과 다중회귀분석으로 나눌 수 있으며, 선형회귀모델은 수요예측치에 영향을 주는 요인이 한 개일 경우 다중회귀모델은 수요예측치에 영향을 주는 요인이 두 개 이상일 경우에 사용된다.

선형회귀모델은 독립변수와 종속변수 사이의 관계를 분석하는 방법이며 수요예측치를 종속변수로 하고, 이에 영향을 줄 수 있는 요인을 독립변수로 하며 독립변수 변화의 추이에 따라 미래의 수요를 예측하는 모델이다.

Y(종속변수, 수요예측치) = $a + bx$

(a, b = 상관계수, x = 독립변수, 수요예측치에 영향을 줄 수 있는 요인)

다중회귀모델은 수요예측치에 영향을 줄 수 있는 요인으로 메뉴 가격, 경쟁가격, 날씨, 계절, 광고비, 시장의 유동성 등을 포함하여 미래의 수요를 예측하는 방법이다.

Y(수요예측치) = $a + b_1x_1 + b_2x_2 + \cdots + b_nx_n$

- $a, b_1 - b_n$: 회귀계수
- $x_1 - x_n$: 수요예측치에 영향을 줄 수 있는 요인들

다중회귀분석에 의한 수요예측 연구사례

우리나라 와인시장의 와인 소비량을 예측하기 위해 1인당 국민총생산과 연간외식비 지출액을 이용하여 최적의 회귀방정식을 도출하고 이를 이용하여 2001년부터 2020년까지의 우리나라 와인의 수요를 예측하였다. 와인 소비량 예측을 통해 국내와인 총소비량, 국산와인과 수입와인의 소비량을 예측할 수 있다.

연구모형을 살펴보면 다음과 같다

◘ 와인 소비량에 대한 회귀분석모형

와인 소비량 = 10762.360 + 0.617 × 국민총생산 + 0.013 × 연간외식비지출액

◘ 수입와인과 국산와인의 수요에 대한 회귀분석모형

수입와인 소비량 = −6916.305 + 0.699 × 총 와인 소비량 + 4.152 × 국민총생산

자료 : 방진식(2000).

2. 외식생산성

생산성(productivity)은 자원활용 정도를 고려하여 업무수행도를 측정한 것으로 자원요소의 투입(input)과 자원요소를 사용하여 생산활동을 한 결과로 나타난 산출(output)과의 비율로 나타낸다.

$$생산성(productivity) = \frac{산출(output)}{투입(input)}$$

1) 개념 및 지표

생산성지표는 인적 · 물적 자원의 효율적인 활용과 관리의 척도로서 외식기업 경영활동의 효율성을 판정하는 데 사용되며 작업시간당 음식 수, 1식당 작업시간, 1식당 지불급료, 1식당 노무비 등이 있다. 최근에 재료비 및 인건비 상승으로 인해 외식기업의 경영자들은 적정한 비용으로 음식의 질을 높은 수준으로 유지하면서 생산성을 증대시키는 데 노력을 기울이고 있다.

생산성 지표

- 작업시간당 음식수 $= \dfrac{\text{1일 총 생산된 음식 수}}{\text{1일 총 작업시간}}$
- 1식당 작업시간 $= \dfrac{\text{1일 총 작업시간}}{\text{1일 총 생산된 음식 수}}$
- 1식당 지불 급료 $= \dfrac{\text{1일 총 지불 급료}}{\text{1일 총 생산된 음식 수}}$
- 1식당 노무비 $= \dfrac{\text{1일 총 노무비}}{\text{1일 총 생산된 음식 수}}$

2) 외식생산성 향상

외식기업 및 점포에서는 다음과 같은 단계에 의해 생산성을 향상시킬 수 있다. 첫째, 외식기업 및 점포를 위한 생산성 측정도구를 개발해야 한다. 둘째, 외식기업 및 점포체계를 전체적으로 보고 중점적인 통제요인을 규명해야 한다. 셋째, 생산성 향상을 위한 구체적인 방법을 강구해야 한다. 이 때 최고경영자, 중간경영자 및 하부경영자 등의 경영자뿐만 아니라 종사원들의 의견을 수렴하여 개선 방법을 모색해야 하며 실제로 외식기업 및 점포의 운영에 관여하는 종사원의 의견 및 제안을 받아들이면 신속하게 생산성을 향상시킬 수 있다. 넷째, 생산성 개선을 위한 실현 가능한 목표를 수립한다. 다섯째, 외식경영자는 생산성 증진을 위해 종사원을 지원하고 독려하며, 생산성 향상에 기여한 종사원을 위한 보상체계를 수립해야 한다. 여섯째, 외식기업 및 점포에서의 생산성 향상 정도를 측정하고, 모든 종사원이 인지할 수 있도록 공표한다.

표 7-2 외식기업의 생산성지표 사례

	1인당 일평균 고객수				1인당 월평균 매출액			
점포코드	2002년	2003년	전년대비	목표대비	2002년	2003년	전년대비	목표대비
00201	10.2	11.1	8.3	-2.7	5.7	5.2	-8.10	-1.0
00202	10.2		-100.0	-100.0	5.8	4.9	-14.85	-7.6
00203	9.7	10.8	10.9	-5.2	5.6	5.1	-8.65	-3.1
00204	8.7	9.6	9.6	-15.9	5.2	4.4	-14.74	-16.6
00205	10.4	9.4	-10.1	-17.7	5.3	4.5	-15.24	-14.8
00206	10.1	8.0	-20.5	-29.9	5.3	3.9	-26.41	-26.7
00207	11.4	12.0	4.7	5.0	5.6	5.3	-6.06	-0.3
00208	11.3	10.5	-6.8	-7.6	5.7	4.8	-15.37	-8.8
00209	10.3	10.2	-1.5	-10.8	5.2	4.7	-10.03	-11.3
00210	10.9	9.8	-10.1	-14.3	5.8	4.6	-20.27	-13.0
⋮	⋮	⋮	⋮	⋮	⋮	⋮	⋮	⋮

외식기업에서 생산성을 증진시키는 방법

1. 생산성 있는 사람을 고용한다.
2. 효율적인 직무설계와 작업공간을 디자인한다.
3. 효과적인 종사원 스케줄링과 업무계획을 수행한다.
4. 생산성 있는 기업문화와 조직 분위기를 만든다.
5. 목표관리를 수행한다.
6. 긍정적인 강화를 한다.
7. 신뢰를 구축한다.

3. 외식품질관리

1) 외식품질관리의 정의

ISO(International quality Standard Organization)에 의하면, 품질(quality)은 내재되어 있는 고객의 요구를 충족시키는 제품과 서비스의 총체적인 특성으로 정의된다. 여러 학자들은 품질을 규격이나 용도에의 적합성, 고객의 만족 여부 등으로 정의하고 있다.

품질의 개념은 전통적으로는 제품이나 결과에 초점을 두어 품질관리시 투입원료 및 완성된 제품 모두에 대한 철저한 검사와 이로 인한 비용의 증가를 수반했다. 따라서 초기의 품질관리는 제조업체에만 적용되었고 점차 서비스 업종에서도 그 필요성이 증대되어 최근에는 전사적 품질경영(total quality management)의 개념이 도입되었고, 공급자(supplier)와 고객(customer)간의 모든 공정이 품질관리의 대상이 되고 있다.

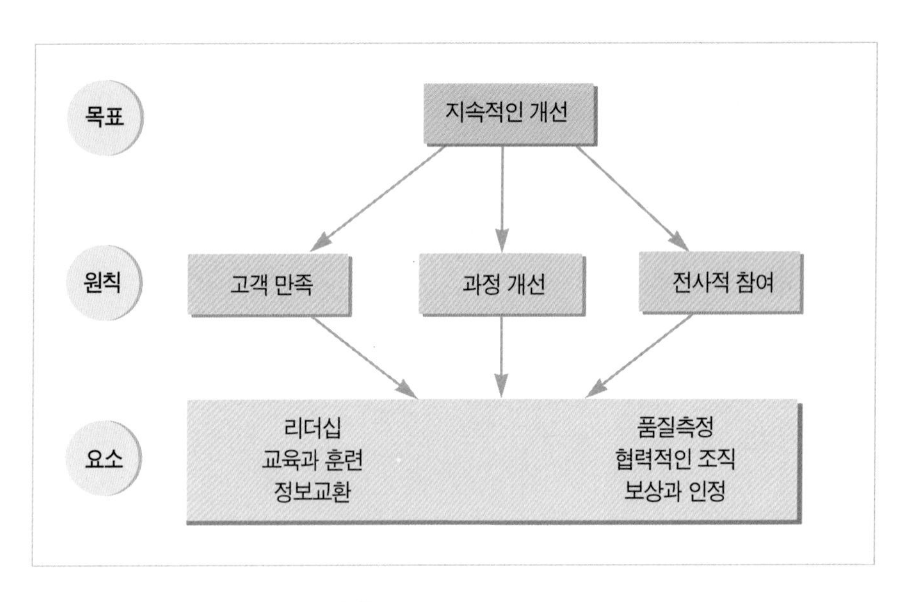

그림 7-1 전사적 품질경영의 개념

표 7-3 TQM 문화와 전통적인 조직의 비교

항 목	전통적	전사적 품질경영
궁극적 목표	투자의 최대 회수	고객 만족
목적	일관되지 않음	일관되고, 종사원이 목적 달성에 직접 참여함
초점	결과 지향	과정 지향
직무	폭넓고 일반적이며 다수의 팀의 노력이 요구됨	한정되고, 전문적이며 많은 개개인의 노력이 요구됨
관리자의 역활	명령 / 강행	장애 제거, 신뢰 구축
고객의 요구	최우선 사항이 아니고 불분명함	최우선 사항으로 확인과 이해가 중요함
문제점 발생	비난하고 처벌함	확인 후 해결함
문제의 해결	비조직적이고 개별적임	조직적이고 팀 체제
개선의 방법	일관성 없음	지속적임
공급회사	대립관계	협력자관계

Saskin과 Kiser는 기업에 전사적 품질경영 개념을 도입할 때의 지침을 제시하였는데, 첫째, 최고경영자는 전사적 품질경영과정에 적극적으로 참여해야 하고 조직 내 모든 구성원의 참여가 필요하며, 둘째, 고객을 위한 품질관리를 지지하기 위해 조직문화를 개발해야 하고, 셋째, 종사원들에게 업무를 통제할 수 있는 권위를 부여해야 한다고 하였다.

2) 외식 품질경영 평가

최근 들어 국내 외식산업에는 ISO(국제표준화기구)인증 취득이 확산되고 있다. ISO 9000이란 품질관련 문제의 원인을 조사하여 이를 사전에 예방하고, 고객의 요구에 부합하는 제품과 서비스를 제공할 수 있는 통일적인 품질경영체계를 말한다.

일본은 제2차 세계대전 직후 미국의 통계학자이며 품질관리 전문가인 데밍(Deming)과 주란(Juran)을 초청하여 일본 기업의 경영자, 과학자, 공학자들에게 품질관리의 원리와 기법의 적용방법을 가르치게 했다. 1951년에는 데밍(Deming)의 이름을 따라 데밍 상(Deming prize)을 제정하였고, 정책, 조직관리, 교육, 정보수집, 분석, 표준화, 통제, 품질보증, 결과, 미래의 계획 등을 항목으로 측정하였다.

1980년대 미국은 일본의 급성장에 있어 품질관리의 영향이 컸음을 자각하고, 1987년 말콤 발드리지 품질대상(Malcolm Badridge National Quality Award)을 제정하여 미국 기업체들의 전사적 품질경영(Total Quality Management)을 확립하고자 하였다. 측정항목은 리더십(leadership), 전략계획(strategic planning), 고객과 시장관점(customer and market focus), 측정, 분석 및 지식경영(measurement, analysiz and knowledge management), 인적자원관점(human resource focus), 과정경영(process management), 사업결과(business results) 등이다. 말콤 발드리지 품질대상은 제조업, 서비스업, 중소기업으로 구분하여 시상하는데, 역대 수상기업은 제조업체로는 Motorola Inc(1988), Cadillac(1990) 등이 있고, 서비스업체로는 Federal Express(1990), Rits Calton(1992)이 있다.

미국 말콤 발드리지 품질대상(Malcolm Badridge National Quality Award)의 서비스업 분야 최초의 수상기업인 Federal Express Corporation는 빠른 우편을 취급하는 기업으로 서비스와 고객만족을 측정하는 12가지 서비스품질기준(Service Quality Indicator : SQI)을 마련하여 고객의 기대와 실제 서비스 수행도와의 차이(gap)를 최소화시키고자 했다. 한편, 1992년에 수상을 한 리츠 칼튼(Ritz-Carlton) 호텔은 골드 스탠다드(Gold Standards)를 마련하여 호텔내 품질관리의 기본원칙을 수립하였고, 1-10-100 규칙을 추종하였는데 이 규칙은 현 상황의 문제점을 즉시 시정하면 1$이 지불되지만 내일로 미뤄질 경우 10$의 비용이 들고 그 이후에는 결국 100$의 비용이 든다는 원리이다.

우리나라에는 1960년 품질관리 개념이 도입되었고, 1966년 한국품질관리학회가 발족되었고, 데밍 상(Deming prize)과 말콤 발드리지 품질대상을 수정 · 보완하여 한국품질관리대상과 한국품질경영대상이 제정되었다.

한국표준협회에서는 품질혁신활동을 전사적으로 실천하여 품질향상과 원가절감 및 생산성 향상에 성과를 거둔 우수기업, 분임조, 개인을 포상하고 그 성공사례를 국내 기업에 보급함으로써 품질경영을 국가경쟁력 강화의 핵심 수단으로 확산시키고 있다. 한국 품질대상 및 품질경영상의 심사기준은 리더십, 전략기획, 고객과 시장 중시, 측정, 분석 및 지식경영, 인적자원 중시, 프로세스 관리, 경영성과의 7개 심사항목의 23개 세부항목이 총 1,000점 만점으로 구성되어 있다.

표 7-4 데밍상 심사기준 : 평가항목과 배점

평가항목	배 점
1. 품질경영에 관한 경영방침과 전개	20점
a. 업종, 업태, 규모, 및 경영 환경에 맞춘 명확한 경영방침을 기본으로 적극적인 품질중시 · 고객지향의 경영목표와 전략의 책정	(10)
b. 경영방침의 조직적인 전개와 실시	(10)
2. 신상품의 개발 및 업무의 개혁	20점
a. 신상품(제품 · 서비스)의 개발 및 업무 개혁의 적극적 수행(10)	(10)
b. 신상품의 고객의 욕구를 만족 여부와 업무 개혁의 효율성(10)	(10)
3. 상품서비스품질 및 업무의 질 관리 개선	20점
a. 표준화와 교육훈련에 의한 일상업무의 문제점 발생여부와 주요한 작업의 안정성	(10)
b. 품질 개선의 계획적이고 지속적 수행여부 및 클레임 · 불량률의 감소 여부와 고객만족도 향상여부	(10)
4. 품질, 수량, 납기, 원가, 안전, 환경등의 관리시스템 정비	10점
관리시스템에서의 조직 시스템 정비 및 유효성	
5. 품질정보의 수집, 분석과 IT(정보기술)의 활용	15점
조직내의 품질정보의 체계적인 수집과 통계적 방법, IT의 활용 상품의 개발, 개선 및 업무의 질의 관리 개선의 유효성	
6. 인재 경력개발	15점
인재 경력개발의 계획적 수행여부와 실제상품의 품질 및 업무의 질의 관리와 개선 적용 여부	

자료 : Union of Japanese Scientists and Engineers(2010).

표 7-5 말콤 발드리지 품질대상의 평가범위와 점수배분

항 목		점수
1. 리더십(Leadership)		120
1.1 상관의 리더십(Senior Leadership)	70	
1.2 통제와 사회적 책임(Governance and Social Responsibilities)	50	
2. 전략계획(Strategic Planning)		85
2.1 전략개발(Strategy Development)	40	
2.2 전략 전개(Strategy Deployment)	45	
3. 고객과 시장관점(Customer and Market Focus)		85
3.1 고객 및 시장지식(Customer and Market Knowledge)	40	
3.2 고객 관계 및 만족도(Customer Relationships and Satisfaction)	45	
4. 측정, 분석 및 지식경영(Measurement, Analysis, and Knowledge Management)		90
4.1 측정, 분석 및 조직 수행(Measurement, Analysis, and Review of Organizational Performance	45	
4.2 정보 및 지식경영(Information and Knowledge Management)	45	
5. 인적자원관점(Human Resource Focus)		85
5.1 직무시스템(Work Systems)	35	
5.2 종사원 학습 및 동기부여(Employee Learning and Motivation)	25	
5.3 종사원 복지 및 만족도(Employee Well-Being and Satisfaction)	25	
6. 과정 경영(Process Management)		85
6.1 가치창조과정(Value Creation Processes)	45	
6.2 지원과정과 운영계획(Support Processes and Operational Planning)	40	
7. 사업성과(Business Results)		450
7.1 상품과 서비스 성과(Product and Service Outcomes)	100	
7.2 고객관점 성과(Customer-Focused Results)	70	
7.3 재무 및 마케팅 성과(Financial and Market Results)	70	
7.4 인적자원 성과(Human Resource Results)	70	
7.5 조직의 효과성 성과(Organizational Effectiveness Results)	70	
7.6 리더십과 사회적 책임 성과(Leadership and Social Responsibility Results)	70	
합계		1,000

자료 : National institute of standards and technology(2010).

표 7-6

국가 품질대상 및 품질경영상의 심사기준

심사항목		배 점	소항목
I. 리더십 (120)	1. 경영진의 리더십	70	1) 비전과 가치 2) 커뮤티케이션과 조직성과
	2. 지배구조와 사회적 책임	50	1) 조직의 지배구조 2) 합법적 및 윤리적 사업수행 3) 사회공헌
II. 전략기획 (85)	1. 전략의 개발	40	1) 전략개발 프로세스 2) 전략목표
	2. 전략의 전개	45	1) 실행계획 개발과 전개 2) 성과 추정
III. 고객과 시장 중시 (85)	1. 고객과 시장 지식	40	1) 고객과 시장 지식
	2. 고객관계와 고객만족	45	1) 고객관계 구축 2) 고객만족 관리
IV. 측정, 분석 및 지식경영 (90)	1. 측정 분석 및 조직 성과의 개선	45	1) 성과의 측정 2) 성과의 분석, 검토 및 개선
	2. 정보, 정보기술 및 지식의 관리	45	1) 정보자원의 관리 2) 데이터, 정보 및 지식의 관리
V. 인적자원 중시 (85)	1. 인적자원 관리 체계	45	1) 인적자원 충실화 2) 인적자원 개발 3) 인적자원 헌신의 평가
	2. 인적자원 복지와 근무환경	40	1) 인적자원 잠재력와 수용능력 2) 근무환경
VI. 프로세스 관리 (85)	1. 업무시스템 설계	40	1) 핵심역량 2) 업무스로세스 설계 3) 긴급사태 대비
	2. 업무프로세스 관리와 개선	45	1) 업무프로세스 관리 2) 업무프로세스 개선
VII. 경영성과 (450)	1. 제품과 서비스 성과	100	1) 제품과 서비스의 성과수준과 경향
	2. 고객중시 성과	70	1) 고객중시 성과의 수준과 경향
	3. 재무와 마케팅 성과	70	1) 재무와 마케팅 성과의 수준과 경향
	4. 인적자원 중시 성과	70	1) 인적자원 중시 성과의 수준과 경향
	5. 프로세스 성과	70	1) 프로세스 효과성 성과의 수준과 경향
	6. 리더십 성과	70	1) 리더십과 사회적 책임 성과의 수준과 경향

자료 : 한국표준협회(2011).

한국서비스품질지수

한국 표준협회와 서울대학교 경영연구소가 국내 서비스 산업과 고객 특성을 반영하여 공동 개발한 서비스 산업의 품질에 대한 소비자의 만족 정도를 나타내는 종합지표이다. 모든 서비스 산업의 질 수준은 매년 정기적으로 조사, 발표되고 있는 국가 및 전 산업의 통일된 지표로서 기업 서비스 품질 진단 및 개선전략을 위해 활용가능하다.

측정모델은 다음과 같다.

• **측정모델**

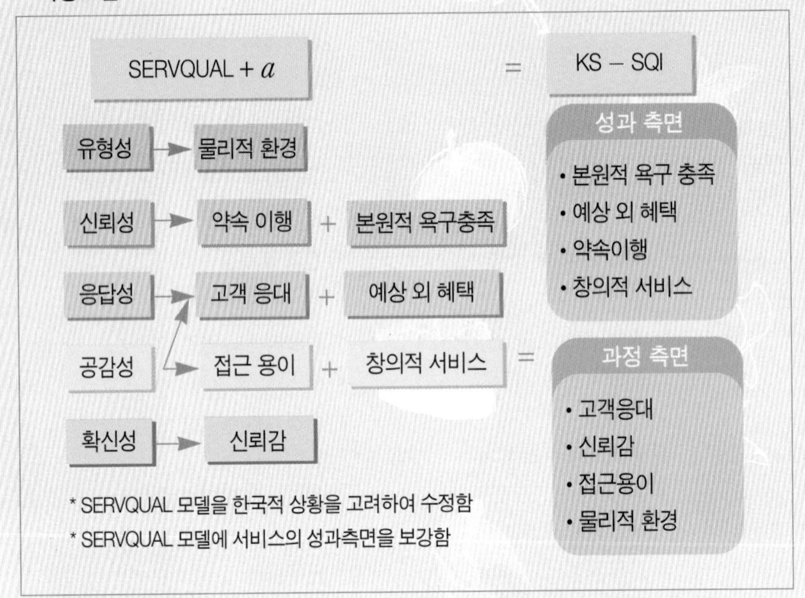

2010년 한국 서비스품질지수 조사결과 외식기업 중 1위를 수상한 기업은 패밀리레스토랑은 「아웃백」과 「TGIF」, 패스트푸드는 「KFC」, 제과점은 「뚜레주르」, 커피전문점은 「커피 빈」이었다.

3) 외식 품질평가도구 개발

최근 들어 외식기업들은 품질관리의 중요성에 관심을 갖고 품질관리를 위한 다양한 도구와 방법들을 개발하여 적용하고 있다. 하지만, 품질관리수준을 지속적으로 향상시키기 위해서는 전사적 품질경영 평가도구를 개발하여 운영평가를 수행해야 한다.

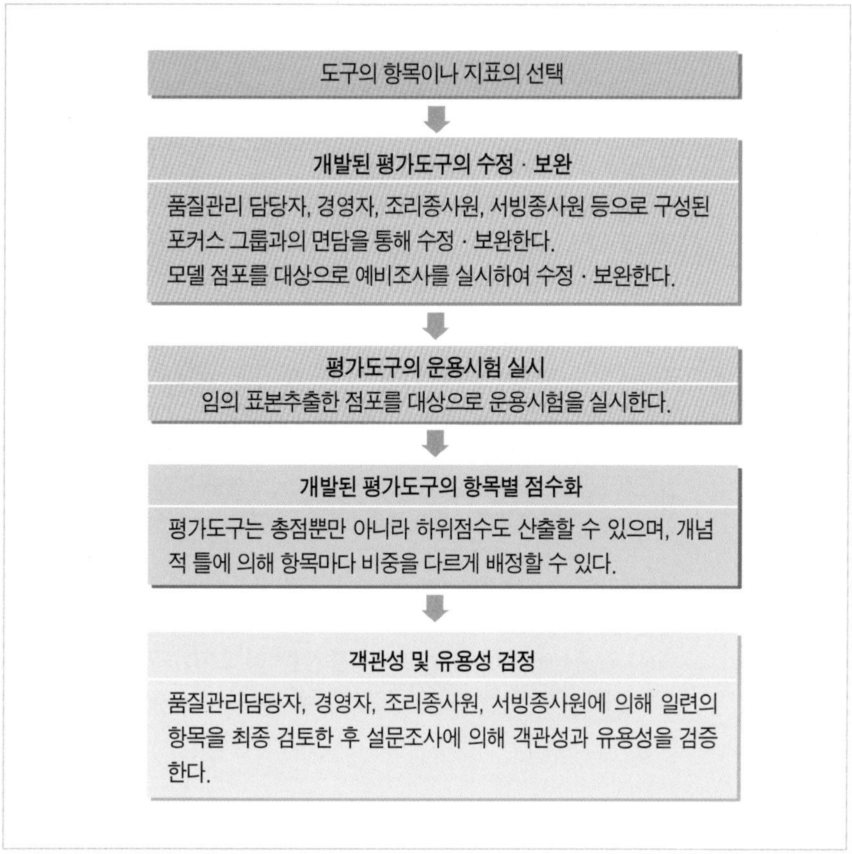

도구의 항목이나 지표의 선택

개발된 평가도구의 수정 · 보완

품질관리 담당자, 경영자, 조리종사원, 서빙종사원 등으로 구성된 포커스 그룹과의 면담을 통해 수정 · 보완한다.
모델 점포를 대상으로 예비조사를 실시하여 수정 · 보완한다.

평가도구의 운용시험 실시

임의 표본추출한 점포를 대상으로 운용시험을 실시한다.

개발된 평가도구의 항목별 점수화

평가도구는 총점뿐만 아니라 하위점수도 산출할 수 있으며, 개념적 틀에 의해 항목마다 비중을 다르게 배정할 수 있다.

객관성 및 유용성 검정

품질관리담당자, 경영자, 조리종사원, 서빙종사원에 의해 일련의 항목을 최종 검토한 후 설문조사에 의해 객관성과 유용성을 검증한다.

그림 7-2
품질 평가도구 개발 과정

외식 품질평가의 구성요소는 경영관리 측면과 고객관리 측면의 두 가지 측면으로 구분할 수 있다. 경영관리 측면으로는 외식점포의 전반적 관리체계 및 운영실태, 식자재 구매관리, 식단관리, 생산관리, 재무관리, 인사관리, 시설 · 설비관리, 정보관리, 안전 및 쓰레기관리, 위생관리의 8가지 평가요소로 구분하여 평가한다.

고객관리 측면으로는 고객의 외식 이용실태를 파악하고, 외식서비스 품질 특성을 음식, 메뉴, 가격, 분위기, 위생, 종업원 태도, 식당시설, 편리성의 8개 영역으로 구분하여 고객의 만족도를 평가하고 중요도와 수행도를 분석한다. 외식기업에서 품질 평가도구를 개발하는 과정을 그림 7-2와 같으며, 외식기업은 품질평가도구를 개발함으로써 본사, 점포, 고객의 세 가지 측면에서 효율적인 관리체계를 기대할 수 있다(표 7-9).

표 7-7 외식 품질 평가도구의 기대효과

구 분	기대효과
본 사	• 운영 전반에 관한 표준지침을 마련하여 최상위 수준으로 향상시키고자 하는 목표를 수립할 수 있다. • 점포별 경영관리수준의 척도화가 가능하다. • 점포별 평가 결과의 갭(gap)을 도출하여 벤치마킹(bench-marking) 기법을 시행할 수 있다. • 운영평가를 수행함으로써 경영상의 문제점을 진단하고, 개선방안을 제시할 수 있다.
점 포	• 본사 외부진단에 대비하여 점포별로 외식경영평가를 시행함으로써 업장의 전반적인 관리수준을 향상시키는 계기를 마련할 수 있다. • 본사로부터의 외부 평가에 대비하여 내부인력의 결속을 강화시킬 수 있고, 점포의 품질향상을 위한 관리활동을 능동적으로 수행할 수 있다. • 점포별로 종업원을 위한 교육 및 훈련의 유용한 자료가 될 수 있다.
고 객	• 품질관리평가도구를 통하여 최상위 수준의 관리를 시행함으로써 고객만족도를 높일 수 있다. • 외식기업 중심에서 고객중심으로 사고를 전환하여 고객의 의견과 불만을 반영함으로써, 외식기업에 대한 고객의 신뢰도를 높인다.

표 7-8 외식점포의 품질평가도구의 예

관리구분	관리항목	측정방법	Rating	가중치
매출관리	매출목표달성율	매출액 / 매출목표	3.0	10
	매출액 증가율	당기 매출액/전년 등기 매출액	3.0	20
이익관리	매출대비 총이익	당기 총이익 / 당기 매출액	3.0	10
	세전이익 금액	세전 이익(총이익－RENT－본부비)	3.0	10
원가관리	원재료 비율	투입 원재료비 / 매출액	3.0	5
	인건비 비율	인건비 금액 / 매출액	3.0	5
인사관리	교육	교육 횟수	3.0	5
	정기미팅	정기미팅 횟수	3.0	5
	퇴직율	퇴직인원/급여인원	3.0	5
서비스관리	점포점검	점포 점검 결과(점수)	3.0	10
참여도	행사 참석율	전사적 행사 참석률(건강진단, 체육대회, 야유회 등)	3.0	5
	판매촉진 성과	마케팅 판매촉진성과	3.0	5
안전관리	안전사고율	사고 건수/월평균 급여인원수	3.0	5
	합 계			100

참고문헌

방진식(2000). "우리나라 와인수요예측에 관한 연구". 경기대학교 관광전문대학원 석사학위 논문.
양일선 외(2008). 단체급식. 교문사
양일선 외(2008). 급식경영학. 교문사.
이상범 · 류준호(2007). 현대 생산운영관리. 명경사.
이유재(2008). 서비스 마케팅. 학현사.

Bounds, G, Yorks L., Adams, M. & Ranney, G.(1994). *Beyond Total Quality Management.* McGraw-Hill, Inc.
Hurdick, R.G, Render, B, & Puse, R.S.l(1990). *Service Operation management.* Allyn and Bacon.
Lundberg, D.E. & Walker, J.R.(1993). *The Restaurant From Concept to Operation,* John Wiley&Sons, Inc.
Mill, R.C.(1989). *Managing for productivity in the hospitality mdustry.* van nostrand reinhold, NewYork.
National Institute of Standards and Technology ; http://www.quality.nist.gov
Spears, M.C. & Gregoire, M.B.(2000). *Foodservice Organizations,* Prentice Hall.
Stevenson, W.J.(1993). *Production/Operations management.* Irwin, inc.
Tenner, A.R. & Detoro, I.J.(1992). *Total Quality Management,* Addison-Wesley Publishing Company.
Walker, J.R.(1996). *Introduction to Hospitality.* Prentice Hall.

한국표준협회 홈페이지 : http://www.ksa.or.kr
한국서비스품질지수 홈페이지 : http://www.servqual.or.kr

Chapter 8
외식마케팅

고객에게 어떻게 접근할 것인가?

1. 외식마케팅의 개념
2. 외식마케팅의 기본요소
3. 외식마케팅 믹스
4. 외식마케팅의 관리체계

Chapter 8 외식마케팅

학습목표

1. 외식마케팅의 정의와 개념 변화를 이해한다.
2. 외식마케팅의 기본요소인 필요, 요구와 수요, 제품 및 품질, 고객가치 및 고객만족, 교환, 거래 및 관계, 시장의 의미를 파악한다.
3. 외식마케팅 믹스인 제품, 가격, 유통, 판매촉진에 대해 이해한다.
4. 외식기업에서의 고객행동 및 마케팅 조사과정을 파악한다.

1. 외식마케팅의 개념

1) 외식마케팅의 정의

한국마케팅학회는 마케팅(marketing)을 '개인적이거나 조직적인 목표를 충족시키기 위한 교환을 창출하기 위해 아이디어, 제품, 서비스의 개념 정립, 가격 결정, 판매촉진 등 유통을 계획하고 집행하는 과정' 으로 정의하고 있다. 즉, 마케팅은 가치가 있는 제품과 서비스를 창조하고, 제공하며 자유롭게 교환함으로써 개인과 집단이 요구하고 필요로 하는 것을 획득할 수 있도록 하는 사회적 과정이라 할 수 있다. 마케팅의 특징은 다음과 같다.

- 마케팅은 고객으로부터 출발하여 최종적으로 고객에게 이르게 되는 순환적 과정이다.
- 팔리는 제품을 만드는 것, 즉 고객이 원하는 제품에 우선을 둔다.
- 소비자 지향적, 즉 고객 욕구의 충족을 통하여 이윤을 추구한다.

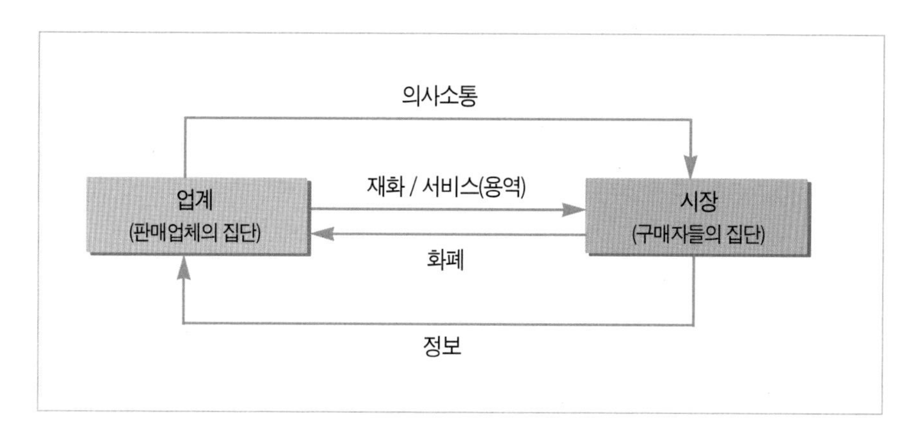

그림 8-1 마케팅 시스템

- 마케팅의 주체는 기업경영자이다. 따라서 마케팅은 기업경영자의 의사결정과 전략의 결과이고, 관리활동을 통하여 발전되는 것이다.
- 마케팅은 시스템적 개념이다. 즉, 단순한 판매활동의 조합이 아니라, 여러 가지 기업활동이 상호작용에 의해서 통합된 결과이다.
- 마케팅은 기업의 경영철학이며 개념이다.

2) 외식마케팅의 개념 변화

기업들의 마케팅활동 개념은 시대가 변화하면서 생산지향적, 제품지향적, 판매지향적, 고객지향적으로 점차 변화되어 왔다.

(1) 생산지향적 개념

생산(production)지향적 개념은 고객들이 가격이 낮고 폭넓게 이용할 수 있는 제품을 선호한다는 것으로 가장 오래된 개념이다. 생산지향적 개념에서는 효율성이 높은 생산과 광범위한 유통범위를 강조하였다.

(2) 제품지향적 개념

제품(product)지향적 개념은 고객들이 최고의 품질을 제공하는 제품을 선호한다는 개념이다. 제품지향적 개념에서는 좋은 제품을 생산하고 계속적인 제품의 질을 개선하는 데 노력을 기울인다.

(3) 판매지향적 개념

판매(selling)지향적 개념은 고객이 제품을 많이 구입하도록 기업이 적극적인 판매 및 촉진활동을 해야 한다는 개념이다. 이러한 판매지향적 개념하에서 기업들은 적극적인 광고를 통해서 생산된 제품을 판매하는 데 모든 노력을 기울이게 된다. 이 개념은 구매자 중심이기 보다는 판매자 중심의 시장개념에 따라 판매 자체가 목적일 뿐 고객의 구매 후 만족 여부에는 관심을 소홀히 하기 쉽다.

(4) 고객지향적 개념

고객(customer)지향적 개념은 기업의 목표 달성 여부가 고객의 욕구를 파악하고 고객만족을 위한 활동을 얼마나 효과적이고 효율적으로 수행하느냐에 달려 있다는 개념이다. 개념이 나타난 배경은 고객의 교육수준 및 소득수준의 상승, 고객욕구의 다양화 및 이질화, 공급과잉, 경쟁의 심화, 대량생산제품에 대한 구매저항의 심화 등을 들 수 있다. 이 개념은 고객들의 필요와 욕구의 차이에 따라 시장을 분류하고, 고객은 그들의 요구에 가장 잘 부합하는 제품을 선호하며, 기업들은 표적시장의 필요와 요구를 잘 충족시킴으로써 이익과 성장을 얻을 수 있다는 가정하에서 전개된다.

2. 외식마케팅의 기본요소

1) 필요, 요구 및 수요

필요(needs)는 기본적인 인간의 욕구를 말하는데, 사람은 생존하기 위해 공기, 물, 음식, 의복 및 주거지를 필요로 한다. 요구(wants)는 인간의 욕구가 문화와 개인의 개성에 의해 변형된 형태이다. 예를 들어 음식을 필요로 하는 욕구에 의해 한국인은 불고기나 김치를 요구하고, 미국은 햄버거나 콜라를 요구한다. 수요(demands)는 특별한 제품에 대해 지불할 수 있는 능력이 되는 사람의 많고 적음을 의미한다.

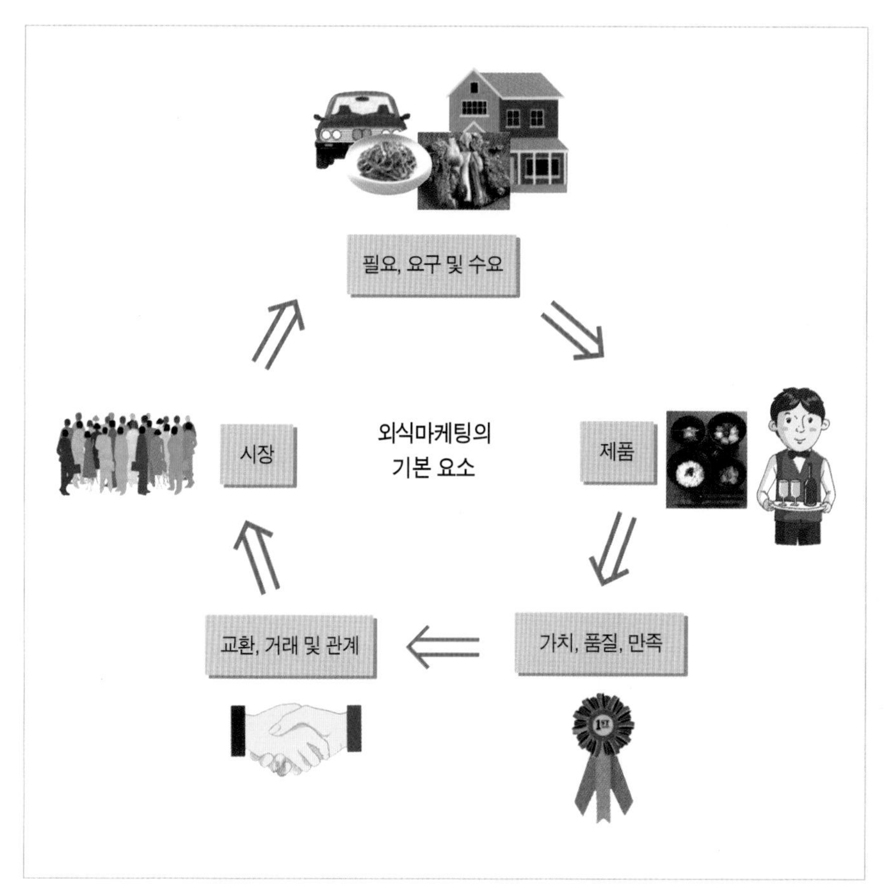

그림 8-2
외식마케팅의 기본요소

2) 제품 및 품질

제품(product)은 고객의 소비를 목적으로 시장에 제공되어 고객의 필요나 요구를 충족시킬 수 있는 물리적 및 서비스적인 것으로 사람, 장소, 조직, 활동 및 아이디어 등을 포함된다. 외식기업에서의 제품은 고객에게 제공되는 음식 및 서비스를 말한다.

품질(quality)은 제품이나 서비스의 총체적인 특성으로 고객의 가치 및 만족과 밀접한 관련이 있다.

3) 고객의 가치 및 고객만족

고객의 가치(customer value)는 음식 및 서비스의 소유나 사용으로부터 고객이 얻을 수 있는 편익(benefit)과 그 음식 및 서비스를 얻기 위해서 지불한 비용간의 차이를 말한다. 고객만족(customer satisfaction)은 외식점포에서의 음식과 서비스 등의 수행(performance) 정도와 고객의 기대(expectation)수준을 비교하여 고객이 느끼게 되는 감정이다. 고객은 음식과 서비스의 수행이 기대 이상인 경우에는 만족을 느끼게 되고 기대이하인 경우에는 불만족을 느끼게 된다.

최근 관심이 증가되고 있는 고객충성도(customer royalty)는 고객들이 얼마나 그 외식기업 및 점포를 다시 이용하고 싶은지를 측정하는 것이다. 고객충성도를 구축하기 위해서는 고객의 만족 이상이어야 하며, 만족한 고객이 충성고객이 되지 않을 수도 있다. 그러므로 외식경영자 및 종사원들은 충성고객이 될 수 있는 고객을 찾아 경쟁 외식기업 및 점포보다 더 많은 가치를 주어야 한다.

고객의 불평 해결은 고객 유지에 매우 중요하다. 고객의 불평은 가능한 신속히 해결되어야 고객유지가 높아진다. 불평 해결 시 중요한 것은 대다수의 고객은 불평을 말하거나, 외식경영자 및 종사원이 불평을 처리할 기회를 주기보다는 외식점포에 대한 재방문을 하지 않는다는 것이다. 그러므로 외식경영자는 고객의 불평을 찾아내는 데 노력을 기울여야 한다.

담당자 : ○○○ 점장 : ○○○ 날짜 : 2004-11-01

표 8-1

외식기업의 고객 불평 해결 점검표

목적(objective)	임무(task)	과제의 진도(status)
고객 불평의 50%를 줄인다.	1. 지난 해 고객 불평을 분석하여 피드백한다. 2. 매월 고객 불평을 분석하여 피드백한다. 3. 음식의 이물질 발생사례를 분석하여 피드백한다. 4. 고객응대 요령을 매 교대 시 역할 연기한다. 5. 서비스과정에서 잘못된 사례와 잘한 사례를 찾아낸다. 6. 직무수행 전 웃는 연습을 5분간 실시한다.	2001년 1월 고객 만 명당 18명 (직원의 태도가 70%임)

4) 교환, 거래 및 관계

교환(exchange)은 상대방에게 대가를 제공하고 원하는 것을 획득하는 행동을 말한다. 교환이 이루어지기 위해서는 두 사람의 당사자가 존재해야 하며 각 당사자는 가치있는 것을 가지고 상대방과 거래하기를 원해야 한다. 또한 각 당사자는 상대방과 의사소통을 할 수 있고 자신의 의사를 상대방에게 전달할 수 있어야 한다.

거래(transaction)는 쌍방간의 가치교환으로 구성되며, 거래가 성립되기 위해서는 2개의 가치 있는 것, 합의 조건, 시간, 장소 등이 필요하다.

관계(relationship)는 좋은 관계를 강화하면 거래이익이 뒤따라 온다는 가정하에 이루어진다. 현명한 마케팅 관리자는 개별거래의 이익을 극대화하기 보다는 가치있는 고객, 유통업자 및 공급업자와의 관계를 강화하기 위하여 노력한다.

관계마케팅(relationship marketing)은 고객과의 확고한 관계를 구축, 유지하고 강화하는 것을 말한다. 관계마케팅은 전통적인 마케팅에 비해 외식기업의 모든 종사원이 고객 유지를 위해 고객과 장기적이고 지속적으로 접촉하며 고객 기대도의 충족을 중요시하고 품질에 대해 관심을 기울인다.

5) 시 장

시장(market)은 어떤 제품에 대한 실제적 또는 잠재적 구매자의 집합으로 제품, 서비스 등을 둘러싸고 성장한다.

3. 외식마케팅 믹스

마케팅 믹스(marketing mix)는 외식기업이 표적시장에서 마케팅 목표를 추구하는 데 사용하는 도구의 집합을 의미한다. 외식마케팅의 4P는 제품(product), 가격(price), 유통경로(place) 및 판매촉진(promotion)으로 구성된다(그림 8-3). 확장된 마케팅 믹스는 사람(people), 물리적 증거(physical evidence), 과정(process)을 포함한다.

1) 제 품

제품(product)이란 고객의 필요와 요구를 충족시킬 수 있는 제공물이다. 넓은 의미의 제품은 외식기업 및 점포의 음식 및 서비스, 상표, 포장, 점포의 분위기까지도 포함한다.

외식경영자는 새로운 제품을 도입한 후 제품의 수명이 길고 수익이 높기를 기대한다. 그러나 대부분의 제품전략은 제품의 수명주기(product life cycle)를 거치면서 변화하는 시장과 환경조건에 의해 변경된다.

제품의 수명주기는 제품개발 도입기, 성장기, 성숙기, 쇠퇴기를 거친다. 제품개발(product development)단계는 외식기업이 신제품 아이디어를 찾아내어 개발하는 시기이다. 도입기(introduction)는 신제품을 소개함으로써 매출이 서서히 증가하는 시기로 이 단계에서는 제품 도입에 소요되는 비용의 지출이 높아서 이익이 발생하지 않는다. 성장기(growth)에는 신제품이 시장에서 급속히 수용되기 시작하고 매출액과 이익이 지속적으로 상승한다. 성숙기(maturity)에는 제품이

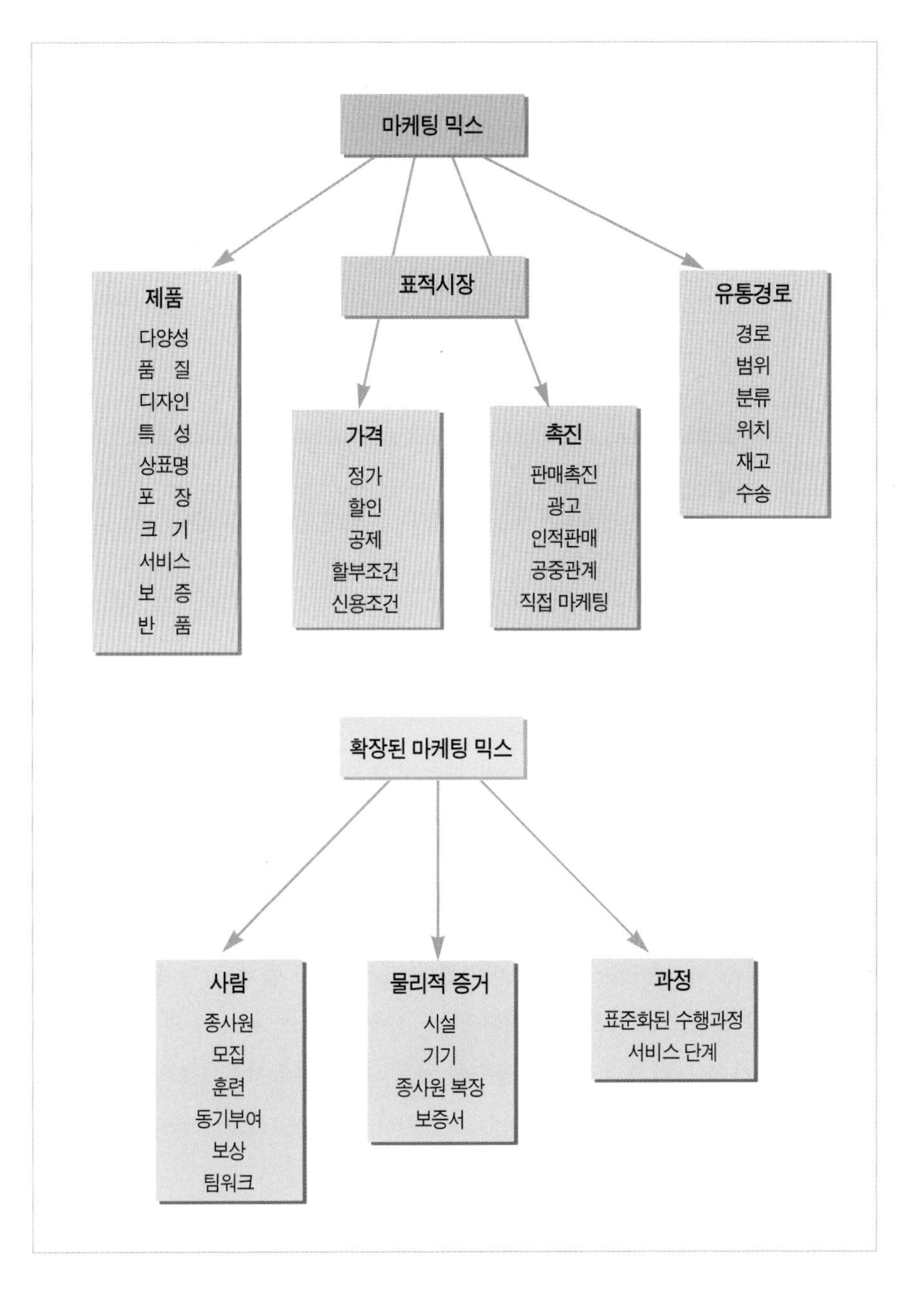

그림 8-3
외식마케팅 믹스

대부분 고객에게 수용됨으로써 매출성장률이 둔화되며 경쟁에 대응하기 위해서 마케팅 비용이 높아지고 이익이 감소하기 시작한다. 쇠퇴기(decline)는 매출액이 급격히 하락하여 이익이 감소되는 시기이다.

최근에는 제품이 브랜드(brand)로 고객에게 표현되는데, 브랜드는 이름, 용

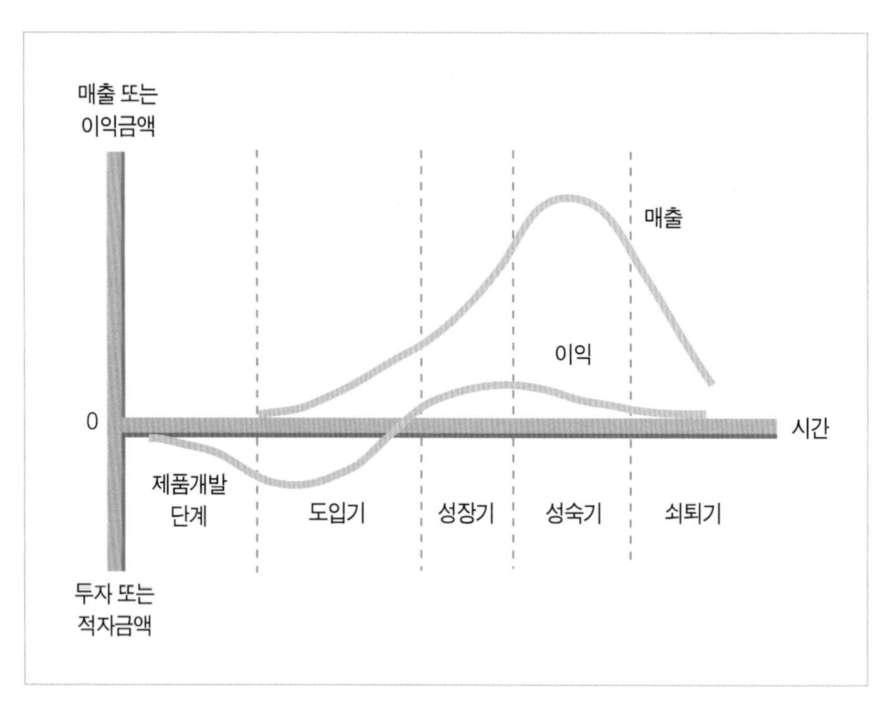

그림 8-4
품질평가도구 개발 과정

어, 상징(symbol), 디자인 등의 요소를 포함하고 있고, 경쟁 외식기업의 점포로부터 음식 및 서비스를 구별하게 된다.

브랜드명을 설정할 때는 외식기업 및 점포에서 제공되는 음식 및 서비스가 가격대비 최고의 가치를 갖고 브랜드에 의해 쉽게 구별되어야 함을 인식해야 한다. 브랜드명은 피자헛(pizza hut), 버거킹(burger king) 등과 같이 음식과 서비스의 특성 및 품질을 포함하고 있어야 한다. 또한 웬디스, KFC 등과 같이 발음, 식별이 용이하며 기억하기 쉽고 짧을수록 좋다. 향후 외국시장으로의 진출을 고려하는 외식기업의 브랜드명은 외국어로 번역하기가 용이하고 등록이 가능하며 법률상의 보호를 받을 수 있어야 한다.

2) 가 격

가격(price)은 제품을 획득하기 위해 고객이 지불해야 할 금액을 의미한다. 외식기업에서는 목표 가격, 수요, 원가, 경쟁제품의 가격 등을 지속적으로 분석하여 가격을 책정한다.

가격 결정시 고려해야 할 요인으로는 기업의 마케팅 목표, 마케팅 믹스 전략, 제비용, 조직 등의 내부적 요인과 시장의 특성, 수요, 경쟁 및 환경적 제약 등의 외부적 요인을 들 수 있다.

내부적 요인에 대해 세부적으로 살펴보면, 기업의 목표가 명확할수록 가격결정은 용이하다. 가격은 마케팅믹스 요소 중 하나이지만 일관되고 효과적인 마케팅프로그램을 만들기 위하여 가격은 제품설계, 유통 및 촉진에 관한 의사결정과 원만하게 조정되어야 한다. 비용은 기업이 제품에 부과할 수 있는 가격의 근거를 제공하며 가격은 비용 외에 수익까지 포함하게 된다.

기업은 여러 가지 방법으로 가격을 결정하고 있으며 규모가 작은 기업에서는 최고경영자층이 결정하는 경우가 많다. 반면에 대기업에서는 경영지침하에 가격을 사업부나 지역 책임경영자, 단위별 책임경영자에 의해 결정하는 것이 전형적이다.

고기 비비큐의 트위터

고기 비비큐(kogi BBQ)는 한국식 타코를 판매하며 트위터(twitter)로 세계적인 유명세를 탄 이동 트럭 음식점이다. 고기 비비큐는 한자리에 정착하기 보다이동하기 편리한 트럭의 장점을 이용해 장소를 옮겨 가며 장사를 하기 시작했는데, 여기에 트위터가 활용되었다.

트위터를 통해 트럭의 이동 시간과 위치를 고객들에게 미리 알림으로 다음 행선지 근처에 있는 고객들을 트위터를 보고 모이게 한다. 트위터를 본 팔로워(followers)들은 이동 음식점을 쉽게 찾을 수가 있었고 이 위치를 또한 자신들의 주변사람들에게도 알리며 홍보를 대신해 주기도 한다. 매번 행선지에는 많은 손님들로 붐비게 되었고, 이처럼 고기 비비큐는 특별한 광고나 홍보 없이 트럭 한 대와 트위터로 큰 성공을 거뒀다.

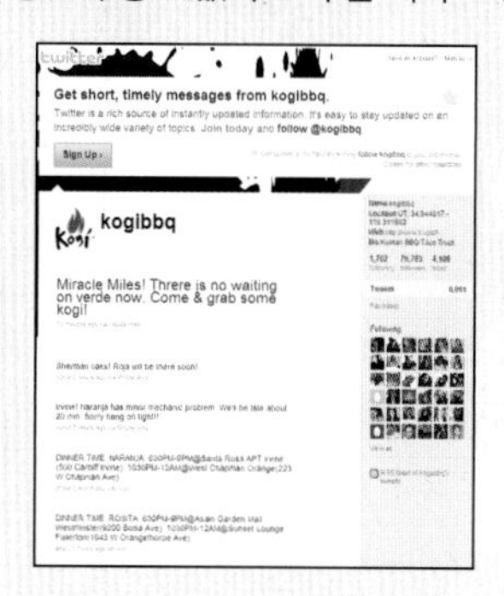

자료 : 고기비비큐(http://kogibbq.com), 위키피디아(http://en.wikipedia.org).

3) 유 통

유통은 생산자에서 고객까지 제품이 거치는 과정을 의미한다. 외식기업의 마케팅에서의 유통은 유통경로를 종합적으로 관리하여 제품의 흐름과 더불어 수요를 자극하고 정보를 수집하여 전달하는 등의 활동을 포함한다.

유통경로는 경로단계의 수에 따라 다양하며, 외식기업 및 점포에서 음식 및 서비스를 최종 고객에게 제공하기 위해 업무를 수행하는 각 단계를 유통단계(channel level)라고 한다.

외식기업 및 점포는 제조업자로부터 직접 또는 도매업, 중매인을 거쳐 식자재를 구입하여 생산한 음식 및 서비스를 최종 고객에게 전달한다.

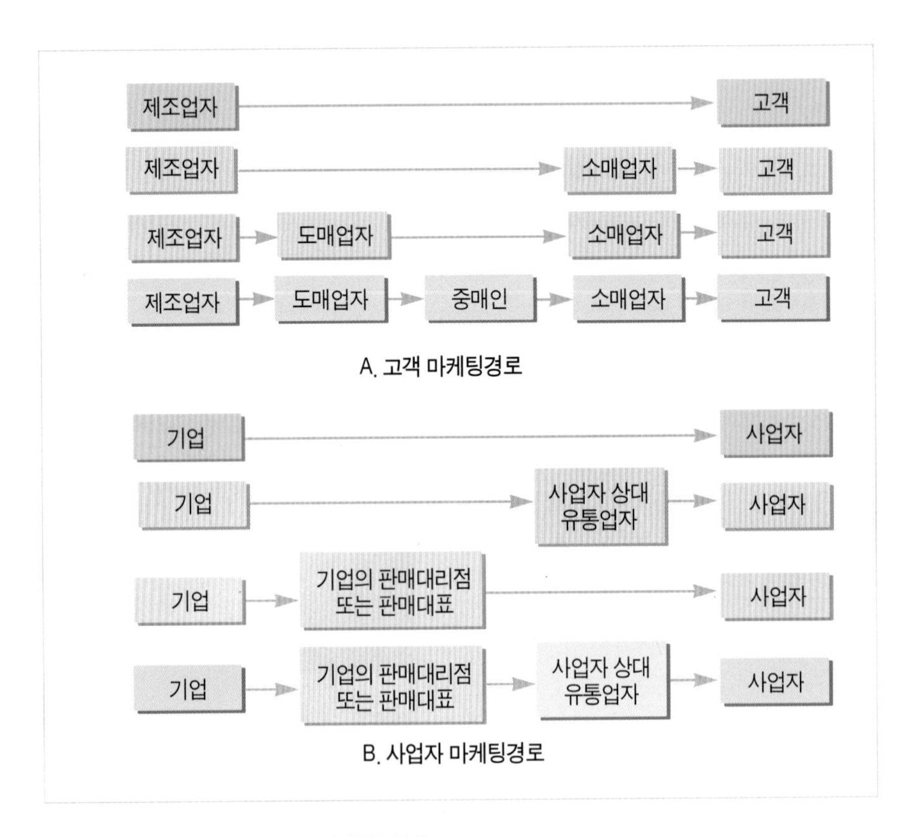

그림 8-5 마케팅 유통경로

4) 판매촉진

판매촉진(promotion)은 다양한 방법을 통해 제품의 정보를 고객에게 알리고 제품의 구매를 설득하기 위한 일련의 활동이다.

외식기업의 판매촉진믹스(promotion mix)는 마케팅목표 달성을 위한 판매촉진수단으로서 TV, 라디오, 잡지 등에 의한 광고(advertising), 매출촉진(sales promotion), PR(Public Relations)과 인적판매(personal selling)의 판매촉진믹스(promotion mix)가 존재한다.

첫째, 광고(advertising)는 아이디어, 제품, 또는 서비스에 관한 제시와 홍보에 대해 광고주가 비용을 지불하는 모든 형태를 가리키는데 TV, 라디오, 신문, 잡지, 전자메일, 옥외광고 등이 주요 매체가 된다. 둘째, 매출촉진(sales promotion)은 제품 또는 서비스의 구매를 촉진하기 위한 단기적 자극수단을 말한다. 셋째, PR(public relations)은 기업의 관련된 대중들에게 양호한 평판을 얻음으로써 바람직한 관계를 구축하고 좋은 기업이미지를 개발하는 것을 가리킨다. 넷째, 인적판매(personal selling)는 판매를 목적으로 1명 또는 그 이상의 잠재고객과의 대화를 통해 구두(oral)로 상호소통하는 것을 말한다.

그림 8-6 외식기업의 판매촉진수단의 예

표 8-2 고객대상 판매촉진 수단

수 단	내 용
샘플	제품을 시험적으로 사용할 수 있는 양을 제공하는 것으로 신제품을 소개하거나 기존제품에 새로운 자극을 만들어 내는데 가장 효과적인방법이다. 가정방문이나 우편으로 보내지며, 점포에서 제공되기도 하고, 다른 제품이나 광고물등에 끼워져 제공되기도 한다.
쿠폰	제품을 구매할 때 구매자에게 할인을 해주는 것으로, 우편으로 보내지거나, 다른 제품 속에 들어 있거나, 제품에 부착되며, 또는 잡지나 신문광고에 삽입될 수 있다. 신제품 초기구매를 촉진하거나 브랜드의 판매를 자극 할 수 있다.
현금 환불	구매하는 장소에서가 아니라 구매가 성사된 다음에 가격할인이 제공된다는 점을 제외하면 쿠폰과 비슷하다. 소비자가 제조회사에 구매와 관련된 서류를 보내면, 회사는 우편으로 구매한 금액 일부를 변환해 준다.
가격 패키지 (가격할인 판촉)	제품의 정상가격에서 할인을 제공하는 것으로 한 제품을 할인된 가격으로 판매하거나 또는 관계되는 두 제품을 묶어서 가격을 할인 할 수 있다. 가격할인 패키지는 단기적인 매출을 자극할 때 쿠폰보다 효과적일 수 있다.
프리미엄	제품의 구매를 유도하기 위한 인센티브로, 무료 또는 낮은 비용으로 제공되는 상품이다. 프리미엄은 패키지 안에 포함되거나, 패키지 밖에 따로 준비되거나 또는 메일로 전달될 수도 있다.
광고 판촉물 (판촉용 제품)	광고주의 이름, 로고, 메시지를 함께 찍어 고객에게 선물로 주는 유용한 물건이다. 전형적인 아이템은 티셔츠, 옷, 펜, 커피 머그잔, 캘린더, 열쇠고리, 마우스 패드, 성냥, 가방, 골프공 등이다.
단골고객 보상	회사의 제품이나 서비스의 정기적인 사용자에게 제공되는 현금이나 다른 형태의 보상이다. 예를 들어 항공사의 마일리지 포인트 프로그램이다.
구매시점 판촉	구매시점에서 제공되는 진열이나 시연을 포함한다.
콘테스트	소비자에게 신청서를 제출할 것을 요구하고, 심사단이 신청서를 평가하여 가장 우수한 것을 선정한다.
추첨	소비자에게서 이름을 받아 상금을 주기 위해 추첨하는 것.
게임	소비자가 물건을 구매할 때 마다 빙고숫자, 누락된 글자등을 주고 알아 맞추게 하여, 상금을 타게 하기도 한다.

자료 : principles of Marketing 13th, Philip Kotler(2009).

외식업계의 스마트폰을 활용한 애플리케이션(Application) 마케팅

스마트폰 시장이 폭발적인 성장을 하면서 외식기업들도 스마트폰을 활용한 모바일 마케팅에 전력을 기울이고 있다. 2011년까지 스마트폰 가입자 수는 1,700만 명에 달할 것으로 분석하고 있다. 스마트폰을 활용한 애플리케이션(Application, 어플, 앱) 마케팅은 시간과 장소에 구애받지 않고 개인의 성향에 맞는 서비스를 제공할 수 있다는 점에서 타깃 고객의 참여를 보다 쉽게 유도할 수 있다.

외식업계에서 애플리케이션 마케팅에 가장 적극적인 기업은 'CJ푸드빌' 이다. 현재 「투썸플레이스」, 「콜드스톤」, 「빕스」의 3개 브랜드 애플리케이션을 론칭하고 다양한 정보 및 이벤트 등을 제공하고 있다. 이밖에 「애슐리」와 「불고기브라더스」, 「도미노피자」 등도 활발한 앱 마케팅을 펼치고 있다. 외식업체들의 애플리케이션을 활용한 모바일 광고 캠페인과 마케팅이 점차 늘어날 전망이다.

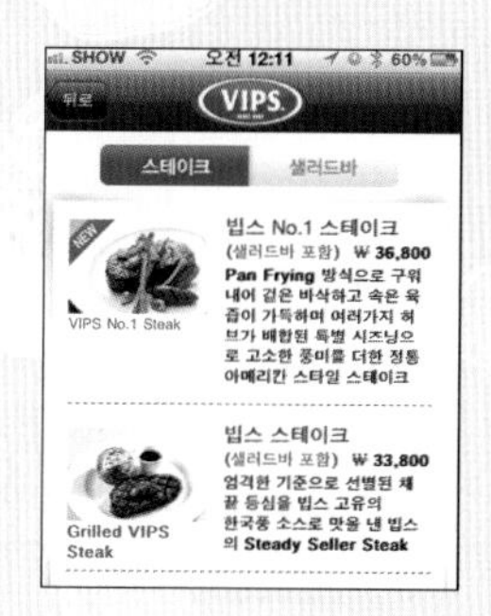

자료 : 월간식당(2010년 12월).

4. 외식마케팅의 관리체계

마케팅관리는 고객행동, 마케팅조사, 시장세분화 · 표적화 · 포지셔닝의 단계를 거친다. 고객행동 분석은 마케팅활동에 대한 고객의 반응, 고객의 요구를 결정하는 개인적, 심리적, 문화적, 사회적 요인을 파악하는 것을 말한다. 마케팅조사는 시장에 대한 심층정보를 수집하고 분석하는 것이다. 시장세분화 · 표적화 · 포지셔닝은 고객의 요구와 경쟁제품을 고려하여 시장을 세분화하는 것으로 세분시장 가운데 외식기업의 강점을 극대화할 수 있는 시장을 개발하는 표적마케팅 방법이다.

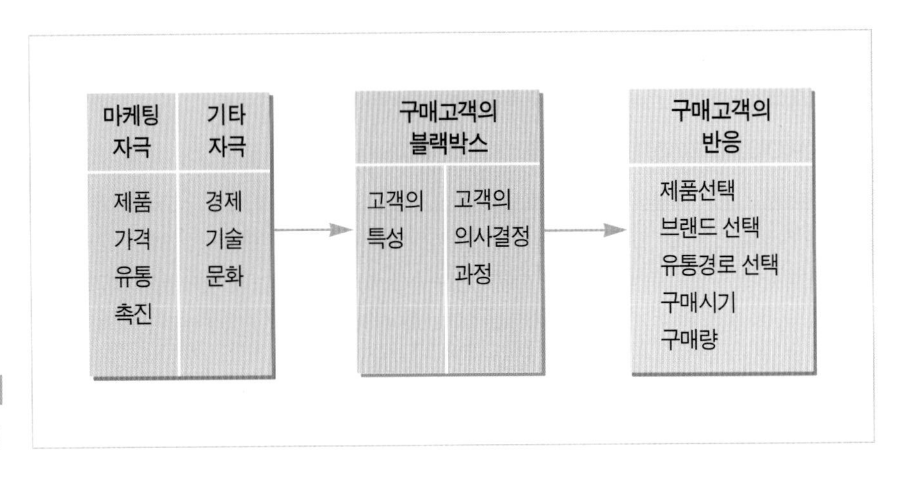

그림 8-7
고객행동모델

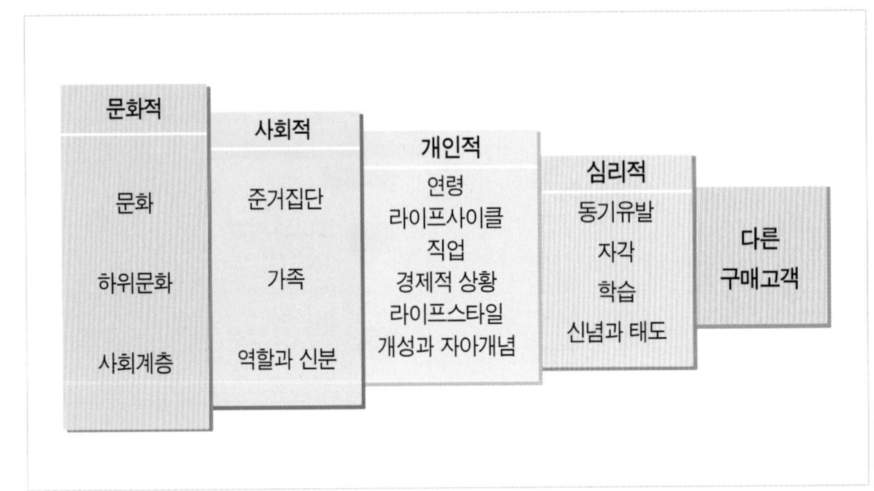

그림 8-8
고객행동에 영향을 미치는 요인

1) 고객행동

고객행동모델은 음식 및 서비스, 가격, 장소, 판매촉진의 마케팅 자극과 경제적, 기술적, 문화적 등의 자극에 의해 구매의 특성과 의사결정이 이루어진다. 구매고객의 반응은 음식 및 서비스의 선택, 브랜드 선택, 유통경로 선택, 고객구매시기, 구매량으로 나타난다(그림 8-7).

고객의 행동에 영향을 주는 요인은 문화적, 사회적, 개인적, 심리적 특성과 다른 구매고객 등이다(그림 8-8). 문화적 요인으로는 문화, 하위문화, 사회계이 사회적 요인으로는 준거집단, 가족, 사회에서의 역할과 신분 등이 해당된다. 개인적 요인으로는 연령, 라이프 사이클, 직업, 경제적 상황, 개성과 자아개념을 들 수 있고, 심리적 요인은 동기유발, 지각, 학습, 신념과 태도 등이다.

고객의 구매의사결정은 제안자, 영향자, 결정자, 구매자, 사용자 등에 의해 영향을 받는다. 제안자(initiator)는 외식점포의 음식 및 서비스의 구매를 가장 먼저 생각하거나 제안한 사람을 말한다. 예를 들면, '오늘 저녁 외식합시다' 라고 이야기 하는 사람을 말한다. 영향자(initiator)는 최종 의사결정 시에 그의 견해나 충고가 비중 있게 고려되는 사람으로 예를 들어 어린이 부페를 좋아하는 아이가 씨즐러(Sizzler)에 가는 데 큰 영향을 미치게 된다. 결정자(decider)는 최종적으로 구매의사결정을 하는 사람으로 즉 구매 여부, 구매 품목, 구매 방법, 구매 장소를 결정하는 사람을 말한다. 구매자(buyer)는 실제로 구매를 하는 사람으로 외식점포에서 비용을 지불하는 사람이다. 사용자(user)는 외식점포의 음식 및 서비스를 실제로 소비하거나 사용하는 사람으로 사용자의 만족도가 재방문 여부와 방문빈도에 영향을 미친다.

구매과정은 실제 구매 이전부터 시작하여 구매 이후에까지 이어지므로 구매의사 결정과정은 요구인식, 정보 탐색, 대안의 평가, 구매 결정 그리고 구매 후 행동의 다섯 단계로 구성된다(그림 8-9).

외식마케팅 관리자는 구매결정 자체보다는 전체적인 구매과정에 관심을 가져야 한다. 첫째, 요구인식은 구매자가 문제나 욕구를 인식하는 것으로부터 시작한다. 외식마케팅 관리자는 정보를 수집함으로써 제품에 관심을 불러일으킬 수 있는 자극을 식별하고 이에 대한 마케팅 프로그램을 개발해야 한다. 어떤 음식점을 지나갈 때 좋은 음식 냄새는 고객을 자극시킨다. 둘째, 정보탐색단계로 동기

그림 8-9
구매결정과정

유발된 고객은 많은 정보를 탐색하게 된다. 동기가 강력하고 만족할 만한 제품이 주위에 있는 경우 고객은 구매하게 된다. 고객은 개인적, 상업적, 공적 정보원을 통해 정보를 수집하며, TV 광고나 전단지를 통해 알게 된 음식점에 대해 다른 사람의 의견을 원하며, 상업적 정보원보다 개인적 정보원에 대한 신뢰가 크다. 개인적 정보원은 가족, 친구, 이웃, 친지 등으로 가장 영향력이 있다. 상업적 정보원은 광고, 판매원, 포장, 전시 등이며, 마케팅 관리자가 통제할 수 있다. 공적 정보원은 외식산업 관련 신문 및 잡지 기사, 고객평가조직 등이다. 셋째, 대안의 평가이다. 음식점을 선택할 때 음식과 서비스의 질, 분위기, 위치, 가격 등을 평가하며 이때 각 평가속성은 가중치를 달리하여 측정할 수 있다. 넷째, 구매결정으로 고객은 음식점의 순위를 매기고 구매의도를 결정한다. 구매의도는 타인의 태도와 상황에 따라 결정되며 다른 사람의 태도가 강할수록, 구매자의 의견에 가까울수록 더 많은 영향을 미친다. 또한, 가족의 수입, 기대가격, 기대되는 제품의 이점 등의 상황을 고려하여 구매를 결정한다. 다섯째, 구매 후 행동은 외식 마케팅에서 점점 중요해지고 있다. 구매 후 만족은 긍정적인 구전(word of mouth)효과를 가져와 불만족한 고객은 불평하면서 환불 또는 교환을 요구하거나, 고객만족을 지원하는 조직 및 기관에 불평을 제기하거나 다른 사람에게 제품에 대한 부정적 구전을 할 수도 있다.

2) 마케팅조사

마케팅조사(marketing research)는 마케팅 기회와 문제를 식별하고 성과를 감시 및 평가하며 그 시사점을 경영층에게 보고하는 일련의 과정을 말한다. 마케팅조사 담당자는 시장 잠재력의 측정, 시장점유율 분석, 시장 특성의 결정, 판매분석, 동향 파악, 장단기 예측, 경쟁 제품 연구, 기존 제품 테스트 등의 활동을 담당한다. 외식기업은 마케팅 담당자를 채용하거나 외부기관에 용역을 주어 마케팅조사를 실시하고 있다.

마케팅조사 과정은 문제와 조사목적의 결정, 조사계획의 개발, 조사계획의 실행, 조사결과의 해석과 보고 등의 4단계로 구성된다.

표 8-3 외식기업의 마케팅 조사 방법

방 법	내 용
고객만족 조사	• 고객만족을 위한 마케팅 수행계획의 기초자료를 제공하기 위해 방문 고객을 대상으로 점포별, 월별, 시간별 만족도의 차이를 분석한다. 최근에는 인터넷상의 모바일(mobile)조사가 이용되고 있다.
미스터리 쇼퍼(mystery shopper) 조사	• 외식점포를 예고 없이 방문하고 평가하여 고객점검서비스(customer-contact service)에서의 강점 · 약점을 규명한다.
평가 제품	• 음식에 대한 전반적 고객만족도를 점검하고 중점적 개선사항을 도출하며 대상 고객별 개선사항. 즉, 재료별 맛과 양, 메뉴형 적합성, 예상가격 및 적정 가격 수준을 조사한다.
데이터베이스 마케팅(database marketing)	• 고객의 데이터베이스와 정보기술을 활용하여 고객의 개별적 요구를 규명한다. 회원 카드를 활용한 고객 데이터를 근거로 고객을 분류하고 필요한 대상별로 E-mail과 DM(direct mail)을 발송하고, 전자쿠폰(E-coupon)을 발행하여 고객의 재방문과 객단가 증가를 유도한다.
고객 불평관리(complant manager)	• 고객의 불평사항과 서비스 전달시 문제점을 규명한다. 점포 방문시 식사 테이블 위에 비치된 고객 불평카드, 점포입구의 고객의 의견함, 외식기업 홈페이지상의 고객의 의견란을 활용할 수 있다.
고객 패널(panel) 조사	• 고객의 변화하는 요구를 규명하고 고객의 새로운 아이디어와 제안을 제공받고자 할 때 적용한다. • 외식기업이 사이버 마케터(cyber marketer)를 활용하여 광고제작, 신제품 평가, 소비자 조사를 참여하게 하여 고객의 의견을 반영하고 있다.

3) 표적마케팅

표적마케팅(target marketing)은 마케팅 활동에서 가장 중요한 부분으로 시장세분화, 시장표적화, 시장포지셔닝의 세 단계로 구성된다.

제1단계는 시장세분화인데 외식기업의 음식 및 서비스를 요구하는 고객을 구분하고 그 특징을 규명하며, 시장세분화의 기준을 선정하고 세분시장의 프로필을 개발한다. 제2단계인 시장표적화는 세분시장의 매력성을 측정하는 척도를 개발하고 표적세분시장을 선택하는 단계이다. 제3단계인 시장포지셔닝은 경쟁적 시장에서의 위치 설정과 적절한 마케팅 믹스를 개발하는 것이다.

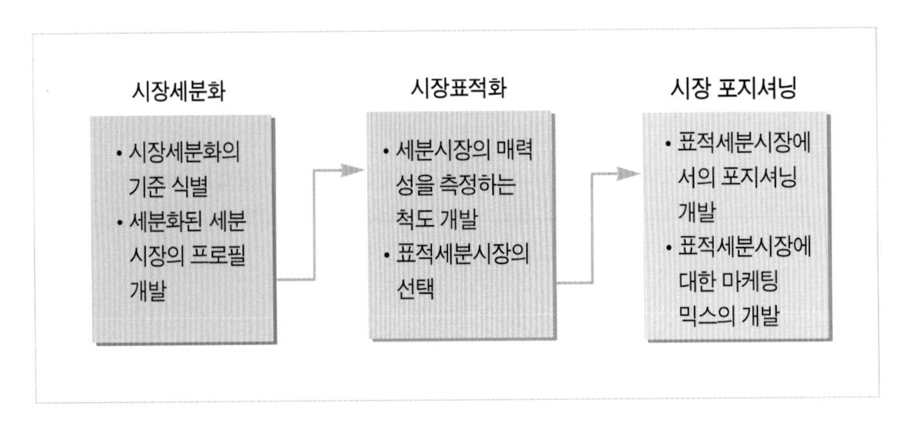

그림 8-10 표적 마케팅의 단계

참고문헌

박충환 외(2010). 시장지향적 마케팅관리. 박영사.

양일선 외(2008). 급식경영학. 교문사.

이유재(2008). 서비스마케팅. 학현사.

Philip Kotter, 2009. Princioles of Marketing 13th, Prentice Hall.

Churchill, G.A.(1995), *Marketing Research Methodologocal Foundations*. The Dryden Press.

Kotler, P., Bowen, J., & Makens, J.(1999), *Marketing for Hospitality and Tourism*. Prentice Hall.

Lundberg, D.E. & Walker, J.R.(1993), *The Restaurant From Concept to Operation*. John Wiley & Sons, Inc.

Rust, R.T., Zahorik, A.J., & Keiningham, T.L.(1996), *Service marketing*. Harper Collins.

Spears, M.C. & Gregoire M.B.(2004), *Foodservice Organizations,* Prentice Hall Marketing Management. Pearson Education.

Tom Powers(1990), *Marketing Hospitality*. John Wiley&Sons, Inc.

INTERNET

Part 3
외식자원관리

Chapter 9
외식 인적자원관리

인적자원을 어떻게 효율적 · 효과적으로 관리할 것인가?

1. 외식 인적자원관리의 이해
2. 외식 직무관리
3. 외식 고용관리
4. 외식 노사관계관리

Chapter 9

외식 인적자원관리

학습목표

1. 외식산업에서 인적자원관리의 중요성을 이해한다.
2. 외식기업 조직에서 각 직무에 대한 분석과 직무만족요인을 이해한다.
3. 종사원들의 고용관리에 필요한 세부내용을 숙지한다.
4. 노사 간의 관계에서 근본적인 문제점을 파악한다.

1. 외식 인적자원관리의 이해

1) 정의 및 의의

외식기업에서 고객만족이 더욱 중요해짐에 따라 매일 고객과 접촉하고 있는 종사원에 대한 관리가 더욱 강조되고 있다. 외식 인적자원관리란 외식기업의 목표달성을 위해 필요한 인적자원을 확보하고, 경쟁력 있는 인적자원을 효율적·효과적으로 개발하며, 종사원에게 맡은 직무(job)에 대한 만족을 제공함으로써 개발된 능력을 유지·발전시키려는 의도를 내포한 경영활동을 의미한다.

따라서 인적자원관리는 다음의 네 가지 목표를 가진다. 첫째, 외식기업 구성원의 생산성 및 경쟁력 향상을 통하여 외식기업의 목표달성에 공헌한다. 둘째, 조직 내 이해 집단간의 의사조정을 통하여 외식기업과 종사원의 상호이익을 추구한다. 셋째, 종사원들의 개성 및 인격을 존중함으로써 인간성 회복에 공헌한다. 마지막으로, 성과 혹은 능력위주의 관리로 종사원의 창조적 능력과 혁신적인 사고의 개발을 목표로 한다.

표 9-1 인적자원관리 담당자의 임무

인사 총괄 팀장			
소속	인사팀	보고	이사
지도감독	인사	갱신일자	3/28/2000
업무 요약	• 인력수급계획의 수립, 운영, 평가, 보상 및 복리후생에 관련된 책임을 맡는다. • 팀원의 직무수행 향상을 위한 교육과 효율적인 직무수행을 지휘 · 감독하여 팀 효율을 극대화한다.		
주요 역할 및 책임	• 인사제도에 관한 조사 · 연구 · 개선 계획을 수립 및 실시한다. • 인력수급계획의 수립 및 운용방향을 정한다. • 인사고과 및 승진 등 평가에 관한 기준의 설정 및 평가자를 교육한다. • 노사협의회의 사무를 관장하고, 합의된 사항의 이행 여부를 점검, 독려한다. • 급여 및 복지제도에 대한 연구 및 개선계획을 수립한다. • 제 규정의 제정, 개폐 및 개선에 대하여 품의한다. • 직원의 건강진단 및 직원식당의 운영을 지도 · 감독한다.		
직무의 자격요건	• 4년제 대학 상경계열 전공자 • 인사분야 실무경력 5년 이상인 자 또는 비전공자로 회사근무경력 8년 이상인 자 • 기타 : 기획력, 분석력, 통솔력, 협상력, 대화술, 적극성 등 필요		

인적자원관리의 원칙

외식기업의 경영활동에서 인적자원관리가 행해지는 기본적인 기준을 인적자원관리의 원칙이라고 한다. 이는 인간의 노동력을 상품화시키는 노동력 상품설이나 노동자를 한낱 생산도구 혹은 수단으로 인식하는 노동기계설의 입장을 대체하는 인간화의 원리(principle of personalization)에 따라 제시되었다.

◘ 전인주의의 원칙

종사원은 인간으로서 각기 다른 욕구 · 기대 · 목적을 보유하고 있으며, 고용의 안정성, 쾌적한 업무환경, 인간관계의 욕구, 성취감, 사명감 등을 가진다. 이와 같은 인간의 다원적 욕구를 충족시키기 위해서 종사원의 동기부여가 중요하다.

◘ 업적주의의 원칙

보수 · 보상제도의 시행에 있어 종사원의 노력에 따른 성과가 능력평가에 반영되어야 한다.

◘ 공정의 원칙

모든 인사 문제는 공평 · 공정하게 처리되어야 한다.

◘ 참여의 원칙

기업의 경영의사 결정과정에 종사원들이 참여하게 한다. 이는 종사원의 동기부여와 노사관리의 측면에서 중요하다.

◘ 정보공개의 원칙

기업의 경영문제에 대하여 종사원의 참여의욕을 고취시키기 위해 기업의 경영에 관한 정보가 종사원들에게 최대한 공개되어야 한다.

2) 외식 인적자원의 조직

외식기업은 인적자원의 구성을 나타낸 조직도를 가지고 있으며, 조직도를 통해 외식기업의 조직체계와 종사원의 소속을 파악할 수 있다.

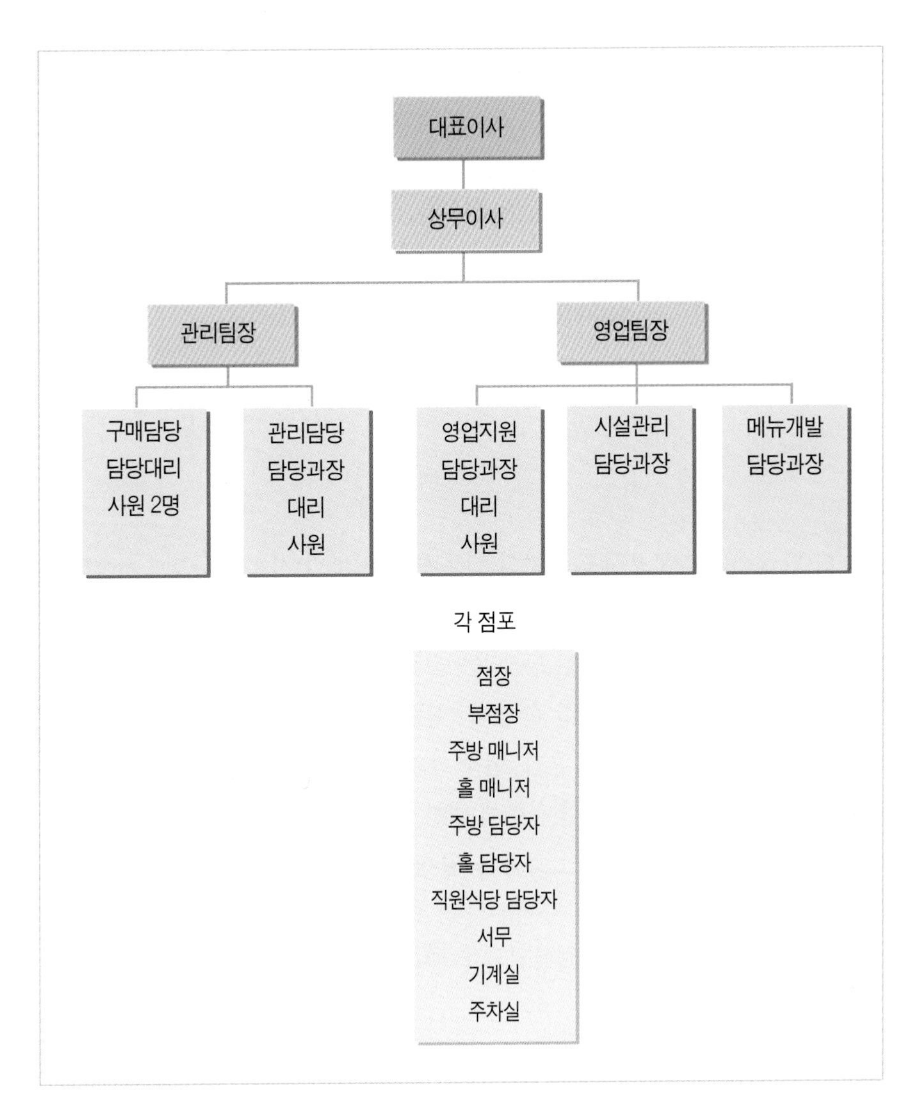

그림 9-1 외식기업의 조직도 사례

2. 외식 직무관리

외식기업의 규모가 확대되고 복잡하게 됨에 따라 직무의 종류는 점점 더 다양해지고, 이에 따라 직무연구(job study)에 대한 중요성이 대두되고 있다. 외식기업에서는 종사원이 수행해야 할 직무의 내용과 성격을 분석하여 직무 수행시 요구되는 능력이나 책임 등과 같은 요건들을 설정하기 위한 직무연구가 필요하다.

직무의 내용이나 성격을 분석하여 해당 직무를 수행하기 위해 필요한 조건들을 연구하는 것을 직무분석(job analysis)이라 한다. 직무분석의 결과는 직무기술서(job description)와 직무명세서(job specification)로 작성되며, 직무평가(job evaluation)와 인사고과(performance evaluation)에도 활용된다.

1) 직무분석

요더(Yoder)는 직무분석을 각자의 직무에 대한 제반 사실을 규명 · 기술하는 과정이라고 정의하였다. 즉 직무분석은 관찰 또는 연구를 통하여 특정 직무의 성격, 직무 수행상 종사원에게 요구되는 숙련도, 지식, 능력, 사명감과 같은 제요건을 파악하는 과정이라고 할 수 있다. 직무분석을 수행함에 있어서는 직무분석 방법의 선택(면접, 설문서, 혼합, 현장 관찰), 직무분석을 수행할 담당자의 자질 및 주관, 직무분석의 목적인 직무에 대한 설명이 중요하다. 직무분석을 통해 수집되는 정보에는 직무목표, 목표를 달성하는 데 소요되는 구체적인 과업(task), 직무수행 표준, 필요한 지식과 기술, 요구되는 교육과 경험 등이 있다. 이러한 정보는 직무기술서와 직무명세서를 개발하는 데 활용된다.

(1) 직무기술서

직무기술서(job description)는 직무분석의 결과로 나타난 직무에 관한 모든 중요한 사실과 정보를 관계된 모든 직원들이 쉽게 이해할 수 있도록 정리하여 기록한 서식이다. 직무기술서는 주로 직무명칭(job identi-fication), 직무요약(job summary), 직무내용(job content), 직무요건(job requirement) 등에 대한 정보를 포함하고 있다.

직무기술서는 표제, 직무요약, 직무에 대한 구체적인 임무의 세 부분으로 구분할 수 있다. 첫째, 표제(heading)부분으로서 직무명과 그 직무가 속하는 부서에 대하여 서술하며, 직무명과 직무담당자가 보고해야 하는 관리자, 근무시간,

표 9-2 직무기술서의 예

직무명	서버(server)
관리자	홀 매니저(hall manager)
근무시간	유동적(근무 요일과 시간이 주에 따라 다름), 근무 스케줄 이전 주 금요일에 공고
직무내용	① 서버는 영업시간 1시간 전에 도착하여 경영자에게 보고한 후 개점준비를 돕는다. ② 서버들은 물을 따르고, 식사 및 음료 주문을 받으며, 주문내용을 주방과 바에 알리고, 준비된 식사 및 음료를 고객에게 제공하며, 계산서를 고객에게 제시하고, 테이블을 청소한 후 다시 테이블을 재정리 한다. ③ 서비스 절차 : 식사는 고객의 왼쪽에서, 음료는 손님의 오른쪽에서 서빙한다. 모든 접시, 컵, 쟁반 등은 고객의 오른쪽에서 치우도록 한다.
직무요건	① 서버들은 자신의 유니폼을 다음과 같이 준비해야 한다 : 검정색 바지 혹은 치마, 긴소매에 단추가 달린 흰색 셔츠, 검정색 보타이, 굽이 낮으며 광택이 나는 검정색 신발. 하이힐 착용 금지, 서버들에게는 유니폼 관리에 소요되는 비용을 매주 지급한다. ② 개인용모에 대한 표준 : 근무 전에 샤워 또는 목욕할 것, 겨드랑이용 방취제 사용할 것, 손톱과 머리는 청결하고 단정하게 할 것, 과도한 치장은 금할 것 남성 a. 청결한 면도를 선호함. 단정하고 잘 다듬어져 있으면 콧수염도 허용함 b. 얼굴 및 귀에 장식 금지 c. 머리는 셔츠 깃보다 길지 않아야 함 여성 a. 과도한 장식, 화장 또는 향수 사용 금지 b. 긴 인조 손톱 사용 금지

근무요일 및 근무교대 등에 대한 정보가 포함된다. 둘째, 직무요약(summary)부분으로 직무에 따르는 임무를 기록하며 직무의 본질과 목표에 대한 기본적인 이해를 용이하게 하고 교육 및 훈련의 좋은 자료가 된다. 셋째, 직무에 대한 구체적인 임무에는 직무의 개괄적인 기술, 직무를 수행하는데 소요되는 도구 및 기계 등에 대한 개요, 직무담당자의 자세, 직무에 사용되는 원재료, 가장 밀접하게 연계되어 있는 직무와의 상호관계, 직무에서 요구되는 직무경험과 승진과의 연계성, 직무 수행상 요구되는 교육 · 훈련 분야, 임금 · 급여, 근무시간, 온도, 습기, 조도, 환기 등의 작업환경 및 조건 등이 기재된다.

작성이 잘된 직무기술서는 직무에 종사하는 사람이 업무수행에 요구되는 단계적인 지침으로 이용되고 종사원의 업무성과를 평가하는 데도 도움이 되며 신입 종사원에게 직무에 요구되는 구체적인 내용을 숙지하게 함으로써 오리엔테이션 자료가 될 수 있다.

(2) 직무명세서(job specification)

직무명세서(job specification)는 직무를 수행하는 데 요구되는 종사원의 자격(qualifications)에 대해 서술한 것이다. 직무명세서는 외식기업 및 점포의 종사원이 되고자 할 때 숙지해야 할 최소 자격으로 예비 종사원의 자격을 평가하는 표준지표로도 이용된다.

직무명세서는 직무명, 직무 개요, 인적 요건 등의 세 부분으로 구성되며 인적요건 사항을 강조하고 있다. 인적요건에 대한 직무명세서의 기재사항에는 성별 및 연령, 체격조건, 동작의 민첩성, 정서 및 성격, 정신적 성숙도, 교양 정도, 경험 및 지식 수준, 특수한 기능 등이 포함된다. 직무명세서는 직무기술서와 혼동되어

표 9-3 직무명세서의 예

직무	웨이터 / 웨이트리스
보고	점장 / 매니저
직무 개요	• 테이블을 준비하고, 주문을 받아 음료와 음식을 제공하고, 메뉴와 관련된 고객의 질문에 대답하고 그 외의 고객들의 요구에 대응하고 음식과 음료를 추천 · 판매하기도 한다.
인적 요건	• 항상 단정한 복장과 청결을 유지해야 한다. • 직무시간(9시간) 중 계속 서 있을 수 있어야 한다. • 접시와 음식을 운반하고 15kg 정도를 들어 올릴 수 있어야 한다. • 닦고 구부리는 등의 노동을 할 수 있어야 한다. • 소란스러운 환경 속에서도 고객의 주문을 받을 수 있어야 한다. • 고객들의 주문을 기록 또는 암기할 수 있어야 한다. • 고객에게 메뉴를 설명해줄 수 있어야 한다. • 주문을 받기 위해 컴퓨터를 사용할 수 있어야 한다.

표 9-4 통합된 직무기술서 및 직무명세서의 예

직무	주방 매니저(Kitchen Manager)
보고	점장(General Manager)
업무요약	• 식품가격과 생산을 조절해 이윤을 최대화하는 것이다. 모든 주방업무를 실행, 감독함으로써 기업의 품질과 서비스의 기준에 일치하게 한다.
주요 역할 및 책임	• 점장의 부재 시 교대근무상태를 책임지고 다른 매니저들이 주방매니저의 직무를 수행할 수 있게 교육시킨다. • 종사원 관리 : 의사결정, 스케줄링, 계획수립, 품질 관리와 청결. 직원들의 퇴근시간 결정 등의 교대 전후의 직원 관리외에 직원들에게 긍정적 또는 부정적 피드백을 제공하고 적합한 행동을 취한다. • 식재료를 적합하게 주문함으로써 식자재 원가를 조절한다. • 직원이 부상 당할 경우 즉시 사고기록보고서를 작성한다. • 위생적인 음식 품질을 유지한다. • 새로운 메뉴를 개발하고 종사원들이 새로운 메뉴의 사용에 익숙해지도록 교육한다. • 주방 직원들과 인터뷰를 통해 기업의 품질기준과 적합성을 재확인하고, 평가와 검토 등의 기업의 표준(standard) 서류를 작성함으로써 회사의 품질기준을 지킨다. • 훈련을 통해 유니폼 기준을 준수하도록 한다. • 정기적으로 레시피 시범을 시행하고 업무와 절차상의 문제에 지도를 제공한다. • 모든 문제점이나 비정상적 사항을 신속하고 자세히 알리고 적합한 수습 수단을 이행하거나 다른 방안을 제안한다. • 종사원들의 사기, 생산성, 능률의 최대화를 위한 협동적이고 온화한 분위기를 만든다. • 필요나 요구사항에 따라 그 밖의 직무를 수행한다.
직무의 자격요건	• 기업의 방침, 규칙, 원리에 대한 해박한 지식과 경력을 갖추어야 한다. • 최소 6개월간의 주방 경력을 가진다. • 경영상의 업무를 완성하기 위해 컴퓨터에 관한 지식을 가진다. • 구매와 생산에 관한 해박한 지식을 갖고 있어야 한다. • 언어 구사력과 중재 능력을 가지고 종사원들을 관리할 수 있어야 한다.
본인은 직무기술서 내용을 충분히 점검하였으며 상기 직무의 자격요건을 갖추고 직무를 수행할 수 있습니다. 20 년 월 일 서명 :	

사용되기도 하나 직무기술서는 직무내용과 직무요건을 포함하며, 직무명세서는 직무요건 중에서 인적요인을 중시한다.

2) 직무설계 및 평가

전통적인 직무연구는 인간을 어떻게 직무에 적응시킬 것인가에 중점을 둔 직무분석 및 평가내용이 연구의 대상이었지만, 최근에는 종사원을 중심으로 직무를 설계하는 직무설계가 직무연구의 중심이 되고 있다.

직무설계는 기업조직을 일련의 작업군으로 나눈 후 단위직무의 내용 및 작업방법을 설계하는 활동을 말한다. 직무설계의 목적은 종사원의 동기부여, 사기진작과 조직 전체의 생산성 향상을 도모하는 것이다. 기업조직의 목표를 달성하기 위해 외식경영자는 단기적인 조직의 생산성보다 장기적인 성공을 이끌어 낼 수 있는 종사원의 동기부여에 보다 많은 관심을 기울여야 한다.

직무평가(job evaluation)는 직무의 상대적 가치를 결정하고 그 가치에 따라 여러 직무에 서열을 부여하는 과정이다. 구체적으로 직무평가는 각 직무의 성격 및 특색, 요구되는 지식과 기술의 정도, 신체적 · 정신적 노력, 직무나 자원 및 시설 등에 대한 책임이나 위험도 등과 같은 요소를 기준으로 한다.

직무평가의 목적은 동일한 노동시장에서 유사 기업과 비교하여 사내 임금체계를 합리화하고 임금조건의 불공평성 · 불규칙성을 제거함으로써 종사원들의 불평을 최소화하기 위한 것이다. 또한 직무평가는 임금관리를 단순화하며 각 직무에 적합한 종사원을 배치하고, 조직 내의 인사이동과 승진 등을 결정하는 중요한 기준으로 사용된다.

3) 직무만족

직무만족(job satisfaction)은 직무에 대한 일련의 태도로서 직무나 직무수행의 결과로 인해 발생되는 종사원의 유쾌하고 긍정적인 정서상태이며, 자기관찰에 의해서만 이해될 수 있는 주관적인 개념으로서 개인이 원하는 것과 실제의 차이를 비교함으로써 나타나는 것으로 정의할 수 있다.

외식기업 종사원의 직무만족 정도는 조직의 경영성과와 밀접한 관계를 가지므로 직무만족은 기업조직에서 중요한 의미를 갖는다. 종사원의 직무만족도가 높아짐에 따라 다음과 같은 효과를 거둘 수 있다.

- 종사원은 조직의 목표를 달성하는데 자발적으로 협조한다.
- 종사원은 자신이 조직의 구성원인 것을 자랑스럽게 생각한다.
- 종사원은 자신의 직무에 대하여 보다 높은 흥미를 갖는다.
- 종사원은 자발적으로 만족스러운 직무수행을 위해 열심히 노력한다.
- 종사원은 조직의 규율과 규칙을 엄수하고 질서를 유지하고자 한다.
- 종사원은 기업 조직과 상사에 대하여 충성과 존경심을 보인다.
- 종사원은 기업 조직이 어려움을 극복하는 데 일체감을 갖고자 한다.

외식기업 종사원의 직무만족을 높이기 위해서는 직무만족에 영향을 미치는 요인을 파악해야 한다. 직무만족의 영향요인은 내재적 요인과 외재적 요인으로 구분할 수 있다.

외식기업은 서비스업이란 특성 때문에 인적의존도가 매우 높으며, 외식기업의 전체 비용구조에서 식재료비와 함께 인건비는 매우 큰 비중을 차지한다. 특히 외식기업들은 IMF 이후 어려운 국면을 타개하기 위해 인건비 및 경비 절감에 많은 관심을 기울이 있고 인건비 절감을 위해 정규 근로자에 비해 노동유연성이 보다 탄력적인 비정규 근로자를 고용하고 있다.

비정규직 근로자의 고용은 인건비를 절감하고 성수기 및 비수기에 따라 인력수급을 유연하게 관리할 수 있는 장점이 있다. 그러나 비정규직 근로자의 직무만족이 대체적으로 정규직 근로자에 비해 낮아 노동생산성의 저하와 함께 고객

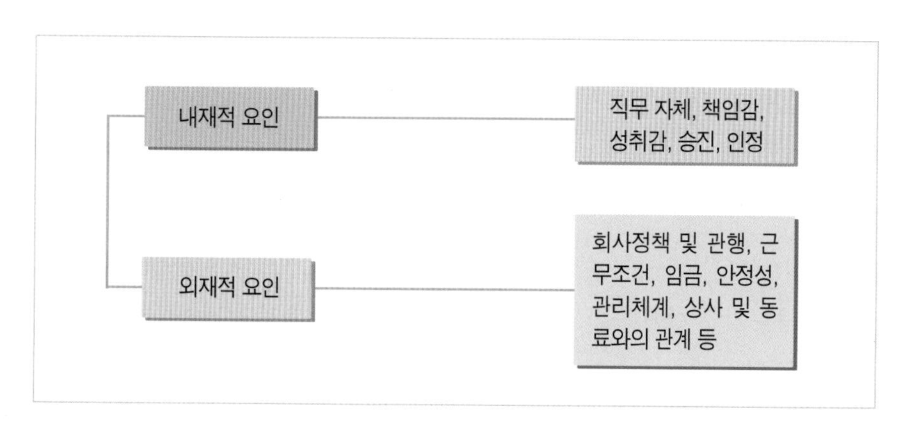

그림 9-2 직무만족에 영향을 미치는 요인

서비스 품질의 저하가 우려되고 있다. 따라서 비정규직 근로자를 고용함으로써 예상되는 문제점을 최소화시키기 위해 정규직 근로자와 비정규직 근로자 간의 갈등 및 위화감을 제거하고 상호 조화를 이룰 수 있도록 인적자원을 관리해야 한다.

3. 외식 고용관리

고용관리는 외식기업 종사원의 모집에서부터 선발 · 배치 · 전환 · 이직에 이르는 활동이다. 고용관리의 궁극적 목적은 적합한 인력과 적정 인원을 적재적소에 조달하고 배치하는 것이다. 고용관리는 직무분석에 의해 산출된 직무기술서와 직무명세서가 잘 준비되어야 가능하다.

고용관리를 효율적 · 효과적으로 수행하기 위해서 가장 먼저 해야 할 일은 고용해야 할 정확한 인원을 산출하기 위한 고용계획을 수립해야 하며, 직무분석에 의한 인력의 질적 요건을 규정해야 한다. 만일 고용 단계에서 직무분야에 선발된 인력을 적재적소에 충원하지 못하면 업무성과가 부진해지고 이에 따른 비용(예 : 교육훈련 및 채용 비용)이 증가된다. 또한 조직의 분위기에도 부정적인 영향을 미쳐 결국 경영성과에 악영향을 초래하게 된다. 그러므로 외식경영에서 효과적인 고용관리는 매우 중요한 의사결정과정이라 할 수 있다.

1) 모집 · 선발 · 배치

(1) 모집

종사원의 모집(recruiting, recruitment)은 조직에서 필요한 인원을 충당하기 위해 자격을 갖춘 인력을 찾고 가려내는 과정이다. 이 과정은 적당한 매체를 통해 충원할 인원 및 직무분야를 발표 및 공고, 적임자를 결정하기 위한 인터뷰와 후보자 평가 등을 포함한다. 종사원 모집은 사내와 사외에서 각각 이루어질 수 있다.

사내모집(internal recruiting)에서는 주로 현직 종사원을 승진시키거나 배치전환, 직무순환, 재고용 등을 통하여 적임자를 선발 · 충원한다. 최근 서울 지역의 일부 외식기업에서는 부족한 인원을 충원하기 위해 사내공고(posting job openings)를 시행하고 있다. 사내모집은 종사원이 원하거나 자신의 적성에 맞는 부서로 전직할 수 있는 기회를 부여하며, 종사원에게 자기계발과 성장의 기회를 제공한다. 이 제도는 기업의 투명성이 확대되고 종사원들에게 조직의 목표를 알리는 동시에 적임자를 찾아낼 수 있는 장점이 있다.

사내모집을 통해 충원을 하지 못할 경우에는 사외모집(external recruiting)을 실시한다. 외부모집방법에는 직원을 통한 모집(employee referral programs), 자발적 응시(walk-ins), 취업알선기관 혹은 업체, 교육기관, 신문 · 잡지 등에 의한 매스컴을 통해서 이루어지기도 한다. 사외모집을 하는 경우 비용이 사내모집에

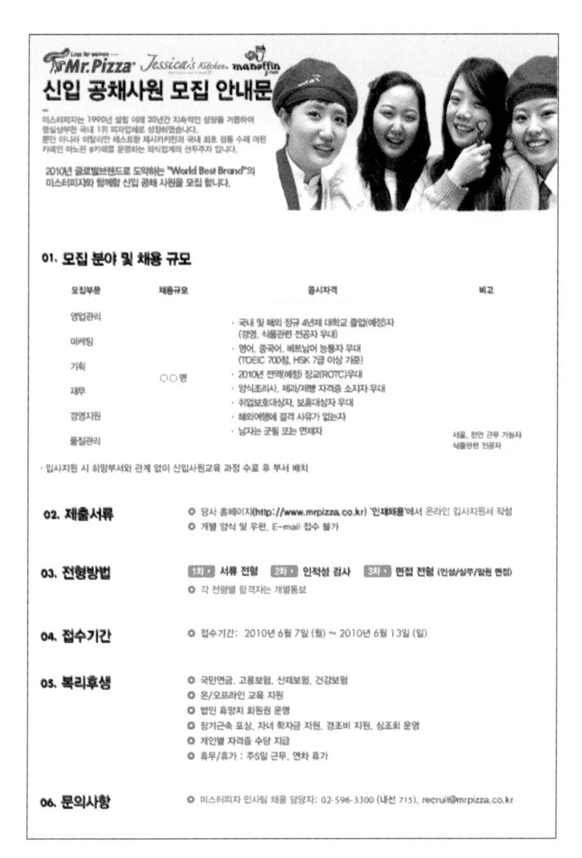
Mr.Pizza Jessica's Kitchen manoffin

신입 공채사원 모집 안내문

미스터피자는 1990년 설립 이래 20년간 지속적인 성장을 거듭하여 명실상부한 국내 1위 피자업체로 성장하였습니다.
뿐만 아니라 이탈리안 레스토랑 제시카키친과 국내 최초 정통 수제 머핀 카페인 마노핀 @카페를 운영하는 외식업계의 선두주자 입니다.

2010년 글로벌브랜드로 도약하는 "World Best Brand"의 미스터피자와 함께할 신입 공채 사원을 모집 합니다.

01. 모집 분야 및 채용 규모

모집부문	채용규모	응시자격	비고
영업관리 마케팅 기획 재무 경영지원 품질관리	○○명	· 국내 및 해외 정규 4년제 대학교 졸업(예정)자 (경영, 식품관련 전공자 우대) · 영어, 중국어, 베트남어 능통자 우대 (TOEIC 700점, HSK 7급 이상 기준) · 2010년 전역(예정) 장교(ROTC)우대 · 양식조리사, 제과/제빵 자격증 소지자 우대 · 취업보호대상자, 보훈대상자 우대 · 해외여행에 결격 사유가 없는자 · 남자는 군필 또는 면제자	서울, 천안 근무 가능자 식품관련 전공자

· 입사지원 시 희망부서와 관계 없이 신입사원교육 과정 수료 후 부서 배치

02. 제출서류
◎ 당사 홈페이지(http://www.mrpizza.co.kr) '인재채용'에서 온라인 입사지원서 작성
◎ 개별 양식 및 우편, E-mail 접수 불가

03. 전형방법
1차 서류 전형 2차 인적성 검사 3차 면접 전형 (인성/실무/임원 면접)
◎ 각 전형별 합격자는 개별통보

04. 접수기간
◎ 접수기간: 2010년 6월 7일 (월) ~ 2010년 6월 13일 (일)

05. 복리후생
◎ 국민연금, 고용보험, 산재보험, 건강보험
◎ 온/오프라인 교육 지원
◎ 법인 휴양지 회원권 운영
◎ 장기근속 포상, 자녀 학자금 지원, 경조비 지원, 상조회 운영
◎ 개인별 자격증 수당 지급
◎ 휴무/휴가 : 주5일 근무, 연차 휴가

06. 문의사항
◎ 미스터피자 인사팀 채용 담당자: 02-596-3300 (내선 715), recruit@mrpizza.co.kr

그림 9-3
외식기업의 모집공고

비해 더 많이 소요된다는 단점이 있으나 보다 폭넓은 인력집단(labor pool)에서 선택하게 되므로 우수한 인력을 고용할 수 있는 장점이 있다.

(2) 선 발

모집은 외식기업에 입사하려는 사람들을 모으는 과정이고 선발(selec- tion)은 후보자 중 가장 적임자를 찾아내는 과정이다. 직무가 요구하는 실제적인 기술, 지식 및 적성을 가진 후보자를 선발하여 경쟁력 있는 종사원으로 성장하게 만드는 것이다. 직무기술서와 직무명세서는 적임자를 선발하는 과정에서 중요한 도구로 이용된다. 예를 들어, 외식점포의 서비스 제공자인 서버(server)를 선발할 경우 서비스 정신과 올바른 태도가 요구되며 고객들과 많은 접촉을 해야 하므로 선발 시 후보자의 개인적 특성도 면밀하게 검토해야 한다. 개인적 특성에는 친화력, 융통성, 프로다운 태도, 동기부여 및 용모(appearance) 등이 요구된다.

국내에서의 일반적인 선발과정은 입사지원서 접수 및 검토 후 채용시험을 실시하고 면접시험을 실시, 신체검사 후 신원 및 경력을 조회하고 채용을 결정하는 절차를 거친다.

최근 외식 기업에서는 선발 후 교육 · 훈련 등에 비용이 많이 소요되는 초보자보다는 교육 · 훈련 없이도 현업에 투입될 수 있는 경력자를 선발하는 것을 선호하고 있다.

외식기업의 신입사원과 경력사원의 입사지원서 양식과 근로계약서 및 서약서의 예는 그림 9-4~6과 같다.

입 사 지 원 서

면접일자	
수험번호	

입시일자	년 월 일
사 번	

사진 (최근3개월 이내에 촬영한 반명함판 3cm×4cm)	성명	한 글		지 원 구 분			만원
		영 문		희망직위/연봉			
		한 자	년 월 일(만 세)	희 망 근 무 지		직무	
	생 년 월 일			주민등록번호			

출생지		성장지		신체장애여부		원호대상여부		교정시력	좌: / 우:
혈액형	형	신 장	cm						

본 적	(우편번호 : -)	
현 주 소	(우편번호 : -)	
긴급연락처	(우편번호 : -) ☎(DDD :) - 호출 :	

■ 학력사항

입 학 년 월	졸 업 년 월	학 교 명	전공학과	소재지	졸업여부	평균평점
년 월 일	년 월 일	고등학교			졸업(예정)	
년 월 일	년 월 일	전문대학			졸업(예정), 중퇴	
년 월 일	년 월 일	대학교			졸업(예정), 중퇴,수료	
년 월 일	년 월 일	대학원			졸업(예정), 중퇴,수료	
년 월 일	년 월 일	전문학원			수료(기타 :)	

■ 경력사항

직 장 명	근 무 기 간	소속부서명	직위	담당직무	연봉	☎	퇴직사유
1.	년 월 일~ 년 월 일				만원	-	
2.	년 월 일~ 년 월 일				만원	-	

■ 가족관계

관 계	성 명	연 령	학 력	직 업	동기여부

■ 자격 및 면허

종 류	등급	취득일자	자격증번호	발 행 처
1.		년 월 일		
2.		년 월 일		

■ 병역관계

병역구분		계급	군 번	복 무 기 간	병과	주특기	면제사유
필, 면제, 미필	육, 해, 공, 전,의 경, 기타( )			년 월 일~ 년 월 일(개월)			

■ 어학실력

외국어	독 해	작 문	회 화	시험종류	성 적
	상 중 하	상 중 하	상 중 하		
	상 중 하	상 중 하	상 중 하		
	상 중 하	상 중 하	상 중 하		

■ 기타사항

주거사항	자택, 전세, 월세, 자취, 친지, 기타( )		
재산정도	동산 : 만 원 부동산 : 만 원 가족월소득 : 만 원		
가족관계	( )남 녀( )중( )째	혼인여부	기혼, 미혼,
지원동기	1. 광고 2. 학교 3.친구 4. 선배. 5. 친지 6. 기타( )		

■ 자기소개서

1. 자신의 성장과정
2. 학내동아리, 사회봉사활동, 아르바이트 등의 경험(경력사원은 경력위주)
3. 성격의 장 · 단점
4. 당사 지원동기 및 장래의 포부
5. 서비스의 개념
6. 자신의 발전을 위하여 현재 노력하고 있는 것이 있다면
7. 인생의 목표와 가치관은

■ 위의 사항에 대해 사실과 틀림이 없이 기록하였음을 확인하며, 만약 사실과 다르게 기록했을 경우 이에 따르는 귀사의 어떠한 결정에도 따를 것을 동의 합니다.

년 월 일

지원다 성명 : (인 또는 서명)

(주) 귀중

그림 9-4

외식기업의 신입사원 입사지원서

입 사 지 원 서(경력)

구 분	희망 회사	지원 직무			희망 지역
1지망					
2지망					
지원구분		성명	한글		
주민등록번호			영문		
E - mail		연락처 1			
주 소		연락처 2			

경력사항	기 간	근무처	담당업무 내용	직 위	최종연봉	포상
당사 입사시 희망 연봉						
입사 가능 시기						

학력사항	기 간		졸 업	소재지	학 점
		고등학교 계열	입 학	지역	/
		대학교 학과			
		대학교 학과 (복수전공시) 대학교 학과	졸업.졸업예정	지역	/
		(석사과정) 대학교 학과	졸업.졸업예정	지역	/
		(박사과정) 대학교 학과	졸업.졸업예정	지역	/

어학능력	외국어명	TEST명칭	취득시기	취득점수	자격면허	명 칭	취득시기

병역	병역구분	복무기간

추천인	성명		회 사	

1. 지원하신 직무를 본인이 잘 수행할 수 있다고 생각하는 이유를 구체적으로 기재하여 주십시오.

2. 자신의 전 직장 경험 중에서, 가장 성취감을 느꼈던 일 한 가지를 상세히 기술해 주십시오.

3. 자신의 전 직장 경험을 바탕으로, 다음 중 한 가지 사례를 골라 기술해 주십시오.

4. 지원하신 회사, 직무, 근무지와 관련하여 특별히 희망하는 것이나 면접위원에게 꼭 알리고 싶은 사항을 기재하여 주십시오.

그림 9-5 외식기업의 경력사원 입사지원서

근로계약서 및 서약서

▶ 근로계약서

회사의 발전과 번영을 기하고 사원의 기본적 생활의 보장과 향상을 위하여 (주) 바론즈 인터내셔널 대표이사(이하 "갑"이라 칭함)와 願에 의하여 입상한 ________ (이하 "을"이라 칭함)은 상호간 근로기준법 및 회사의 제반규정을 준수할 것을 약정하고 다음과 같이 근로계약을 체결함.

- 다 음 -

1. 근무지
   1-1 "을"의 근무지는 "갑"의 각 사업장으로 한다.
   1-2 "을"의 업무내용은 ______________ 로 한다.
2. 근로시간 및 휴식시간
   2-1 "을"의 근로시간은 휴식시간을 제외하고 1일 8시간(사업시간 : 종업시간 :)으로 한다. 단, "갑"을 "을"에게 근로기준법의 범위 내에서 연장 · 휴일 · 야간근로를 명할 수 있다.
   2-2 "갑"은 "을"에게 1일 근무시간이 4시간 이상의 경우는 30분, 8시간 이상의 경우에는 1시간의 휴식시간을 부여한다.
3. 임금
   3-1 "갑"은 "을"에게 근로의 대가로서 소정임금을 지급한다.
   3-2 임금은 월급여(기본급과 제수당)로 구성되며, 매월 기본급 ____________ 원과 제수당을 지급한다. 제수당에는 연장 · 심야 · 휴일 · 공휴 · 자격수당 등이 포함된다.
   3-3 "갑"은 매월 _____ 일장에 임금전액을 "을"에게 직접 통화로 지급한다.
   3-4 월급여액은 산정기간은 당월 _____ 일부터 당월 _______ 일까지로 하여, 소정근로시간을 기초로 하여 계산한다. 단 계약기간 중 퇴사할 경우 근무일수만큼 일할계산하여 지급한다.
   3-5 기타 임금의 세부사항 및 임금관련 변동사항은 회사의 관련규정에 의한다.
4. 본 근로 계약에 명기되지 않은 기타사항은 근로기준법 및 회사의 제 규정에 의한다
5. "갑"과 "을"은 상기 사항을 준수하기 위하여 본 계약서 2통을 작성하고 각 1부씩 보관한다.
6. 근로계약기간은 퇴직시까지로 한다.

(주) 사내규정 등을 모두 안내 받았으며 이에 근로계약을 체결함.

20 년 월 일

(갑) 주 소 :
회 사 :
대 표 이 사 :

(을) 주 소 :
주민등록번호 :
성 명 : (인)

▶ 서약서

본인이 금번 귀사에 채용되어 근무함에 있어 다음사항을 준수할 것을 서약합니다.

1. 귀사의 제 규칙과 명령 등을 준수함은 물론 상사의 업무상 정당한 지시를 적극 수행한다.
2. 소관업무를 성실히 수행하며 고의, 태만으로 명령취지에 위배됨이 없도록 최선을 다한다.
3. 회사의 업무상 부득이한 경우 연장, 야간 및 휴일근무를 행하는데 동의한다.
4. 전근, 전임, 출장, 전적 등 회사의 정당한 이유 있는 인사명령을 적극 수용한다.
5. 회사의 금품을 이용하거나 사무를 빙자하여 사리를 도모하는 일이 없도록 한다.
6. 직원 상호간에 인격을 존중하며 예의와 우애를 지켜 회사직원으로 명예를 손상케하는 일이 없도록 한다.

20 년 월 일

성 명: (인)
주민등록번호:

대표이사 귀하

그림 9-6

외식기업의 근로계약서

(3) 배 치

배치(placement)는 선발과정을 통해 채용된 인력을 적합한 직무에 배속시키는 활동이다. 외식기업의 인적자원관리부서는 채용된 종사원에게 조직에 대한 일체감과 주인의식을 함양하기 위해서 자신의 직무에 대하여 만족감을 가질 수 있도록 적절한 배치를 해야 한다. 적절한 배치란 직무종사자가 조직의 직무수행에 적합한 자격요건을 갖추고 있고 직무수행능력 및 적성이 맞는 직무에 배치되는 것을 의미한다.

2) 임금관리 및 복리후생

(1) 임금관리

① 임금의 성격

국내의 「근로기준법」 제18조에는 "임금은 사용자가 근로의 대상으로 근로자에게 임금, 봉급, 기타 여하한 명칭으로든지 지급하는 일체의 금품을 말한다."고 규정하고 있다. 임금은 지불하는 외식기업과 제공한 노동의 대가로 임금을 지급받는 종사원의 두 가지 측면에서 살펴볼 수 있다. 외식기업 입장에서는 임금은 조직 전체의 비용구조를 결정하는 중요한 요소가 되고 있고 종사원에게는 본인 및 가족의 생활을 유지할 수 있는 가장 중요한 소득의 원천이다. 외식기업과 종사원은 아주 상이한 입장을 갖고 있고 결국 노사간 분쟁이 초래될 수 있다. 그러나 외식기업과 종사원은 서로의 필요에 의한 관계로 외식기업은 종사원의 노동력이 필요한 반면, 종사원은 외식기업으로부터 금전을 필요로 한다. 투명하며 공정하고 합리적인 임금관리는 기업과 종사원의 관계를 더욱 원만하게 하고 공동의 이익을 성취하는 데 기여한다.

② 임금결정의 원칙

외식기업조직에서 합리적이고 공정한 임금관리를 정착시키기 위해서는 다음과 같은 임금결정의 원칙이 필요하다.

■ 노동질량 대응의 원칙

임금은 종사원에 의해 제공된 노동에 대한 대가 혹은 외식기업에 대한 공헌에 대한 보상이므로 해당 노동에 대해 대응해서 결정되어야 한다.

■ 생산성 대응의 원칙

임금은 종사원의 해당 직무에 대한 기여도, 즉 노동생산성에 의거하여 지급해야 한다.

■ 임금안정의 원칙

본인 혹은 가족들의 생계를 책임지고 있는 종사원의 임금이 불안정한 상태에 놓이게 되면 사기저하로 인하여 생산성이 떨어지고, 또 이직률이 상승하는 원인이 될 수 있다.

■ 생계비 수준 보장의 원칙

임금은 종사원 혹은 가족의 생계를 보장할 수 있는 수준 이상으로 지급되어야 한다. 최저임금제는 이와 같은 원칙을 배경으로 한 것이다.

■ 사회적 균형의 원칙

임금은 기업조직 내의 직위별 균형 또는 동종업계에서 기업간 균형을 유지함으로써 종사원의 사기진작과 동기부여를 유발시킬 수 있다.

■ 임금지급한도의 원칙

종사원의 입장에서는 임금이 많으면 많을수록 좋겠지만, 기업경영상 실제 임금의 지급은 조직의 유지 · 존속을 전제로 해야 하므로 지급능력한도를 초과해서는 안 될 것이다.

(2) 복리후생

복리후생은 종사원과 그가 부양하는 가족의 경제 · 문화적 환경을 유지하고 증진하기 위해서 임금 이외의 여러 가지 간접적인 보수를 지급하는 활동이다. 복리후생관리는 원래 기업 경영자의 자발적인 의사에서부터 유래되었으나 산업사회의 성숙과 노사관계에서 힘의 균형이 변화되어 현재는 국가정책에 의해서 시행되고 있다. 그러나 복리후생은 기업의 첫째 목표인 이윤창출과 더불어 사회적 책임을 충실히 이행한다는 차원에서 기업에게도 긍정적인 영향을 미치고 있다.

임금은 종사원의 개별적인 성과 또는 직위에 따라 책정되는 직접적인 보수로 지급이 되지만 복리후생은 외식기업을 조직하는 구성원 모두에게 혜택을 제공함으로써 기업경영을 협동의 공동체로 인식하는 데 큰 역할을 하고 있다. 외식기업의 경영자는 임금 외에도 종사원들의 복리후생을 제공하여 종사원들이 열심히 일할 수 있는 근무분위기를 조성하고 종사원들의 조직몰입(organization)을 높일 수 있다. 실제 외식기업의 복리후생규정을 보면 안정된 생활을 위한 교육비지원, 국민연금, 고용보험이 있고, 건강한 삶을 위해 건강진단 및 의료비지원이 있으며 삶의 질을 증진시키기 위한 휴가제도 및 동호회 활동과 자기개발을 위한 지원이 있다.

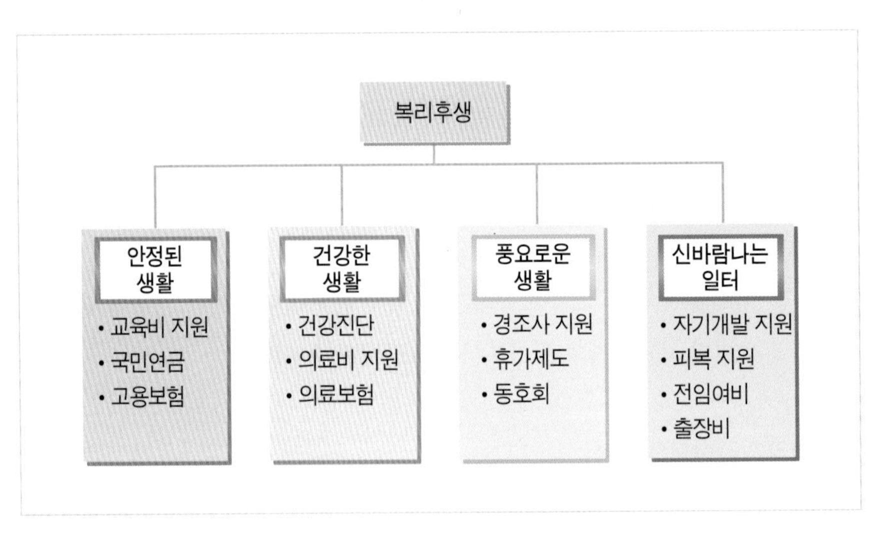

그림 9-7 외식기업의 복리후생 예

자료 : 스타벅스.

3) 경력개발

(1) 교육훈련

외식기업은 제조업체나 다른 서비스기업에 비하여 고객과의 접촉이 많고 인적자원에 대한 의존도가 높다. 따라서 외식기업의 인적자원관리는 조직운영을 위한 통제의 기능보다 종사원 개개인의 능력을 적극적으로 육성하고 활용하는 교육훈련에 보다 많은 관심과 지원을 기울여야 한다.

교육훈련(training)은 동기유발(motivation) · 고용(employment) · 보상(compensation)과 함께 4대 인사정책믹스(mix)라고 불리고 있다. 외식기업의 교육훈련은 기업 내 종사원들이 현재 보유하고 있는 지식 · 기술 · 태도가 외식기업이 종업원들에게 기대하는 수준과 차이가 클수록 그 필요성이 증대되고 이러한 환경변화에 따라 측면에서 종사원을 기업조직의 새로운 자산(asset)으로 인식하고 있다.

외식기업 종사원 대상의 교육훈련은 교육훈련에 참가한 피교육자의 학습성과를 향상시키기 위한 것이지만 궁극적으로는 실제 현장에서의 업무성과를 개선하는 데 있다. 그러나 교육에 참가한 종사원들이 교육훈련 때 습득한 지식 및 기술을 활용하려는 의지가 약하거나 현장으로의 전이(transfer of training)가 수행되지 않는다면, 교육훈련은 효과가 없는 활동이 될 것이다.

교육훈련을 지속적으로 효과 실시하는 것은 변화하는 경영환경에서 기업경쟁력을 확보하기 위한 것이다. 창의적인 교육훈련을 받은 종사원은 고객의 기대를 훨씬 상회하는 서비스를 제공하여 고객에게 만족스러운 경험을 제공하여 기업의 이익 및 가치향상에 기여할 것이다.

표 9-5

외식기업의 종사원의 교육 · 훈련계획 사례

직무명	점장(general manager)	인력개발팀리더(HR Team Leader)
직무자격요건	• 회사의 레시피 방침, 규칙, 원리에 대한 해박한 지식을 보유하고 부점장 또는 주방매니저로 2년 이상의 경력자 • 경영상의 업무를 수행하기 위해 컴퓨터에 관한 지식을 갖춘 사람	• 기획력 • 분석력 • 통솔력 • 협상력 • 상호소통기술 • 노동법에 대한 이해 • 노동시장에 대한 정보 관리 • 거시경제의 이해
준비사항	• 회사의 제 규정의 이해 • 회사 업무 프로그램의 활용법 숙지 • POS의 작동법 숙지	• 노동3법에 대한 학습 • 노동 관련 판례의 연구 • 인력개발에 대한 연구
교육 및 훈련계획	• WORD, Excel, PowerPoint 활용법 학습 • 외식기업에 시장동향 정기조사 • 상권분석 및 주변지역 판매촉진 전개 • 부하직원의 기술수준 향상	• 노동 관련 법 및 판례에 대한 사례 연구보고 • 인력개발과정의 외부위탁교육 • 공인노무사 자격 취득 권장

외식기업의 교육프로그램

◘ 제너시스 '치킨대학'

• 설립배경

우리의 음식문화를 세계 속에 알리고 한국 외식 산업 발전과 외식사업에 관심 있는 모든이들에게 그 문을 개방하여 세계속의 브랜드, 한국의 혼을 세계속에 심을 수 있는 브랜드로 성장하기 위함

• 발전과정

- 1995년 9월부터 사업시작
- 사업원년부터 교육프로그램 진행
- 2000년 9월 '치킨대학' 준공
- 2003년 9월 '치킨대학' 확장이전

• 교육대상 및 교육프로그램

BBQ, 닭익는 마을, u9 점포운영자 및 본사직원, 점포관리자뿐만 아니라 외식업에 관심있는 사람이면 누구나 교육을 받을 수 있도록 하고 있으며 점포운영 기초과정에서부터 최고경영자과정등 8개 프로그램 총 21개 과정을 개설하여 운영하고 있다.

◘ 맥도날드 '햄버거대학'

• 설립배경

세계 어디에서나 맥도날드의 똑같은 맛과 서비스를, 조직원에게는 무한한 자기 성장의 기회를 제공하여 세계적으로 성장할 수 있는 기반 마련

• 발전과정

– 1955년 프랜차이즈 매장 첫 오픈
– 1961년 교육프로그램 진행
– 1977년 10만평 규모의 대학으로 탈바꿈

• 교육대상 및 교육프로그램

매장을 신규로 오픈하게 되는 점주와 점포매니저에게 기본 레스토랑 운영에서부터 총 4단계의 관리자 개발프로그램에 이르기까지 총 9단계의 과정이 개설되어 있고 AOC(Advanced Operations Course) 고급운영자 과정이 있다.

(2) 승 진

승진(promotion)은 조직 내에서 보다 나은 직무로 수직적인 이동을 하는 것을 말한다. 따라서 보수 및 직위가 상승함에 따라 확대된 권한과 책임이 뒤따르게 된다. 공정하고 투명한 승진심사기준의 확립과 시행은 외식기업 전체의 사기진작과 동기부여에 큰 영향을 미친다. 승진관리에서 가장 핵심적인 사항은 선임권(seniority)과 역량(competence)이다. 과거에는 재직경력을 중시하는 연공주의가 많았지만 최근에는 개개인의 역량을 중시하는 성과주의가 중요시되고 있다. 하지만 외식기업의 특성에 맞게 연공주의와 능력주의를 함께 조화시키는 것이 필요하다.

표 9-6 패밀리레스토랑 종사원의 승진기준 사례

• 캡틴(Captain)

1. 5개 이상의 직무자격인정을 받거나 또는 이수학점의 합계가 12학점 이상인 자
2. 역량평가 평점 평균이 3.5 이상일 것
3. 점장의 추천을 받은 자일 것

• 매니저 트레이너(Manager trainer)

1. 7개 이상의 직무자격인증을 받거나 또는 이수학점의 합계가 20학점 이상인 자
2. 역량평가 평점 평균이 3.5 이상일 것
3. 영어 토익점수 500점 이상인 자
4. 점장의 추천을 받은 자
5. 2개 이상의 점포에서 각각 6개월 이상 근무 경험자

• 전문가(Expert)

1. 이수학점의 합계가 54학점 이상인 자
2. 매니저 트레이너(Manager trainer) 업무 수행평가 결과가 3.0 이상인 자
3. 점장, 지역매니저의 추천을 받은 자 중에서 임원 면접에서 합격한 자

• 매니저(Manager)

1. 이수학점의 합계가 54학점 이상인 자로서
2. 매니저 트레이너(Manager trainer) 업무 수행평가 결과가 3.0 이상인 자
3. 임원 면접에서 합격한 자

• 점장 트레이너(general manager trainer)

1. 역량평가, 성과평가, 고객평가의 2년간 평점평균이 3.0 이상인 자
2. 영업점포의 4개 부문의 매니저 경력이 각각 최소 3개월인자
   (단, 주방매니저는 1년 이상 경력이 있는자)
3. 매니저 경력 3년차 이상인 자
4. 점장, 지역매니저의 추천을 받은 자

• 점장

1. 점장 트레이너(general manager trainer) 업무수행 평가 결과가 3.0 이상인 자
2. 점장 트레이너(general manager trainer) 업무수행 평가는 직무평가 70% 와 인터뷰 평가 30% 반영
3. 임원 면접에서 합격한 자

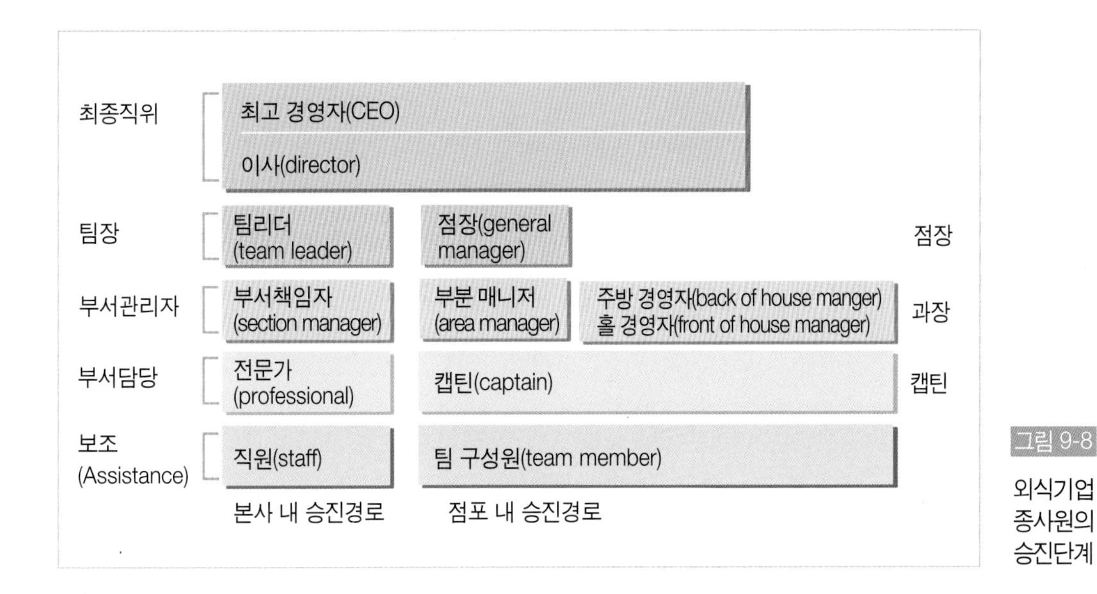

그림 9-8 외식기업 종사원의 승진단계

A 외식기업 종사원의 승진 사례

5년 전 입사한 사원의 현재 모습

- A 외식기업에 2004년 입사한 89명의 사원들은 5년 후인 2009년에 42명(47.2%)은 캡틴, 42명(47.2%)은 매니저, 1명(1.1%)은 점장으로 승진하였다. 또한, 2004년 20명의 캡틴은 2009년에 12명(60%)이 매니저, 8명(40%)이 점장의 임무를 수행하고 있으며, 매니저는 20명 중 14명(93.3%)이 점장으로 승진하였다.

	2004년 11월	2009년 11월						
직위	인원(명) (%)	임시직	별정직	사원	캡틴	매니저	점장	임원
임원	3 (1.8)							3 (100.0)
점장	10 (6.0)						9 (90.0)	1 (10.0)
매니저	15 (9.0)					1 (6.7)	14 (93.3)	
캡틴	20 (12.0)					12 (60.0)	8 (40.0)	
사원	89 (53.6)		1 (1.1)	3 (3.4)	42 (47.2)	42 (47.2)	1 (1.1)	
별정직	29 (17.5)	2 (6.9)	26 (89.7)			1 (3.4)		
Total	166 (100.0)	2 (1.2)	27 (16.3)	3 (1.8)	42 (25.3)	56 33.7	32 (19.3)	4 (2.4)

(3) 인사고과

인사고과(performance evaluation)는 외식기업에서 관리자가 조직구성원들의 모든 행위를 기업의 목적에 일치하도록 유도하기 위해 제정 · 실시하는 인사평가제도로서 구성원의 능력과 이에 따른 업적을 평가하여 종사원이 보유하고 있는 현재 또는 잠재적 가치를 조직으로 파악 · 이해하는 것이다.

표 9-7 외식기업의 인사고과 수행기준 사례

수행기준	상반기	연도별
1. 고객의 불평을 고객 10,000명당 18명에서 10명으로 줄인다.	월평균 10명 이하	월평균 8명이하
2. 직원들과 정기 미팅을 월 1회하여 개인별 성과와 역량을 점검한다.	1인당 4회	1인당 6회
3. 매월 우수 메뉴 사례를 발굴하여 경진대회를 통하여 전 직원에게 전파한다.	30건 발굴 및 전파	30건 발굴 및 전파
4. 개인의 매출 목표를 전년대비 10% 이상 달성한다.	110 110	
5. 음료 판매액을 전년 대비 10% 이상 달성한다.	110 110	

효과적인 인사고과는 상호소통이 명확하며 종사원이 업무수행에서 요구되는 것과 업무수행 증진방법을 알고 있으며 새로운 업무목표를 설정할 수 있게 해야 한다. 또한, 인사고과 과정중 기준과 본인이 받은 점수에 대해 인정하며 업무수행에 대한 보상이 적절하다고 생각해야 한다.

인사고과 방법에는 서열법, 체크리스트법, 도식척도법, 강제할당법, 특정사실기술법, 자유서술법, 목표관리법이 있다(표 9-8). 인사고과 평가가 관대화 경향, 중심화 경향 등이 있다(표 9-9).

과거의 인사고과는 종사원의 과거 실적에 대한 차별적인 보상기준에 대한 자료로서 승진 · 전직 · 상여금 · 해직 · 복직 등을 결정하는 데 사용하였으나, 최근에는 종사원의 개발 및 적재적소의 직무배치 등 적극적인 자원개발과 교육 · 훈련 · 성취 동기부여 · 배치전환 · 조직개발 등에 이용된다.

표 9-8

인사고과 방법

방 법	내 용
서열법 (ranking method)	동일한 직무를 수행하는 종사원들의 성과를 순위로 평가하는 방법
체크리스트 (checklist method)	체크리스트에 종업원의 직무태도, 잠재력 능력, 업무성과 등에 대한 표준행동을 기술하여 예, 아니오로 평가하는 방법
도식척도법 (graphical ratny scale)	인사고과자가 종사원의 특성을 각 항목별로 점수화하여 평가하는 방법. 평가점수를 선으로 지으면 종사원 특성을 시각적으로 파악할 수 있다.
강제할당법 (forced distribution method)	인사고과자가 미리 정해 놓은 비율에 맞추어 피고과자의 실적을 강제 할당하는 방법
특정사실기술법	종사원 행동에서의 특정사실, 즉 직무수행시의 성과, 잘못 등을 주시하여 바람직한 사실과 바람직하지 못한 사실을 구분하여 기록하는 방법
자유서술법	종사원의 성과나 행동 특성을 주어진 평가요소를 중심으로 피평가자에 대하여 자유로이 서술하는 방법
목표관리법	인사고과자가 종사원과 성과목표를 협의하여 업무 목표를 결정한 다음 목표 설정에 따른 결과를 평가기간에 인사고과자와 종사원이 함께 평가하는 방법

표 9-9

인사고과 평가자 오류

평가자 오류	내 용
현혹효과 (halo effect)	한 분야에 대한 호의적 또는 비호의적 인상이 다른 분야에 있어서의 그 사람의 평가에 영향을 주는 경향
이론적 오류 (logical errors)	평가요소간에 상관관계가 있는 경우에 상대적으로 높은 요소가 있으면 다른 요소도 높게 평가하는 것
대비 오류 (contrast errors)	피평가자를 자기가 가지고 있는 특성과 비교하여 평가하는 오류
근접 오류 (preximity errors)	시간적 또는 공간적으로 근접하여 평가를 하는 경우 나타나는 오류 (유사한 평가요소가 배열되어 판단의 착오를 가져오는 오류)
관대화 경향 (leniency tendency)	실제보다 관대 또는 과소평가하여 집단의 평가결과의 분포가 한쪽으로 치우치는 경향
중심화 경향 (central tendency)	평가가 보통 또는 척도상의 중심점에 집중하는 경향

표 9-10 외식기업의 서비스 종사원의 근무성적 평가표

<table>
<tr><td colspan="4">근무성적 평가표
(20 . . .)</td><td>결
재</td><td>부점장</td><td>점 장</td><td>영업팀장</td><td>관리팀장</td></tr>
<tr><td colspan="4"></td><td></td><td></td><td></td><td></td><td></td></tr>
<tr><td>소속</td><td>점</td><td>평가기간</td><td>20 . . .~
20 . . .</td><td>직 무</td><td colspan="2"></td><td>성 명</td><td></td></tr>
<tr><td>요소</td><td>항 목</td><td colspan="4">평 가 내 용</td><td>배점</td><td>평점
부점장</td><td>평점
점장</td></tr>
<tr><td rowspan="10">업무능력</td><td>업무지식</td><td colspan="4">업무에 대한 사전 지식과 판매기술을 충분히 활용하는가</td><td>10</td><td></td><td></td></tr>
<tr><td>순발력</td><td colspan="4">세일링포인트를 알고있으며 고객의 요망사항을 빨리 파악하여 적절한 상품으로 권장하고 있는가</td><td>10</td><td></td><td></td></tr>
<tr><td>응대자세</td><td colspan="4">복장이 단정하고 고객에게 친절하며 응대동작 및 접객태도가 양호한가</td><td>10</td><td></td><td></td></tr>
<tr><td>불만처리</td><td colspan="4">고객불만시 고객에게 만족할 수 있도록 적절하게 처리하는가 (L.A.F.F. SYSTEM)</td><td>10</td><td></td><td></td></tr>
<tr><td>능동성</td><td colspan="4">고객의 주문 및 요구사항에 빨리 대응하기 위하여 사전에 주의를 기울이며 능동적으로 처리하는가</td><td>10</td><td></td><td></td></tr>
<tr><td>신속, 정확</td><td colspan="4">업무를 신속, 정확하게 낭비없이 처리하고 지체되는 일은 없는가</td><td>10</td><td></td><td></td></tr>
<tr><td>보고의식</td><td colspan="4">적절한 시기에 정확한 보고를 하고 있는지, 또는 중요한 보고를 생략하지 않는지</td><td>10</td><td></td><td></td></tr>
<tr><td>업무개선</td><td colspan="4">현재 업무의 문제점을 찾아내어 개선하고 있는가</td><td>10</td><td></td><td></td></tr>
<tr><td>적응능력</td><td colspan="4">업무를 빨리 이해하고 터득하며 지시, 명령을 제대로 수행하는가</td><td>10</td><td></td><td></td></tr>
<tr><td>목표달성</td><td colspan="4">판매량과 더불어 질적판매를 함으로써 회사의 이익을 극대화하는 정도</td><td>10</td><td></td><td></td></tr>
<tr><td rowspan="5">업무태도</td><td>성실성</td><td colspan="4">맡은 일에 성심성의를 다하며 타인이 회피하는 업무를 스스로 솔선수범하여 수행하는가</td><td>10</td><td></td><td></td></tr>
<tr><td>책임감</td><td colspan="4">직무수행에 있어 이를 완수하려는 의지와 결과에 대하여 분명한 책임을 지려는 자세</td><td>10</td><td></td><td></td></tr>
<tr><td>적극성</td><td colspan="4">장기적인 안목으로 타부문의 업무까지 폭넓게 파악하려고 노력하는가</td><td>10</td><td></td><td></td></tr>
<tr><td>협조성</td><td colspan="4">동료, 상사와의 절충, 팀워크를 유지하기 위하여 노력하는가</td><td>10</td><td></td><td></td></tr>
<tr><td>활동성</td><td colspan="4">긍정적이며 밝은 사고로 조직 전체에 활력을 주는 정도</td><td>10</td><td></td><td></td></tr>
<tr><td rowspan="5">관리능력</td><td>체계정립</td><td colspan="4">업무의 방향과 정책을 적절히 설정하여 합리적으로 체계를 정립하는 정도</td><td>10</td><td></td><td></td></tr>
<tr><td>제안정신</td><td colspan="4">창의적인 발상으로 체계적인 안을 수립하여 적극적으로 제안하는 정도</td><td>10</td><td></td><td></td></tr>
<tr><td>대안제시</td><td colspan="4">곤란한 현안 문제에 대하여 단시간에 해결책을 찾아 대안을 제시하고 문제를 타개해 나가는 정도</td><td>10</td><td></td><td></td></tr>
<tr><td>목표의식</td><td colspan="4">결정된 정책과 목표를 자신있게 적극적으로 추진하여 이를 완수하는 정도</td><td>10</td><td></td><td></td></tr>
<tr><td>계획성</td><td colspan="4">스스로 목표를 설정하고 목표달성을 위하여 체계적이고 계획적으로 이를 실천해 나가는 정도</td><td>10</td><td></td><td></td></tr>
<tr><td colspan="6" rowspan="2">* 10점 만점을 기준으로 탁월9~10, 우수8, 보통7, 미흡6, 부족5점으로 평가바랍니다.
* 평가기간 종료 후 5일 이내에 관리팀에 제출 바랍니다.</td><td>총점(200점)</td><td></td><td></td></tr>
<tr><td>백분율</td><td></td><td></td></tr>
</table>

4) 전직 및 이직

(1) 전 직

전직은 조직의 필요에 의하여 종사원을 동등한 직급으로 수평적으로 이동시키는 것을 말한다. 전직은 종사원의 급료 · 직책 · 권한 등에 변화는 없고 외식기업조직의 변화 혹은 개인적인 요인에 의해 발생된다. 예를 들어, 처음 입사 시에 적합하지 않은 부서 및 직무에 배치 후 이를 시정한다거나 다기능관리자를 양성하기 위해 여러 업무를 경험하게 하는 경우이다.

(2) 이 직

이직(turnover)은 외식기업과 종사원 간의 고용관계의 종료를 의미한다.

외식기업 종사원의 이직은 비용과 생산성에 직접적인 영향을 미치고 매출에도 영향을 미치고 있다. 이직하는 종사원은 지각과 결근이 빈번해지고 업무성과가 낮아지며 이직이 가장 빈번한 시기는 처음 입사 후 2주 이내이다. 이직의 유형에는 네 가지 유형이 있는데 첫째, 종사원의 자발적인 의지에 의하여 기업조직을 떠나는 자진퇴사(resignation), 둘째, 기업의 경제적 · 전략적 필요에 의한 정리해고(layoffs)이며, 셋째, 종사원의 부주의 · 실책에 대한 적극적 대처방안으로서 징계에 의한 파면(discharge)이다. 마지막으로 넷째, 종사원의 정년으로 인한 퇴직(retirement) 등이 있다.

이직은 적절한 인사관리와 이직의 원인을 파악하고 감소시키는 것이 중요하다. 퇴직인터뷰를 통해 이직의 원인을 규명하기 위해 이직인터뷰에 기록을 남기고 퇴직 이후에도 이직의 사유를 묻는 편지를 통해 이직의 원인을 규명하여 향후 대안을 세워야 한다.

이직률은 이직자의 수를 한 달간의 평균 직원 수로 나누어 100을 곱한다.

$$이직률 = \frac{이직자\ 수}{한\ 달간의\ 평균\ 직원\ 수} \times 100$$

예제 한식음식 패밀리레스토랑에서 6월의 중간시점에서 50명에게 봉급이 지급되었고 6명의 종사원이 6월에 퇴직하였다면 이직률은 얼마일까요?

$$이직률 = \frac{6}{50} X\ 100 = 0.12\ (12\%)$$

외식산업에서의 일반적인 이직 원인은 다음과 같다.

- 선발, 고용 시 적합하지 않은 종사원을 고용한 경영자가 적절한 자격심사와 신원조회 없이 쉽게 종사원을 고용한 경우이다.
- 신입종사원을 자신의 능력과 부합되지 않는 직무에 배치된 경우다. 신입 종사원들은 맡은 직무가 도전적이지 못하거나 관심이 없으면 쉽게 따분해 하며, 직무가 너무 어려우면 쉽게 좌절하곤 한다.
- 직무 및 요구사항에 대한 정보가 전달되지 못한 경우이다. 신입종사원들은 예상한 직무와 차이점을 느낄 수 있고 직무기술서와 직무명세서는 이러한 문제점을 방시하는 데 매우 도움을 준다.
- 리더십이 없는 경영자는 잠재력을 가진 좋은 종사원을 이직하게 하는 원인이 된다. 신입종사원에게는 도움을 주는 지지자(mentor)가 필요하다.
- 급료체계가 타당하지 않은 경우이다. 신입종사원의 임금이 유사한 직종에서 근무하고 있는 종사원의 임금보다 낮은 경우 이직을 유발한다.
- 교육프로그램의 결여되었을 경우이다. 교육훈련을 많이 받은 종사원일수록 근속하는 경향이 있다. 지속적인 교육프로그램을 운영하는 조직일수록 장기간 종사원을 유지할 수 있다. 교육은 능률, 생산성 및 충성도를 향상시킨다.
- 불평처리 절차가 체계화되어 있지 않을 경우이다. 만일 종사원이 불평이 있다면 불평을 전달할 수 있는 체계가 필요하다.
- 열악한 근무환경 때문이다. 시설이 적당하지 않은 경우 이직률이 높아지고 화장실과 목욕시설 등은 종사원의 위생표준을 향상시키는 데 도움을 준다.

- 승진기회의 결여이다. 신입종사원들은 승진할 수 있는 경로를 알고자 한다.
- 금전적 보상이 결여되었을 경우이다.
- 경영자의 관심 결여이다. 좋은 경영자, 부서장과 종사원과의 좋은 인간관계는 종사원의 이직을 줄여준다.

이직률을 합리적으로 파악하려면 자진퇴사, 해고, 정리해고 등에 따라 구분하고 생산부서, 서비스 부서 등 직종에 따른 이직률도 분석해야 한다. 외식경영자는 신입종사원들이 평균적으로 어느 정도의 기간 동안 근무하는지의 분석자료를 확보해야 한다. 신입종사원의 이직이 빈번하다면 반드시 원인을 규명해야 한다.

이직률을 줄이기 위한 방법은 다음과 같다.

- 외식기업의 이직률과 이직으로 인한 비용을 측정한다.
- 고용과 유지에 대한 프로그램을 구축한다. 가장 효율적인 이직률 감소 방안은 장기적이고 효과적인 종사원을 선발하는 것이다.
- 외식경영자가 종사원들이 쉽게 조직에 적응할 수 있게 도와주고 친교의 시간을 가진다.
- 이익분배를 공유할 수 있도록 제공한다. 조직을 구성하는 종사원들이 외식기업의 이익 증대에 대한 보상을 받게 한다.
- 현실적인 취업박람회를 제공한다. 신입종사원들에게 업무를 시작하기 전에 직무에 대한 현실감각을 익힘으로써 고용 후에 비현실적인 기대를 하지 않도록 도움을 줄 수 있다. 취업박람회를 통해 기업정책과 조직행동에 대해 소개할 수 있고 신입종사원들이 수행하게 될 과업을 명확하게 보여 주어야 한다.
- 종사원들이 직무만족을 달성할 수 있도록 도와준다. 직무에 불만족한 종사원일수록 그렇지 않은 종사원보다 높은 이직률을 보이고 있다.
- 종사원들이 자신들의 직무에 자긍심을 갖고 또한 조직에서 중요한 자산이라는 것을 인지할 수 있도록 직무향상 프로그램을 실시한다.
- 교육훈련을 지속적으로 실시한다. 질 높은 교육훈련은 이직률을 줄일 수 있다.

4. 외식 노사관계관리

노동조합(union)은 경영자를 대상으로 단체로서 원하는 것을 요구하는 근로자들의 집단이다. 노사관계는 근로자와 경영자 사이에서 근로조건에 대한 대립적인 관계이므로 상호간의 논쟁의 여지가 존재한다. 불필요한 논쟁을 지양하고 상호이익을 추구하기 위해서는 노사가 상대방을 대등한 동반자(partner)로서 서로 존중해야 한다. 상호이익(win-win)을 이끌어내는 것이 중요하다.

외식기업 종사원들이 노동조합에 가입하는 이유는 고용이 불안정하고 임금수준과 복리후생이 부적당하고 근무환경이 열악한 경우이다.

모든 외식기업에 노동조합이 조직되어 있는 것은 아니며 모든 종사원이 노동조합에 가입하는 것은 아니다. 노동조합의 가입여부는 종사원의 개인적인 선택에 달려있으며 회사 측은 보통 종사원이 가입하지 않기를 바라며, 반대로 노동조합에서는 가입을 권유한다. 일반적으로 중간관리자 이상의 직급이 되면 노동조합에 가입하지 않고 있다.

참고문헌

권순일(1999). 조직행위론. 세종출판사.

김민주(2001). 종업원 교육훈련의 구성요소와 전이성과 간의 관계에 대한 산업별 비교 연구. 관광학연구, 24(3): 89-105.

박운성(1998). 인적자원관리. 진명문화사.

서울대학교 경영연구소 편(1982). 경영학핸드북.

윤지환 · 김정만(2001). 특급호텔 파견근로자와 정규근로자 간의 직무만족에 관한 비교연구. 관광학연구, 25(2): 275-294.

이건희(1997). 현대경영학의 이해. 학문사.

British Institute of Management(1952). Job Evaluation: A Practical Guide in Personal Management Series.

Davis, R. C.(1951) *The Fundamentals of Top Management*. Haper and Row.

Dittmer, P. R., & Griffin, G. G.(1993). *Dimensions of the Hospitality Industry*. Van Nostrand Reinhold.

Drummond, K.E.(1990). *Human Resource Management for the Hospitality Industry*. John Wiley & Sons, Inc.

Hotel & Restaurant(2002). 8월.

Keiser, J., DeMicco, F. J., & Grimes, R. N.(2000). *Contemporary Management Theory: Controlling and Analyzing Costs in Foodservice Operations (4th Ed.)*. Prentice Hall.

Tanke, M. L.(1990). *Human Resources Management for the Hospitality Industry*. Delmar.

Yoder, D.(1962). *Personnel Management & Industrial Relation*, 5th ed., Prentice-Hall.

Chapter 10
외식회계 및 재무관리

외식기업의 재무제표 분석은 어떻게 이루어지는가?
외식기업에서 투자결정 및 자본조달은 어떻게 하는가?

1. 외식기업의 회계
2. 외식재무관리

Chapter 10

외식회계 및 재무관리

학습목표

1. 회계의 역할 및 기능에 대하여 이해한다.
2. 회계정보의 이용자가 누구인가를 정확히 파악한다.
3. 재무제표를 충분히 이해하여 분석결과를 효과적으로 활용할 수 있도록 한다.
4. 자본예산 개념에 대한 충분한 이해를 도모한다.
5. 투자안의 평가와 선택에 대한 세부사항을 숙지한다.

1. 외식기업의 회계

외식기업은 다양한 업종에서 음식과 서비스를 판매하고 있음에도 불구하고 수익성(profitability)과 유동성(liquidity)의 확보라는 동일한 목표를 가지고 있다. 이러한 목표를 수행하기 위해 기업은 재무활동 · 투자활동 · 영업활동을 수행하고 있다(그림 10-1).

재무활동(financing activities)은 외식기업을 설립 · 운영하는 데 소요되는 자금을 조달하는 활동을 말한다. 여기에는 필요한 자금의 조달, 영업결과의 이익분배, 금융기관으로부터의 자금 대여 및 부채상환 등이 포함된다.

투자활동(investment activities)은 외식기업의 음식 및 서비스를 생산 · 판매하는 과정에서 필요한 여러 가지 자산을 취득 · 처분하는 것과 관련된 활동을 말하며, 부동산 등의 고정자산의 취득 및 처분 등이 이에 포함된다.

영업활동(operating activities)은 외식기업의 목적과 직접 관련된 활동으로 식재료 구입, 음식 및 서비스의 생산 · 판매 종사원의 임금 등의 관리비 지급, 기업홍보를 위한 광고비의 지급, 세금납부 등이 포함된다.

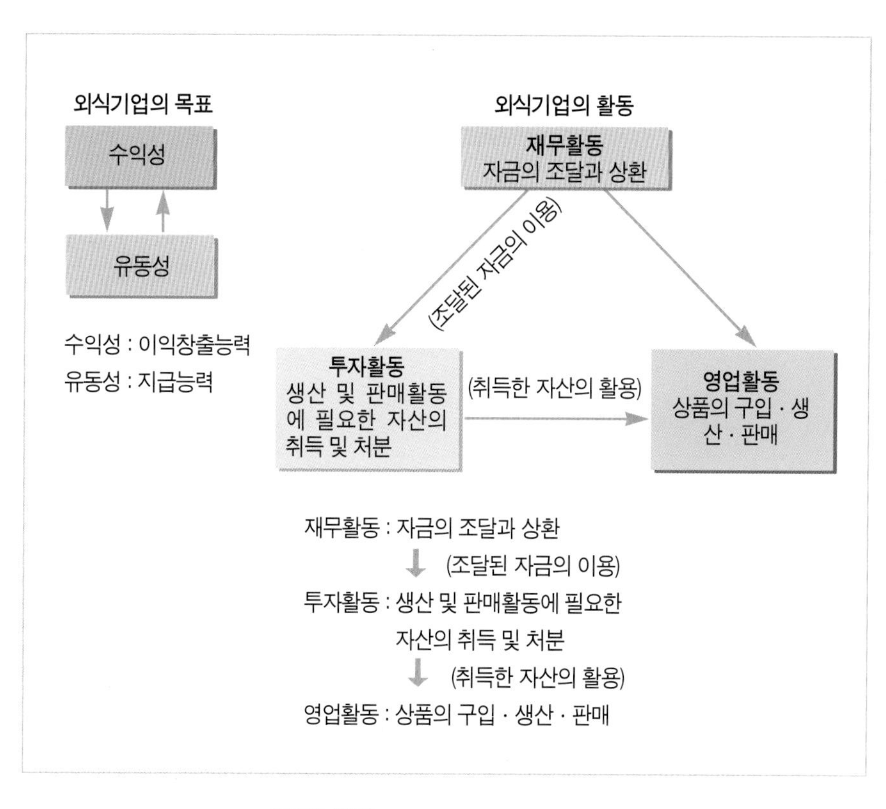

그림 10-1 외식기업의 목표와 활동

1) 외식회계의 이해

(1) 외식회계의 정의 및 과정

외식회계(accounting)는 경제적 의사결정에 필요한 정보를 제공하기 위해 외식기업의 경제적 행위를 측정 · 전달하는 행위이다. 즉, 회계는 재무정보시스템으로서 외식기업의 경제적 상황을 파악하여 기록하고 정보를 전달하는 일련의 과정이다.

회계의 과정은 다음의 네 가지 과정으로 요약된다(그림 10-2).

- 거래의 파악 : 음식 및 서비스 판매, 출장연회의 판매, 종사원 급여 지급 등의 경제적 활동 증거를 선별한다.

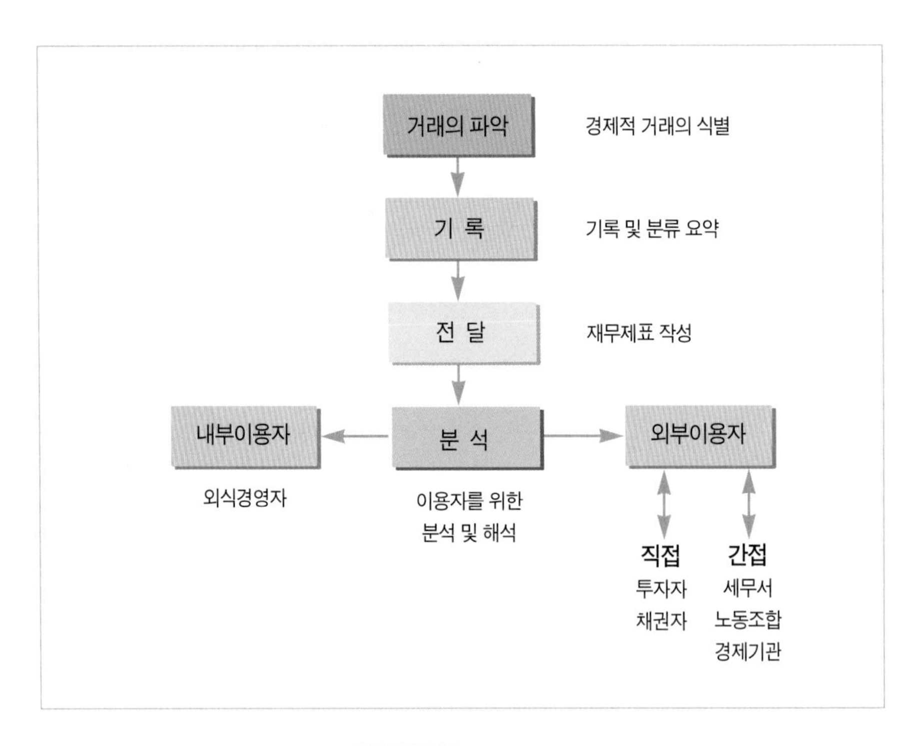

그림 10-2 회계 과정

- 거래의 기록 : 외식기업의 재무활동 내역을 시간별로 기록하여 체계적으로 분류한다.
- 전달 : 표준화된 재무제표의 형태를 정보이용자들에게 전달한다.
- 분석 및 해석 : 보고된 정보를 토대로 하여 외식기업의 재무상태를 분석 · 해석한다.

(2) 회계의 기능

회계의 기능은 회계정보를 산출하고 이용자들에게 전달하여 경제적 의사결정에 이용하게 함으로써 한정된 자원을 효율적으로 배분하도록 하는 것이다. 우리가 흔히 알고 있는 부기는 단지 경제적 거래를 기록하는 것을 말하지만, 반면에 회계는 경제적 거래를 파악하여 기록 · 전달한다는 점에서 부기와 구별된다. 회계의 기능은 크게 측정과 전달 기능의 두 가지로 요약할 수 있다.

■측정기능(measuring function)

기업이 수행한 경제적 행위를 화폐가치로 환산하여 적절한 회계정보로 전환하는 기능이다. 여기서 회계정보가 화폐가치를 토대로 측정되는 이유는 화폐단위가 가치비교를 위해 가장 적합한 수단이자 공통적인 척도이기 때문이다.

■전달기능(communication function)

회계과정을 통하여 만들어진 회계정보를 이용자에게 전달하는 기능으로전달수단은 재무상태표, 손익계산서 등의 재무제표(financial statements)이다. 모든 이용자들에게 유용한 회계정보가 되려면 적합성, 신뢰성, 일관성, 호환성 등의 조건이 만족되어야 한다.

(3) 외식회계정보의 이용자

회계는 기업의 언어로서 기업의 재무정보를 전달하는 역할을 담당한다. 회계정보의 이용자는 내 · 외부 및 의사결정의 종류에 따라 구분된다. 내부이용자에는 최고경영자와 중간관리자 등의 외식기업의 의사결정자들이 해당된다. 외부이용자는 직접 및 간접이용자로 나눌 수 있으며 직접 이용자에는 투자자와 채권자 등이 있고, 간접이용자에는 공급업자, 종사원과 노동조합, 고객, 정부경제기관, 세무서 등이 해당된다.

외식기업의 경영자는 외식기업 경영을 계획 · 통제 · 평가하기 위해 회계정보를 이용하며 적시적소에 정보가 제공되기를 원한다. 즉, 외식경영자는 점포의 월별 매출, 식재료 매출액 대비 원가비율, 종사원의 1인당 생산성 등의 회계정보를 필요로 한다. 이를 위해 내부보고서가 작성되며 여기에는 경영 대안들의 재무적 비교, 차기 연도의 예상비용 내역 및 현금수요 등이 포함된다.

외식기업의 투자자는 자본시장에서 현재 또는 미래의 투자의사결정과 관련하여 투자위험 및 투자수익을 평가할 수 있는 회계정보를 필요로 한다. 채권자는 자금 대여에 관한 의사결정을 위해 해당 외식기업의 원리금 지급능력을 평가할 수 있는 정보, 즉 매출신장률, 경쟁기업과의 수익성 비교, 만기 도래 시 부채 변제능력, 이자 및 배당금을 지불할 현금보유량 등을 필요로 한다.

외식기업 또는 점포의 공급업자(거래처)는 미지급금의 지급능력을 평가할 수 있는 정보를 필요로 하며, 종사원과 노동조합은 기업의 안정성, 수익성, 급여 및 퇴직금의 지급능력을 평가할 수 있는 정보 등을 필요로 한다. 고객들은 외식기업의 장기적 존속 가능성에 대한 정보를 요구하고 정부 및 감독기관은 자원의 효율적 배분을 위한 정책 입안, 기업활동의 규제, 조세정책의 결정 및 기타 경제활동 관련통계를 위한 정보 등을 필요로 한다.

(4) 외식회계의 분류

외식회계는 외식회계정보의 이용자에 따라 재무회계(financial account-ing)와 관리회계(managerial accounting)로 나누어진다.

■ 재무회계

재무회계는 투자자, 채권자, 고객, 종사원 등의 외식기업 외부의 이용자들이 효과적으로 경제적 의사결정을 하는 데 유용한 정보를 제공하는 회계를 말한다. 다양한 정보이용자들의 요구를 모두 만족시키기는 어려우므로 재무회계의 재무보고서는 정보이용자들의 공통된 정보요구만을 충족시킬 수 있는 회계정보를 반영·보고한다는 의미에서 일반목적 재무보고서라고 한다. 재무회계는 기업이 과거에 수행한 경제적 거래에 대한 결과만을 반영하여 보고한다.

■ 관리회계

관리회계의 재무보고서는 재무회계와 달리 기업 내부의 특정한 경제적 의사결정에 적합한 회계정보만을 제공하므로 특수목적 재무보고서라고 한다. 관리회계는 주로 내부이용자인 외식경영자의 의사결정에 필요한 정보를 제공하는 것을 목적으로 하고 있다. 관리회계에 포함되는 경영의사결정에는 원가분석, 경영성과분석, 예산 편성, 상품 및 서비스의 가격 결정, 투자 여부의 결정 등이 있으며, 주로 미래를 예측하는 정보를 반영하고 있다.

외식기업의 관리회계에는 경영 성과를 분석한 객단가, 좌석회전율 등이 해당된다.

객단가(average customer check)는 매출액을 고객 수로 나눈 것으로 점포의 매출 동향을 파악하는 데 도움이 된다. 객단가가 평상시보다 낮을 경우에는 다른 메뉴를 제공하거나 후식이나 전채요리 판촉을 강화하여 음식가격을 높이는 것도 한 방법이다. 객단가가 너무 높게 책정되면 가격에 민감한 고객들은 재방문하지 않을 수 있다.

좌석회전율(seat turnover)은 점포의 테이블 좌석이 얼마나 잘 채워지는가를 나타내는 지표이다. 좌석회전율은 고객 수를 좌석 수로 나눈 것으로 좌석회전율이 낮은 것은 더 많은 고객을 수용할 수 있다는 것을 의미하고 높은 좌석회전율은 점포의 식당공간을 확장해야 함을 나타낸다.

2) 재무제표의 이해

회계과정의 결과를 정보이용자에게 전달하기 위해 외식기업의 회계정보를 요약한 재무보고서를 재무제표(financial statements)라고 한다. 일반적으로 중요한 재무제표에는 재무상태표(종전 대차대조표), 손익계산서, 현금흐름표 등이 있다.

(1) 재무상태표

재무상태표(balance sheet)는 일정 시점에서 외식기업의 재무상태를 보여주는 재무제표라고 정의할 수 있다. 여기서 재무상태란 외식기업이 보유한 경제적 자원의 화폐가치와 채권자 및 자본가에게 지급해야 할 의무의 크기를 의미한다. 재무상태표는 기업의 재무상태뿐만 아니라 단기채무의 채무능력과 해당기업의 자본구조(부채와 자본의 구성비율)를 파악하는 데 유용한 정보를 제공한다.

재무상태표를 구성하는 3대요소는 자산, 부채, 자본이며 외식기업의 재무상태를 파악하는 데 필요하다.

회계적인 차원에서 기업경영의 두 가지 기본요소는 기업이 소유하고 있는 자산(asset)과 타인으로부터 대여한 부채(liabilities)이다. 자산(asset)은 기업이 소유하고 있는 경제적 자원을 말하며, 과거 거래에 대한 결과로서 미래의 경제적 효익을 의미한다. 자산은 유동자산과 고정자산으로 구분된다. 유동자산은 1년 이내에 현금화가 가능한 자산을 말하며, 현금, 예금, 유가증권, 매출채권(외상매출금 및 받을 어음), 재고상품 등이 해당된다. 고정자산은 투자목적 혹은 영업활동에 사용할 목적으로 장기간 보유하는 자산을 말하며, 건물, 토지, 장비, 비품 등이 해당된다.

자본(capital)은 잔여 지분으로서 자산을 요구할 수 있는 권리를 말하며, 총자산에서 타인 지분인 총부채를 제외한 잔액만이 외식기업 소유자의 지분(owner' s equity)으로 귀속된다. 자본에서 자본금은 납입한 자금 또는 발행주식의 액면총액인 법정자본금을 의미하며, 이익잉여금은 기업의 영업결과 발생한 이익 중 주주에게 배당금으로 지급되지 않고 미래의 재투자를 위해 기업 내 유보가 결정된 금액을 말한다. 외식기업이 부채가 전혀 없으면 다음과 같은 등식이 성립된다.

자산 = 자본

부채(liabilities)는 과거 거래의 결과로 인하여 제3자에게 상품 또는 서비스를 이전해야 하는 기업의 현재 의무를 말한다. 여기서 제3자는 기업에게 신용을 제공했기 때문에 채권자(creditor)라고 하며 채권자는 해당 부채금액에 해당하는 만큼의 자산청구권을 소유하고 있다. 부채는 유동부채와 고정부채로 나뉜다. 유동부채는 1년 이내에 도래하는 부채로서 외상매입금, 지급어음, 선수금, 단기차입금, 미지급금 등이 포함된다. 고정부채는 상환기일이 1년 이후인 부채이며 장기차입금, 사채 등이 해당된다.

외식기업의 자산은 채권자 청구권인 부채와 소유자의 청구권인 자본으로 나누어진다.

자산 = 부채 + 자본

재무상태표 · 손익계산서 · 현금흐름표의 3대 재무제표는 상호유기적이며 상호보완적인 관계를 가지고 있다. 재무제표의 분석과정에서 유용한 정보를 산출하려면 특정 재무제표에 너무 많은 비중을 주어서는 안 된다. 세 가지 재무제표는 제각기 고유한 특성에 의해 작성되므로 상황에 따라 개별적 · 종합적으로 분석해야 한다.

재무상태표 제14기 2008년 12월 31일 현재 (단위 : 원)	
과목	제14기
	금액
자산	
유동자산	27,373,434,771
당좌자산	24,753,394,029
재고자산	2,620,040,742
비유동자산	23,655,665,806
투자자산	3,467,593,636
유형자산	15,535,236,810
무형자산	442,480,362
자산 총계	51,029,100,577
부채	
유동부채	35,134,995,568
비유동부채	2,266,480,780
부채 총계	37,401,476,348
자본	
자본금	1,200,000,000
자본잉여금	
자본조정	
이익잉여금(결손금)	12,063,910,364
자본 총계	13,627,624,229
부채와 자본 총계	51,029,100,577

그림 10-3 M 외식기업의 재무상태표

(2) 손익계산서

손익계산서(income statement)는 일정기간 동안의 외식기업의 경영성과를 보여주는 재무제표이다. 손익계산서는 수익(revenue), 비용(expenses), 이익 혹은 손실(profit or loss)의 세 가지 요소로 구성되어 있다.

수익은 외식기업의 주요 영업활동인 상품(음식)과 서비스의 상거래를 통해 획득하는 매출과 영업 외 활동에서 얻게 되는 이익(gains)이 있다. 비용은 외식기업이 음식과 서비스를 생산 · 판매하기 위해 소요된 경비로서 생산하는 데 소요되는 매출원가와 판매 및 관리활동에 소요되는 인건비, 광고선전비, 수도광열비 등의 판매비 및 관리비가 포함된다. 또한 영업 외 활동으로 인한 순자산의 감소분을 손실(예 : 유가증권 처분손실)이라 한다.

손익계산서
제14기 2008년 1월 1일부터 2008년 12월 31일까지

(단위 : 원)

과목	제14기
	금액
매출액	123,990,499,984
매출원가	83,420,683,946
매출총이익(손실)	40,569,816,038
판매비와관리비	31,405,109,959
영업이익	9,164,706,079
영업외수익	877,862,377
영업외비용	1,226,351,600
법인세비용차감전순이익(손실)	8,816,216,856
법인세비용	2,576,590,395
당기순이익(손실)	6,239,626,461

그림 10-4 M 외식기업의 손익계산서

외식기업이 일정기간 동안 영업활동 및 영업 외 활동을 수행함으로써 발생한 수익과 이득을 합한 금액이 비용과 손실을 합한 금액보다 많으면 순이익이 발생하고 반대인 경우는 순손실이 발생하게 된다. 재무제표는 주로 회계기간마다 산출되므로 해당 회계기간의 이익 혹은 손실을 당기순이익(net income) 혹은 당기순손실(net loss)이라 한다. 외식기업이 영업활동을 영위하는 목적 중 하나는 이익 창출이므로 당기순손실보다는 당기순이익을 최대화하는 것이 중요하다.

외식기업의 손익계산서에는 4단계의 이익 수준이 있으며, 일정기간 동안 특정 기업의 경영성과를 올바르게 파악하려면 이 4단계를 정확히 이해해야 한다. 첫 번째 단계 이익은, 총매출액에서 매출원가를 차감한 매출총이익(gross margin)이다. 두 번째 단계는 매출총이익에서 판매비 및 관리비를 차감한 영업이익(operating profit)이다. 세 번째 단계는 영업이익에 영업외 이익을 더하고 영업외 손실을 제한 법인세차감전순이익이다. 네 번째 단계는 법인세를 제하고 남는 것을 당기순이익(net income)이라 한다.

(3) 현금흐름표

현금흐름표(statement of cash flows)는 일정기간 동안 외식기업의 영업 · 투자 · 재무활동으로 인한 현금유출액과 유입액을 보여주는 재무보고서이다. 현금은 외식기업을 운영함에 있어 매우 중요한 역할을 하므로 현금의 유출입 경로에 관한 정보는 모든 정보이용자의 주된 관심사이다.

손익계산서상의 이익은 현금처럼 보일 수도 있으나 그렇지 못한 경우도 있어 손익계산서나 재무상태표는 현금 자체의 변동 내용을 자세히 나타내지 못하는 반면 현금흐름표는 현금흐름상황을 잘 보여주어 기업의 도산 징후 예측에 보다 나은 정보를 제공하고 있다.

특정 외식기업의 수 년간 현금흐름표에 나타난 정보를 바탕으로 다음과 같은 정보를 얻을 수 있다. 첫째, 해당 외식기업의 채무지급능력이 개선되고 있는가, 둘째, 영업활동을 통해서 영업비용, 부채상환, 이자지급 등 지급의무를 수행할 수 있는 충분한 현금흐름이 지속적으로 창출되고 있는가이다. 셋째, 영업활동을 통해서 기업의 성장에 필요한 투자자원이 확보되는가, 넷째, 주주에게 배당금을 지급할 수 있을 정도로 충분한 현금흐름이 창출되고 있는가 이다.

현금흐름표 제15기 2009년 1월 1일부터 2009년 12월 31일까지 (단위 : 원)	
과목	제15(당)기
	금액
영업활동으로 인한 현금흐름	(1,333,159,429)
당기순이익	325,465,122
현금의 유출이 없는 비용등의 가산	9,776,467,290
현금의 유입이 없는 수익등의 차감	(224,212,367)
영업활동으로 인한 자산 · 부채의 변동	(11,210,879,474)
투자활동으로 인한 현금흐름	(26,149,367,245)
투자활동으로 인한 현금 유입액	3,952,334,252
투자활동으로 인한 현금 유출액	(30,101,701,497)
재무활동으로 인한 현금흐름	5,769,130,271
재무활동으로 인한 현금 유입액	7,569,130,271
재무활동으로 인한 현금 유출액	(1,800,000,000)
현금의 증가(감소)	(9,160,449,833)
기초의 현금	9,252,168,966
기말의 현금	91,719,133

그림 10-5 M 외식기업의 현금흐름표

(4) 재무제표의 분석

재무제표분석(financial statements analysis)이란 재무제표를 통하여 외식기업의 과거 재무성과 즉, 수익성, 유동성, 안전성 및 효율성 등을 평가하고 이를 바탕으로 미래에 대한 재무 전망을 하는 것을 목적으로 한다.

재무제표의 분석방법 중 가장 많이 활용 되고 있는 방법은 재무비율분석(financial ratio analysis)이다. 재무비율분석은 재무제표의 구성항목 중 상관성이 있는 것을 결합하여 비율로 산출하는 것이다.

구체적인 재무비율분석에는 유동성, 수익성, 안정성 및 효율성 비율 등이 있다.

첫째, 유동성 비율(liquidity ratio)은 외식기업의 단기채무에 대한 지급능력을 측정하며 유동비율, 당좌비율, 매출채권회전율 등이 있다. 경기불황 혹은 침체 등으로 인한 영업손실의 발생, 식재료 가격의 상승 등과 같은 어려운 상황에서 외식기업의 단기적 지급 능력은 기업생존에 중요한 역할을 한다.

둘째, 수익성 비율(profitability ratio)은 외식기업의 이익창출능력을 나타내는 비율이며 매출액 순이익률, 총자산 순이익률(ROA), 자기자본 순이익률(ROE), 주당순이익(EPS) 등이 있다. 수익성 비율은 자산의 효율적인 이용 정도에 의하여 영향을 받는다. 수익성이 낮은 외식기업은 이자와 원금 상환능력이 낮기 때문에 신규 및 추가대여의 제공을 기피하고 기존의 대여 자금을 가능한 빨리 회수하려 한다.

셋째, 안정성 비율(safety ratio)은 기업의 장기 지급 능력을 말하며 일명 레버리지 비율(leverage ratio)이라고도 한다. 즉, 만기 시 고정부채를 상환할 수 있는 능력을 의미하며 부채비율, 이자보상비율 등이 해당된다.

마지막으로, 효율성 비율(efficiency ratio)은 외식기업의 자산이 얼마나 효율적으로 이용되고 있는지를 측정하는 것으로 자산이 얼마나 빠르게 매출액이나 현금으로 전환되는지를 나타내며 활동성 비율이라고도 한다. 효율성 비율에는 재고자산회전율, 고정자산회전율, 총자산회전율 등이 있다.

통일회계제도

미국에서는 외식점포의 재무제표 작성을 위해 통일적인 방식을 개발하여 사용하고 있다. 이것을 레스토랑을 위한 통일회계시스템(Uniform System of Accounts for Restaurants)이라고 하며, 이 양식은 미국 레스토랑협회(National Restaurant Association : NRA)에서 발행하고 있다. 이 양식을 통해 영업성과에 대한 통일된 분류와 양식이 제공되어 외식산업 내에서 기업의 성과를 보다 쉽게 비교할 수 있게 되었다.

통일회계시스템의 대차대조표, 손익계산서, 현금흐름표의 예는 다음과 같다.

〈통일회계시스템의 대차대조표의 예〉

Current Assets			
Cash			
House banks	$ 8,500		
Cash in bank	30,000	$ 38,500	
Account receivable			
Customers	$ 10,000		
Inventories			
Food	$ 40,000		
Beverage	25,000		
Other	10,000	$ 75,000	
Prepaid expenses		$ 9,000	
Total current assets			$ 132,500
Fixed assets			
Land-parking lot		$120,000	
Building improvements	$700,000		
Less accumulated depreciation	$105,000	$595,000	
Furniture and fixtures	$400,000		
Less accumulated depreciation	200,000	$200,000	
Operating equipment and uniforms		$ 95,000	
Total fixed assets			$1,010,000
Other assets			45,000
Total assets			$1,187,500

Liabitities and Shareholders' Equity		
Current liabilities		
Accounts payable	$145,000	
Current portion of long-term debt	50,000	
Accrued expenses	65,000	
Other current liabilities	44,000	
Total current liabilities		$ 304,000
Long-term debt(less current portion)		$ 450,000
Other noncurrent liabilities		89,000
Total liabilities		$ 843,000
Shareholders' equity		
Capital stock	$200,000	
Retained earnings end of year	144,500	
Total shareholders' equity		$ 344,500
Total liabilties and shareholders' equity		$1,187,500

(계속)

〈통일회계시스템의 손익계산서의 예〉

	Amounts	Percentages
Sales		
Food	$ 800,000	80.0
Beverage	200,000	20.0
Total sales	$1,000,000	100.0
Cost of sales		
Food	$ 320,000	40.0
Beverage	50,000	25.0
Total cost of sales	$ 370,000	37.0
Gross profit		
Food	$ 480,000	60.0
Beverage	150,000	75.0
Total gross profit	$ 630,000	63.0
Operating expenses		
Salaries and wages	$ 260,000	26.0
Employee benefits	40,000	4.0
Occupancy costs	57,000	5.7
Direct operating expense	50,000	5.0
Music and entertainment	2,000	0.2
Marketing	20,000	2.0
Utility services	40,000	4.0
Depreciation	20,000	2.0
General and administrative	35,000	3.8
Repairs and maintenance	20,000	2.0
Other income	(1,000)	(.10)
Total operating expenses	$ 546,000	54.6
Operating income	$ 84,000	8.4
Interest	$ 10,000	1.0
Income before income taxes	$ 74,000	7.4
Income taxes	$ 11,000	1.2
Net income	$ 63,000	6.3
Retained earnings, beginning of this period	$ 101,600	
Less dividends	($ 20,100)	
Retained earnings, end of period	$ 144,500	

(계속)

〈통일회계시스템의 현금흐름표의 예〉

CASH FLOWS FROM OPERATING ACTIVITIES	
Cash received from customers	$996,000
Cash paid to suppliers and employees	(906,400)
Interest costs	(10,000)
Income taxes paid	(11,100)
Net cash provided by operating activities	$ 68,500
CASH FLOWS FROM INVESTING ACTIVITIES	
From sale of equipment	$ 1,000
Payment for new equipment	(15,000)
Net cash used in investing activities	($14,000)
CASH FLOWS FROM FINANCING ACTIVITIES	
Payment on long-term debt	($18,000)
Dividends paid	(20,000)
Net cash provided by financing activities	($38,000)
Net increase (decrease) in cash	$ 16,500
Cash, beginning of period	$ 22,500
Cash, end of period	$ 38,500

2. 외식재무관리

1) 외식재무관리의 이해

(1) 외식재무관리의 개념

재무관리(financial management)는 외식기업의 투자에 필요한 자금조달과 운용을 다루는 활동이다. 즉, 재무관리는 외식기업의 가치극대화를 위하여 합리적인 투자결정과 자금조달을 위한 활동이다.

외식기업에서 재무담당자(treasurer)가 수행하는 재무의사결정은 투자결정과 자금조달 결정의 두 가지로 요약될 수 있다. 투자 결정은 어느 정도의 자금을 어떤 자산에 투자할 것인가에 대한 결정을 말한다. 투자결정에 의해서 자산의 규모와 구성이 결정되며 그 결과는 재무상태표의 차변에 기록되어진다. 자금조달의 결정은 투자결정이 내려진 후 투자에 소요되는 자금을 어떻게 조달할 것인가에 대한 결정을 의미한다. 자본조달 결정에 의해 자본 구조(부채와 자기자본의 비율)의 규모와 구성이 설정되며 결과는 재무상태표의 대변에 기록된다. 또한 이익을 사내에 유보할 것인가 아니면 배당금으로 지급할 것인가에 대한 의사결정도 포함된다.

외식기업의 재무관리 담당자는 내부조달 혹은 금융시장(financial market)을 통해 필요한 자금을 조달하여 주로 영업활동을 위한 실물자산에 자금을 투자한다. 자금투자의 결과로 산출되는 성과(현금흐름)에 의해 발생된 이익은 투자자인 주주나 채권자에게 배당금 또는 이자의 형태로 지불된다. 또한 외식기업이 향후 새로운 사업영역에 재투자할 자금이 필요하다면 이익금 중 일부를 사내에 유보할 수 있다. 투자자에게 배당금이나 이자를 지불하려면 투자된 자금보다 더욱 많은 현금흐름을 통해 부가가치(value added)를 창출해야 한다.

(2) 외식재무관리의 목표

전통적으로 외식재무관리의 목표는 이익의 극대화였으나 최근 들어 이에대한 문제점이 자주 거론되고 있다. 그 이유로 첫째, 이익극대화에서의 이익은 회계적 측정치로서 기업의 경제적 성과를 잘 표현하지 못하기 때문이다. 즉, 이익은 손익계산서상의 이익으로서 기업의 실제현금흐름(cash flow)과 반드시 일치한다고 볼 수 없다. 또한 이익은 각 기업의 감가상각, 재고자산 평가 등의 여러 가지 회계처리방법에 따라 측정이 달라질 수 있어 자의적인 측정치라고 할 수 있다. 둘째, 이익은 현금흐름의 발생시기를 잘 반영하지 못하고 있다. 예를 들어, 현재 10억 원의 수익이 있으나 10년 후에 11억 원의 비용이 발생하는 투자대안 '가' 와, 현재 20억 원의 비용을 지출하여 10년 후에 22억 원의 수익을 얻을 수 있는 투자대안 '나' 가 있다고 가정하자. 여기서 단순히 이익극대화 목표에 의해 두 가지 투자대안을 평가하면 대안 '나' 는 2억원만큼의 이익을 획득할 수 있고, 반면에 '가' 는 1억 원의 투자손실의 발생이 예상되므로 대안 '나' 를 선택하는 것이 적절해 보인다. 하지만 이런 평가방법은 현금 발생시기에 따라 그 가치가 달라질 수 있다는 사실을 반영하지 못한다. 즉, 서로 다른 시점에서 발생하는 이익을 정확하게 파악하지 못하고 있다.셋째, 이익극대화는 미래이익의 불확실성의 정도에 따른 질적 가치를 반영하지 못한다. 예를 들어, 1,000만 원을 투자하여 1년 후에 1,200만 원을 동일하게 벌어들일 수 있다고 예상되는 두 가지 투자대안이 있다고 하자. 대안 '가' 는 은행의 정기예금에 가입하는 것이고, 대안 '나' 는 새로운 메뉴 개발에 투자하는 것이다. 여기서 정기예금에 대한 투자는 불확실성이 거의 존재하지 않지만 대안 '나' 는 위험(risk)이 훨씬 높게 나타난다. 일반적으로 위험을 회피하고자 하는 투자자는 대안 '가' 를 더 선호할 수 있으나 두 투자안은 기대이익이 같기 때문에 이익극대화에 의해서는 투자에 대한 우열을 판단할 수 없다.

이와 같은 이유로 외식기업의 재무관리 목표는 이익극대화에서 기업가치의 극대화(firm' s value maximization)로 점점 대체되고 있다. 기업가치는 기업이 미래에 획득할 현금흐름을 그 발생시기와 불확실성의 정도에 따라 적절하게 평가한 현재가치의 총합을 의미한다. 바꾸어 말하면, 기업의 가치는 기업이 소유하고 있는 총자산가치 또는 부채의 총시장가치와 주식의 총시장가치를 합한 것으로 간주할 수 있다. 여기서 부채의 시장가치는 거의 일정하기 때문에 기업의 가치를 극대화한다는 것은 주식의 총시장가치를 극대화하는 것과 같다. 따라서 기업가치의 극대화는 주주들의 부의 극대화와 동일한 개념이라고 할 수 있는 것이다. 한편 기업의 주식가격은 기업이 보유하고 있는 미래의 현금흐름 창출능력과 밀접하게 관련되어 있다.

2) 화폐의 시간적 가치

일반적으로 사람들은 같은 금액일 경우 미래보다 현재에 현금을 소유하길 원한다. 그대로 오늘의 1원은 미래의 1원보다 더 가치가 크다고 여긴다. 그 이유로는 첫째, 일반인들은 미래의 소비보다 현재의 소비를 더 선호하는 시차선호(time preference)의 경향을 보이기 때문이다. 하지만 개인적 특성에 따라 그 정도는 다르게 나타날 수 있다. 둘째, 현재의 현금은 좋은 곳에 투자하거나 혹은 주어진 생산기회를 통해 미래에 더 많은 가치를 창출할 수 있다. 즉, 자본화되어 가치를 창출할 수 있는 현재의 현금흐름을 더 선호하게 되는데, 이는 자본의 생산성이라는 특성에 기인한 것이다.

따라서 현재의 현금을 이용하려면 미래에 보다 많은 현금을 제공할 수 있어야 한다. 이 때 추가로 지급하는 금액(이자)을 현재의 현금에 대한 일정한 비율로 나타낸 것이 이자율(interest rate)이다. 이자율은 화폐의 가격으로서 화폐의 시간적 가치를 평가하는 척도라고 할 수 있다. 일반적으로 투자자들은 위험을 싫어하기 때문에 투자에 대한 적절한 보상이 보장되지 않으면 불확실한 미래의 현금흐름에 현혹되지 않는다.

화폐의 현재가치(present value)는 미래에 발생할 일정한 금액을 현재시점의 화폐가치로 환산한 것이며 현재가치를 구하는 과정을 할인계산과정(discounting process)이라 한다. 예를 들어, 연리 10%로 매년 복리계산되는 정기예금에 현재 얼마를 입금해야 5년 말에 1,000만 원이 될 것인지를 계산해 보면 다음과 같다.

$$PV(1+0.1)^5 = 10,000,000\text{원}$$

$$\rightarrow PV = 10,000,000\text{원}/(1+0.1)^5 = 6,209,213\text{원}$$

즉, 6,209,213원을 연리 10%로 매년 복리계산되는 정기예금에 예금하면 5년 후에 1,000만 원이 된다. 따라서 현재의 6,209,213원과 5년 후의 1,000만 원은 가치가 동일하다고 할 수 있다.

3) 외식기업의 자본예산과 현금흐름

(1) 자본예산의 의의

자본예산(capital budgeting)이란 기업의 자본지출(capital expen diture)에 대한 투자의사결정과 이에 소요되는 자금을 조달하는 의사결정을 합리적으로 분석하기 위한 기법으로서 기업의 목표를 효율적으로 달성하기 위한 장기재무계획이다. 여기서 장기재무계획이란 일반적으로 자본지출에 대한 투자이익이 환수(return)되는 시간이 1년 이상 소요되는 계획을 말한다. 기업의 입장에서 보면 자본자산에 대한 투자결정은 가장 대규모 자금이 소요되고 그에 따른 수익과 비용이 다년간에 걸쳐 구현된다는 점에서 기업의 성패와 아주 긴밀한 관련을 갖는 의사결정과정이라고 할 수 있다. 자본지출은 고정자산(fixed asset)과 매우 관련이 깊으며 자본지출에 소요되는 자금은 유보이익, 감가상각, 부채, 새로운 주식발행 등에 의해서 공급된다.

(2) 외식기업 투자의 종류

외식기업의 투자는 현재의 현금지출보다 미래의 현금유입을 목표로 하기 때문에 투자의 목표는 현금흐름(cash flow)의 총현재가치를 극대화시키는 것이다. 극대화된 현금흐름의 현재가치합으로 인하여 기업의 가치는 더욱 향상된다.

외식기업의 자본예산에서 고려하는 투자의 종류에는 대체투자, 확장투자, 상품투자, 전략적 투자의 네 가지로 분류할 수 있다.

① 대체투자

대체투자(replacement investment)는 외식기업 및 점포에서 보유하고 있는 기계, 시설, 장비 등을 새로운 것으로 바꾸기 위한 투자를 의미한다. 이 투자에는 다음의 두 가지 경우가 있는데 첫째, 기업의 생산활동을 계속 유지하기위해 손상되거나 마모된 기계(장비)를 동종의 기계로 대체하는 투자이다. 둘째, 생산성을 향상시키기 위해 성능이나 효율이 보다 나은 새로운 설비로 대체하기 위한 투자이다. 예를 들면, 1990년대 말에 미국의 세계적 외식기업인 맥도날드(McDonald' s)는 고객에게 보다 나은 서비스를 제공하고 생산성을 혁신적으로 향상하기 위해 주방시스템("Made for You")에 대한 대체투자를 대대적으로 시행하였다.

② 확장투자

확장투자(expansion investment)는 외식기업 및 점포의 기존의 시설과 장비로는 수요나 시장점유율 등의 증가로 인한 추가적인 생산 및 서비스를 제공할 수 없을 때 이루어지는 투자를 말한다. 예를 들면, 고객의 수요 증가에 따라 점포의 면적을 확장하고자 할 때 이 투자가 이루어진다.

③ 상품투자

상품투자(product investment)는 외식기업 및 점포의 음식 품질의 수준을 개선하거나 새로운 메뉴를 개발하기 위한 투자를 일컫는다. 외식기업에서는 기존 메뉴에 포장판매(take-out) 메뉴를 추가하는 것 등이 이에 해당된다.

④ 전략적 투자

전략적 투자(strategic investment)는 다른 투자들과 달리 보다 장기적인 목표를 달성하기 위해 시행하는 투자이다. 생산성을 향상시키기 위해 중앙 조리장

(central kitchen)을 설비하거나 전문적인 연구개발을 통해 새로운 상품을 개발하는 장기적으로 행해지는 투자이다. 종사원 복리후생을 위해 사원아파트를 건설하거나 지역사회에 공헌하기 위해 무료식사를 제공하기 위한 투자도 이에 포함된다.

(3) 현금흐름의 추정

외식기업의 다양한 형태의 투자는 동시에 발생되거나 혹은 혜택(benefit)이 서로 다를 수 있으므로 각 투자안에 대한 평가를 통해 우선순위를 조정하거나 또는 투자여부에 대한 결정을 해야 한다. 투자안을 평가할 때 가장 중요한 사항은 각 투자안의 현금흐름을 정확히 분석하여 추정하는 것이다. 여기서의 현금흐름은 투자에 의해 발생되는 현금의 유입과 유출에 대한 차이를 말하며 순현금흐름(net cash flow)이라고도 한다. 현금흐름은 일정 기간의 현금유입 금액에서 현금유출 금액을 제함으로써 산출할 수 있다.

현금흐름 = 현금유입 − 현금유출

자본지출을 통한 투자에서 획득되는 현금흐름은 미래의 오랜 시간에 걸쳐 서서히 이루어지며 보편적으로 불확실성(uncertainty)이 수반되기 때문에 정확한 추정이 쉽지 않다. 그러나 투자에서는 현금의 흐름을 확실하게 추정하는 것을 전제로 하고 있다.

외식기업이 어떤 특정 투자안에 대한 현금흐름을 추정할 때는 발생시점, 증분현금흐름, 금융비용, 세금효과, 순운전자본, 잔존가치 등을 고려해야 한다.

① 발생시점

투자안에 대한 현금흐름을 추정할 때는 현금유입과 현금유출의 시점을 정확히 고려해야 한다. 현금흐름의 추정시 보편적으로 사용되는 회계이익(accounting income)은 현금유입이나 현금유출이 실제로 이루어진 시점과는 관계없이 당해 회계년도 말에 실현된 것으로 계산되기 때문에 정확한 현금흐름의 추정치로 간주할 수 없다. 실제 현금흐름을 추정할 때 현금흐름의 발생시점이 고려되지 않을 경우 투자안의 실제 가치(실질가치)는 과소평가 혹은 과대평가될 수 있다.

② 증분현금흐름

증분현금흐름이란 어떠한 투자안을 선택할 경우 기업 전체의 관점에서 증가하거나 감소하는 현금흐름을 의미한다. 투자안을 평가할 때는 특정 투자안 자체만의 현금흐름뿐만 아니라 그 투자안이 기업 전체에 미치는 증분 현금흐름(incremental cash flow)의 영향을 동시에 고려해야 한다.

한편, 투자안의 현금흐름을 추정할 때 매몰원가(sunk cost)는 고려 대상에서 제외되어야 하는데 매몰원가는 과거의 투자결정에 의하여 이미 지출된 비용이므로 현재의 투자결정에는 직접적인 영향을 미치지 않기 때문이다. 그러나 다른 용도로 사용될 수 있는 자원을 이용할 경우에는 기회비용(opportunity cost)을 반드시 고려해야 한다.

예제

어느 외식기업이 시가로 20억 원 가치가 있는 토지를 보유하고 있는데, 그 부지에 확장 투자를 위해 외식점포 건축을 고려 중이라고 가정하자. 점포 건축 시에는 투자비로 100억 원이 소요된다고 한다. 이런 경우 신규 레스토랑 건축에 귀속되는 총 투자비는 얼마로 계산해야 하는가?

기준시점에서 프로젝트에 투자되는 현금흐름 :	−100억 원
기준시점에서 프로젝트와 상관없는 현금흐름 :	−20억 원
	120억 원

즉, 외식기업이 점포를 건축하지 않을 경우 해당 토지는 20억 원에 매각할 수 있으며 그것은 곧 20억 원의 현금유입을 의미한다. 그러나 외식점포를 건축할 경우에는 현금 20억 원이 감소하게 된다. 왜냐하면 그 토지를 시중에 매각할 수 없게 되기 때문이다. 이런 경우 20억 원이란 기회비용은 당연히 이 프로젝트에 귀속시켜야 한다. 따라서 프로젝트의 총 투자비용은 120억 원이 된다.

③ 금융비용

자금조달방법에 따라 나타날 수 있는 이자나 배당 등의 금융비용은 투자안에 대한 현금흐름에 포함시키지 않는다. 외식기업의 입장에서는 이자지급액이나 배당금 등은 당연히 현금유출에 해당되지만 투자안에 대한 현금흐름을 추정하는 과정에서 할인율(discount rate)에 의해 이미 자금조달방법에 대한 영향이 반영되었으므로 이자지급액이나 배당금을 현금유출로 포함시킨다면 이는 이중 계산의 결과를 초래하게 된다.

④ 세금효과

투자안에 대한 현금흐름을 추정할 때는 반드시 세금효과(tax effect)를 고려해야 하는데, 특히 감각상각(depreciation)의 절세효과를 정확히 반영해야 한다. 현금흐름이 증가할 경우 세금도 증가하기 때문에 이를 현금흐름에서 차감해야 한다. 또한 현금유출 세금은 순현금흐름이 아닌 손익계산서의 이익을 기준으로 결정되기 때문에 현금흐름을 계산하는 과정에서 적절하게 조정해야 한다.

회계상의 이익과 현금흐름과의 관계는 세금효과를 고려할 경우 다르게 나타나는데 회계상의 비용에는 감가상각과 같이 실제로는 현금유출이 발생하지 않는 비현금비용(non-cash expense)이 포함되어 있기 때문이다.

- 회계상 이익 = (수익－지출－감가상각) (1－법인세율)
- 현금흐름 = 수익－지출－세금
  = 수익－지출－(수익－지출－감가상각) (세율)
  = 회계상의 소득+감가상각

⑤ 순운전자본

순운전자본(net working capital)은 투자안의 현금흐름을 추정할 때 매우 중요한 항목이다. 재무상태표에서 유동자산(current asset)과 유동부채(current liability)의 합을 운전자본(working capital)이라 하며, 순운전자본은 유동자산에서 유동부채를 제한 차액을 의미한다.

순운전자본은 투자안의 특징에 따라 개시년도에 일시불로 투자될 수도 있고 또는 여러 해에 걸쳐 분산 투자될 수도 있다.

일반적으로 순운전자본에 대한 모든 투자는 투자안의 수명주기상 투자시점 말에 현금유입으로 완전히 회수되는 것으로 가정한다. 즉, 재고자산은 처분되어 대체되지 않으며, 매출채권은 회수되고, 매입채무는 지급되며, 새로운 구매와 판매는 이루어지지 않은 형태로 회수된다.

예를 들어 외식점포가 확장된 경우 매출의 추가적인 증대와 함께 식재료 재고와 외상거래액이 함께 증가하므로 기업의 현금보유(cash on hand) 필요성이 증대된다. 또한 외상매입금이 증가되지만 확장을 위한 유동자산의 증가분보다는 적으므로 순운전자본은 증가하게 된다. 이러한 증가분은 어디서든 조달해야 하며 초기 투자시의 현금유출도 고려해야 한다.

⑥ 잔존가치

잔존가치(salvage value)란 고정자산의 취득 후 내용연수가 경과 한 후의 장부가치를 말하는데, 이는 내용연수가 말에 회수(혹은 유지)될 것으로 기대되는 현금흐름을 의미한다. 잔존가치는 자산의 감가상각액(취득원가−잔존가치)을 결정하며 감가상각비의 절세효과에 따른 현금흐름을 변화시킨다. 그러나 인플레이션이나 기타 다른 요인에 의한 경우 회계법상 특별이익이나 특별손실로 처리되어 과세대상이 될 수 있다. 예를 들면, 장비의 매각으로 인해 발생하는 현금흐름은 매각 가격에서 가격 차이로 생기는 자본소득(손실)에 대한 세금을 차감(증가)한 것이다.

4) 외식기업 투자안의 평가와 선택

외식기업의 경영자는 투자에 대한 결정을 내릴 때 각 투자안별로 어떤 결과가 발생할 것인가에 대한 정보를 충분히 파악한 후에 현금흐름을 추정해야 한다. 또한 각 투자안별로 초기투자액, 초기투자 이후 발생하는 현금흐름, 그리고 다른 투자안과의 배타적 또는 독립적 관계 등을 파악한 후 외식기업의 자본비용(cost of capital)을 고려하여 각 투자안에 대한 경제성을 분석한다. 이런 과정을 거친 후에 투자안을 최종적으로 선택하게 되며 투자안을 평가하는 방법에는 회계이익율법, 투자회수기간법, 순형가법, 내부수익률법이 있다.

회계이익율법과 투자회수기간법은 전통적인 분석방법으로서 화폐의 시간적 가치를 무시하고 있다는 큰 단점이 있다. 순현가법과 내부수익률법은 화폐의 시간적 가치를 충분히 고려하여 투자안을 평가하는 방법으로 기업의 궁극적 목표인 기업가치의 극대화를 의사결정과정의 기준으로 삼고 있다.

(1) 회계이익률법

회계이익률법(accounting rate of return)은 세후 연평균 순이익을 투자안에 대한 투자액(자산 혹은 자기자본)으로 나누어 계산하는 방법이다. 회계이익률법은 보통 총자산 순이익률(return on assets : ROA) 및 자기자본 순이익률(return on equity : ROE)을 사용한다.

총 자산순이익률(ROA) = 세후 연평균 순이익 / 총 투자액
자기자본 순이익률(ROE) = 세후 연평균 순이익 / 총 자기자본

회계이익률법은 계산이 쉽다는 장점이 있으나 현금흐름이 아닌 재무제표상의 이익에 기초하고 있고 화폐의 시간적 가치를 고려하지 않는다는 단점이 있다. 따라서 투자안의 경제적 타당성과 무관하게 투자결정이 이루어진다는 위험을 내포하고 있다.

(2) 투자회수기간법

투자회수기간(payback period)이란 일반적으로 특정 투자안을 선택함으로써 지출한 자금이 그 투자로부터 발생하는 현금흐름으로부터 모두 회수되는 데 소요되는 기간을 말한다. 여기서 기간은 보통 1년 단위로 표시된다.

투자회수기간법은 투자회수기간을 비교하여 각 투자안을 평가하는 방법으로서 투자회수기간이 빠른 투자안이 의사결정과정에서 우선순위를 갖는다.

회계이익률법에 의한 투자안 평가에 대한 예로서 총 자산순이익률(ROA)과 자기자본 순이익률(ROE)을 구하시오.

〈신규 외식점포 건설 프로젝트〉

(단위 : 만 원)

항목＼연도	2000	2001	2002	2003	2004
자기자본 투자액	10,000	-	-	-	-
총 투자액	30, 000	-	-	-	-
순 이익	-	1,000	1,500	2,000	2,500

- 총 자산순이익률(ROA) = (70,000,000÷4) / 300,000,000 = 5.83%
- 자기자본순이익률(ROE) = (70,000,000÷4) / 100,000,000 = 17.50%

회수기간이 빠른 투자안을 선택함으로써 현금흐름에 대한 불확실성을 줄이고 투자에 따르는 위험을 감소시킬 수 있다. 또한 회수기간이 짧은 투자안은 자금이 신속히 회수되므로 외식기업의 유동성 향상에 도움을 줄 수 있다. 그러나 투자회수기간법은 회수기간 이후의 현금흐름을 고려하지 않으므로 투자안에 대한 수익성을 정확하게 파악할 수 없고 화폐의 시간적 가치를 무시한다는 단점을 가지고 있다.

(3) 순현가법

투자결정을 포함한 외식기업의 모든 의사결정은 현재시점을 기준으로 이루어지지만 투자로부터 실현되는 혜택은 보통 미래시점에서 파악된다. 따라서 투자안을 올바르게 분석하기 위해서는 화폐의 시간적 가치를 고려해야 한다. 순현가(net present value : NP)법은 투자로부터 발생하는 모든 현금유입과 현금유출의 가치에 의해 산출되는 순현재가치를 비교하여 투자여부를 결정한다.

순현가법에 의해서 투자안을 결정할 때는 특정 투자안의 순현재가치가 0보다 클 경우 해당 투자안을 채택하고, 만일 0보다 작을 경우에는 절대적 부 또는 기업가치의 감소를 의미하므로 기각한다. 상호배타적인 투자안이 존재하는 경우

동일한 현금흐름을 갖는 두 개의 외식기업 투자안 A · B가 있다고 가정하고, 이 투자안들의 투자회수기간을 비교해 보자.

〈투자안 A · B의 현금흐름〉 (단위 : 만 원)

연도	현금흐름	
	투자안 A	투자안 B
2000	−2,000	−2,000
2001	1,000	200
2002	800	600
2003	600	800
2004	200	1,200

여기서 투자안 A에 지출된 투자액(2,000만 원)을 회수하는 데 소요되는 기간은 2 1/3년(1,000 + 800 + 200)이고, 투자안 B에 지출된 투자액(2,000만 원)을 회수하는 데 소요된 기간은 3 1/3년(200 + 600 + 800 + 400)으로 투자안 A보다 1년이 더 소요되었다. 따라서 투자안 A가 투자안 B보다 투자회수기간이 짧으므로 더욱 선호되는 투자안이라고 한다.

$$순현가(NPN) = CF_0 + \frac{CF_1}{(1+k)} + \frac{CF_2}{(1+k)^2} + \cdots + \frac{CF_n}{(1+k)^n}$$

$$= \sum_{t=0}^{n} \frac{CF_1}{(1+k)^t}$$

CF_t : t시점의 현금흐름

k : 할인율(자본비용 · 요구수익률)

에는 순현재가치가 큰 순서대로 투자에 대한 우선순위를 결정한다.

할인율(k)은 외식기업이 투자를 위해서 요구하는 최소한의 수익률로서 보편적으로 해당 기업의 자본비용이 되며 각 투자안에 대한 현금흐름을 추정하는 데 수반되는 불확실성의 정도에 의하여 결정된다.

예제

A 점포가 1,000만 원을 투자하여 새로운 주방장비를 설치하려고 한다, 이 투자로 인해 기대되는 현금흐름은 아래와 같다. A 점포의 자본비용이 10%라고 할 때, 이 기업은 주방장비에 투자해야 하는가?

〈A 점포 주방장비의 현금흐름〉

(단위 : 만 원)

연도	2000	2001	2002	2003	2004
현금흐름	−1,000	650	300	300	100

주방장비에 대한 투자를 결정하기 위해서는 순현가(NPV)를 계산해야 한다.

$$순현가(NPV)(X) = -1,000 + \frac{650}{(1+0.1)} + \frac{300}{(1+0.1)^2} + \frac{300}{(1+0.1)^3} + \frac{100}{(1+0.1)^4}$$

$$= 1,325,390\ (원)$$

주방장비에 투자하는 이 안은 순현가(NPV)가 0보다 커 기업의 가치를 증가시킬 수 있으므로 투자할 가치가 있다.

(4) 내부수익률법

내부수익률(IRR: internal rate of return)법은 특정 투자안의 순현재가치(NPV)가 0일 때의 할인율인 내부수익률(IRR) 즉, 현금유입과 현금유출의 현재가치가 같을 때를 찾아내어 이를 투자안의 요구수익률과 비교한 후 투자여부를 결정하는 분석기법이다. 내부수익률은 일반적으로 r로 정의하며 순현재가치(NPV)가 0이 될 때의 r이 이에 해당된다.

투자안에서 창출되는 현금흐름이 클수록 r의 값이 커지므로 r은 투자안의 수익성 척도를 나타낸다. 여기서 중요한 것은 r이 자본비용 또는 시장이자율과 같다면 이 투자로 인한 기업가치의 증가는 0(즉, NPV=0)이 된다. 그러므로 내부수익률법을 이용하여 투자안을 평가할 때 내부수익률(r)이 기업의 자본비용 혹은 시장이자율 (i)보다 크면(즉, $r > i$), 해당 투자안을 채택하고, 반대일 경우(즉, $r < i$)에는 해당 투자안을 기각해야 한다. 이런 관점에서 보면 내부수익률법에서 자본비용 또는 시장이자율은 투자를 정당화할 수 있는 최저 요구수익률(required rate of return) 또는 절사율(cut-off rate)을 나타낸다.

5) 외식기업의 자본비용

외식기업의 투자(investment) 및 자금조달에 대한 의사결정은 서로 매우 밀접한 관계를 가지고 있다. 왜냐하면 외식기업이 투자를 할 때 소요되는 자금을 어떠한 방법으로 조달하는가에 따라 자본비용(cost of capital)이 결정되고 이러한 자본비용이 바로 투자안을 평가하는 가장 중요한 기준이 되기 때문이다. 다시 말해서 성공한 투자가 되기 위해서는 자본비용을 상회하는 수익률이 보장되어야 한다.

자본비용이란 외식기업이 귀중한 자본을 사용하는 대가로 자본 제공자들에게 지급하는 비용을 일컫는다. 예를 들어, 외식기업이 사채를 발행하여 자금을 조달할 경우에는 채권자에게 지급해야 하는 이자(interest)가 부채의 자본비용이 되며, 새로운 주식을 발행하여 투자에 소요되는 자금을 조달할 경우에는 주주에게 지급해야 되는 배당금(dividend)이 자기자본에 대한 자본비용이 된다.

자본비용은 외식기업의 입장에서는 비용으로 인식되지만 자금을 공급하는 투자자의 입장에서는 요구수익률이 된다. 즉, 투자자가 외식기업에 자금을 대여할 경우 투자자는 투자금의 안전한 회수에 대한 위험(risk)에 직면하게 되며 투자자들은 이에 상응하는 대가를 사용자에게 요구하게 된다. 그러므로 투자자들은 무위험수익률(예 : 국공채 금리수준)에 그들이 부담하게 되는 위험에 상당하는 위험대가(risk premium)를 합한 만큼의 수익률을 요구하게 된다.

자본비용은 외식기업의 전반적인 재무적 의사결정 과정에서 다음과 같은 중요한 역할을 담당한다. 첫째, 자본비용은 투자에 소요되는 자금을 조달하는 방법과 자본구조를 결정하는 중요한 기준이 된다. 외식기업이 투자에 필요한 자금을 공급할 때 부채 혹은 자기자본 등을 이용할 것인가 아니면 부채와 자기자본을 동시에 이용할 것인가의 문제는 외식기업 전체의 자본비용에 미치는 영향에 따라 그 결과가 달라진다. 그러므로 외식기업의 목표가 기업가치의 극대화라면 자본비용을 극소화할 수 있는 자금조달방법을 선택해야 한다.

둘째, 자본비용은 외식기업의 투자여부를 결정하는 데 중요한 지표가 된다.

아래와 같은 현금흐름이 기대되는 외식기업의 투자안 A와 B가 있다고 가정하자. 각 투자안의 내부수익률(IRR)을 구하고 그에 대한 투자가치를 평가해보자(여기서 적용되는 시장이자율은 16%이다).

〈투자안 A · B의 현금흐름〉

(단위 : 만 원)

연도	현금흐름	
	투자안 A	투자안 B
2000	−1,000	−1,000
2001	650	350
2002	300	350
2003	300	350
2004	100	350

- 내부수익률 (IRR)을 구하기 위해서는 먼저 순현재가치(NPV)를 계산해야 한다.

$$\text{순현가 (NPV)(X)} = -1{,}000 + \frac{650}{(1+r)} + \frac{300}{(1+r)^2} + \frac{300}{(1+r)^3} + \frac{100}{(1+r)^4} = 0$$

$\therefore r = 0.18(18\%)$

$$\text{순현가 (NPV)(X)} = -1{,}000 + \frac{350}{(1+r)} + \frac{350}{(1+r)^2} + \frac{350}{(1+r)^3} + \frac{350}{(1+r)^4} = 0$$

$\therefore r = 0.15(15\%)$

- 투자안 A의 내부수익률은 18%로 시장이자율인 16%보다 높으므로 이 투자안은 채택해야 한다. 그러나 투자안 B의 내부수익률은 15%로 시장이자율보다 낮으므로 이 투자안은 기각해야 한다.

기업이 투자안을 결정할 때 그 투자안으로부터 획득할 수 있는 기대수익률이 자본비용보다 높을 경우 기업가치는 증가하므로 투자안은 선택된다. 이러한 의미에서 자본비용은 외식기업이 투자안으로부터 얻을 수 있는 최소한의 요구수익률이 되는 것이다.

셋째, 자본비용은 배당금 결정이나 리스금융의 이용 여부, 사채차환(bond

refunding) 등의 기타 재무적 의사결정 시에 중요한 변수로 활용된다. 예를 들어, 외식기업은 외부자본 조달비용이 높아질 경우 종전에 비해 배당금 지급을 줄이는 한편 이익을 가능한 많이 유보하려 한다. 리스임차료가 자본비용보다 낮을 경우 외식기업은 설비 등의 구입을 위한 자금을 차입하여 조달하는 대신 리스를 사용하는 것이 바람직하다. 또한 새롭게 사채를 발행하는 것이 종전보다 비용이 적게 소요되는 경우 신규채권을 발행하여 기존사채를 차환해야 한다.

넷째, 전반적인 경제 측면에서 자본비용은 각 기업의 투자수준을 결정하고 자원을 배분하는 역할을 한다. 자본비용이 낮을 경우에는 과다투자가 발생할 가능성이 높아지는 반면 자본비용이 높은 경우에는 투자가 위축될 수 있다. 이와 같이 자본비용에 따라 기업의 투자수준이 결정되므로 적절한 자원분배를 위해서는 적정 자본비용 설정이 매우 중요하다.

사례연구

PepsiCo의 기업전략 : 핵심 사업으로의 복귀

콜라전쟁이 다시 열기를 띄면서 Coke와 Pepsi 모두 그들의 보유한 모든 경영자원을 다가오는 전투를 위해 재정비하고 있다. Pepsi의 경우 불필요한 모든 자원을 폐기처분하고 있다. 1995년 미국시장에서 Pepsi의 판매실적은 4%, 이익은 14% 향상되었다. 미국 내 제2위의 청량음료 생산업자로서 Pepsi는 종전에 비해 10% 향상된 약 31%의 시장점유율을 점하였다. 하지만, Pepsi 상품이 베네수엘라를 포함한 남아메리카 전 지역에서 잠시 판매가 중단되는 경험을 했던 1996년에 Pepsi의 이익은 28% 감소하였고 특히 4/4분기의 이익은 작년 실적에 비해 84%가 감소하였다. 현재 PepsiCo의 최고경영책임자(CEO)인 Roger Enrico는 해결책 찾기에 부심하고 있다.

PepsiCo는 1965년 Pepsi-Cola와 Frito-Lay가 합병되면서 탄생하였고, 그 후 1977년에 Pizza Hut를 인수하였고, 이듬해 Taco Bell을 인수하고, 1986년에 다시 KFC를 인수하면서 레스토랑 분야로 사업영역을 다각화하기 시작했다. 1980년대 이후로 Enrico는 PepciCo에서 해결사로 통하였다. 1980년대에 Enrico는 기업의 시스템을 구조조정 하고 Michael Jackson과 Madonna 같은 슈퍼스타를 판촉을 위한 광고모델로 활용하여 청량음료 사업을 다시 활성화하였다.

레스토랑 사업부는 이익이 처음으로 감소를 기록했던 1994년까지는 좋은 경영성과를 보여 왔다. 1994년 11월부터 최고경영책임자가 된 Enrico는 1995년 4월까지 PepsiCo의 전세계 레스토랑 사업부의 최고 책임자로 일했다. PepsiCo의 강점은 새로운 상품의 소개와 판촉활동이었다. Enrico가 레스토랑 사업부의 경영권을 쥔 후 지금까지 PepsiCo는 Pizza Hut의 stuffed crust pizza와 4인용 Mega Meal, Taco Bell의 저지방상품과 KFC의 chicken pot pies와 같은 히트상품을 출시하였으며, Enrico는 현재도 레스토랑 사업에 밀접하게 연계되어 있다. 현재 PepsiCo의 세 레스토랑 기업의 최고책임자들은 Enrico에게 직접 경영성과 등을 보고하고 있다. 레스토랑 사업부는 1995년말 시점에서 해외점포 8,000여 개를 포함하여 전 세계적으로 28,500여 개소의 레스토랑 점포를 운영하고 있는데, 전반적으로 레스토랑 산업은 치열한 경쟁과 식재료 비용의 인상으로 말미암아 큰 어려움을 겪고 있는 형편이었다.

1995년 레스토랑 사업부의 매출실적은 PepsiCo 전체 매출의 37%를 차지하는 113억 달러였다. PepsiCo의 청량음료 사업부의 판매실적은 기업 전체 매출의 약 35%를 점유하는 105억 달러였으며, 스낵 사업부의 매출실적은 PepsiCo 전체 매출의 28%를 차지하는 85억 달러였다. 그러나 영업이익(operating profits) 측면에서 레스토랑 사업부는 단지 전체의 14%를 점유하였고, 반면에 스낵 사업부는 45%, 청량음료 사업부는 41%를 차지하고 있었다. 1996년 Pizza Hut의 매출실적은 4%, Taco Bell은 2% 감소하였으나, KFC의 매출실적은 2% 증가하였다. 핵심적으로 Enrico는 계승받은 레스토랑 사업부의 낡은 부동산 및 운영상의 난점들과 Frito-Lay의 최신 기술 또는 Pepsi의 젊은 이미지의 마케팅 전문지식과 효과적으로 연계시키지 못하였다. 새로운 상품과 신속한 대응을 모토로 한 소비재상품의 마케팅 캠페인은 수많은 컨셉들이 한정된 소비자들을 유혹하는 레스토랑 산업에서는 지속적인 성장 추세를 지원하지 못해 점포당 매출실적이 감소하는 결과를 낳았다. 이익에 대한 지속적인 압박에도 불구하고 패스트푸드 사업의 경영자 또는 시스템 전체적으로 별 효과적인 해결책이 없었으며, 몇몇 투자자들은 불만족스러운 영업이익 수준으로 인하여 레스토랑 사업부를 PepsiCo에서 분사(spin-off)할 것을 요구하기도 했다.

레스토랑 사업을 시작한지 20년 후인 1997년 1월 PepsiCo는 110억 달러의 판매규모를 보유하고 있는 Pizza Hut, KFC, Taco Bell을 포함하는 레스토랑 사업부를 분사하여 세계 최대의 레스토랑 기업으로 독립시킨다고 발표하였다. 근본적으로 아주 다른 사업영역인 레스토랑 사업과 소비재상품 사업이 공존하는 환경에서 Enrico는 서로 다른 경영스타일과 기업문화를 보유한 두 사업부를 분리한다면 모기업인 PepsiCo의 경영성과는 향상될 것이라고 확신했다. Enrico는 또 레스토랑 사업을 경영하기 위해서는 또 다른 재능이 필요하고 PepsiCo는 프랜차이즈 시스템을 운영하는 데 효과적이지 못하다는 것을 깨달았으며, PepsiCo는 고객의 관점과 레스토랑 사업의 본질을 파악하는데 능력이 부족했다. 월스트리트 증권가는 PepsiCo가 실적이 부진한 레스토랑 사업부를 분리한다는 소식에 아주 호의적으로 반응하였다. 1997년 1월 23일 뉴욕증권시장에서 PepsiCo의 주가는 2.25달러 상승한 34.25달러에 마감되었다. 분사로 말미암아 PepsiCo는 이익수준이 좋은 Pepsi의 청량음료 사업과 Frito-Lay의 스넥 사업에 집중할 수 있게 되었으며, Tricon Global Restaurant Inc.로 명명된 새로운 독립기업은 3만여 개소가 넘는 점포를 보유하는 세계 굴지의 레스토랑 기업으로 새로 탄생하였다 이 기업의 매출액은 MoDonald' s의 150억 달러 규모 다음으로 예상되고 있다. Tricon은 해외에 4,800여 개소의 KFC 레스토랑, 3,600여 개소의 Pizza Hut 레스토랑과 200여 개소의 Taco Bell 레스토랑을 보유하게 되었다. 1996년 기준으로 점포당 판매실적을 보면 KFC가 $775,000, Pizza Hut가 $620,000, Taco Bell이 $886,000이다. 매출실적 향상에 큰 기대가 없고 또한 총체적인 매출실적이 감소가 예상되지만 PepsiCo의 경영진은 주주들이 또 하나의 세계최대의 음료기업과 레스토랑 기업으로 분리된 두 기업에 따로따로 투자함으로써 이득을 얻을 수 있다고 확신했다. 레스토랑 사업부의 분사와는 별도로 PepsiCo는 30억 달러 규모의 매출액을 기록하고 있는 레스토랑 설비 사업도 매각할 계획을 수립중이다.

세 가지 핵심사업 중 하나를 처분함으로써 PepsiCo는 철저히 특화되어 Coca-Cola와의 전쟁에 대비한 불안요소를 떨쳐버릴 수 있었다. PepsiCo는 레스토랑 사업부를 처분함으로써 만들어진 현금을 사용하여 내부적으로 혹은 Quaker Oat의 Gatorade와 Snapple로 추정되는 기업인수(M&A)를 통하여 청량음료 사업부의 성장을 도모할 것으로 기대되고 있다. Pepsi는 또한 Coke에 대항하여 전에는 KFC, Pizza Hut, Taco Bell 세 가지 레스토랑 사업 때문에 접근하지 못했던 McDonald's, Wendy's와 같은 패스트푸드 업체에 대한 청량음료의 공급을 확보하는데도 전력을 강화할 것으로 예상되고 있다. 한편, Tricon과 Pepsi는 미국 내에서 운영되는 모든 Tricon 레스토랑 체인의 직영점에 Pepsi 청량음료를 공급하기로 하는 계약을 체결하였다.

참고문헌

김영규 · 감형규(2010). 에센스 재무관리. 박영사.
변찬복(1999). 호스피탈리티회계. 대왕사.
윤주석(1996). 회계원리(제2판). 학문사.
이필상(1999). 재무관리(제4판). 박영사.
조소윤 · 고재용(2003). 호텔관광 재무관리. 학문사.

Andrew, W. P., & Schmidgall, R. S.(1993). *Financial Management for the Hospitality Industry*. Educational Institute: AH&MA.
Keiser, J., DeMicco, F. J., & Grimes, R. N.(2000). *Contemporary Management Theory: Controlling and Analyzing Costs in Foodservice Operations* (4th Ed.) Prentice Hall.

금융감독원 홈페이지 : http://dart.fss.or.kr

Chapter 11
외식 정보시스템

외식기업의 정보시스템은 어떻게 변화하고 있는가?

1. 외식 정보시스템의 이해
2. 외식기업과 인터넷

Chapter 11 외식 정보시스템

학습목표

1. 정보의 개념을 이해하고 정보의 가치를 인지한다.
2. 정보시스템의 역할 및 기능을 숙지한다.
3. 유형별 외식 정보시스템의 특성을 파악한다.
4. POS의 역할, 기능, 도입 효과 등 세부적인 내용을 숙지한다.
5. 외식산업에서 e-비즈니스의 잠재성에 대한 이해력을 향상한다.

1. 외식 정보시스템의 이해

1) 정보시스템의 개요

현대는 정보화시대로 일상생활에서 정확한 정보를 제공받는 것이 중요해지고 있다. 정보의 중요성은 크게 개인, 기업, 사회 등의 세 가지 차원으로 구분할 수 있다. 개인 차원에서는 외부환경의 변화에 대한 적응과 스스로의 발전을 꾀하기 위해 신속하고 정확한 정보가 필요하며 기업 차원에서는 다양한 고객의 욕구를 파악하여 이에 맞는 신제품 또는 서비스를 개발하고 고객 개개인에게 적합한 맞춤마케팅을 추구하기 위해서 정보가 필요하다. 사회적 차원에서는 정보의 생산, 이용 및 분배 역할을 담당하는 지식근로자(knowledge worker)에 의한 정보자원의 효과적 관리를 통해 사회 각 부문간의 원활한 정보유통을 촉진하고, 정보누설 및 오용으로 인한 사회구성원의 사생활 침해를 예방해야 한다.

일반적으로 정보(information)는 인간이 판단하고 의사를 결정하며 행동을 수행할 때 그 방향을 정할 수 있도록 도와주는 역할을 하는 것으로 정의할 수 있으며 정보는 자료(data)와 혼동하여 사용되기도 한다.

자료, 정보, 지식 간의 관계를 살펴보면 자료를 형식화하고 요약함으로써 정보가 생산되고, 산출된 정보를 분석하여 의사결정을 하며 이러한 과정에 지식이 활용된다(그림 11-2).

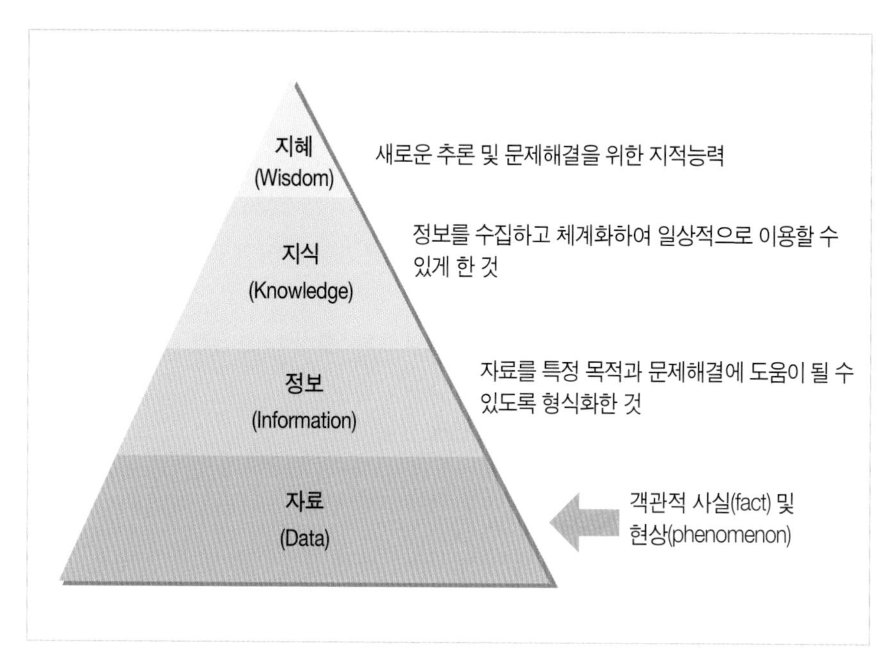

그림 11-1

정보의 체계

자료 : 갈정운(1999).

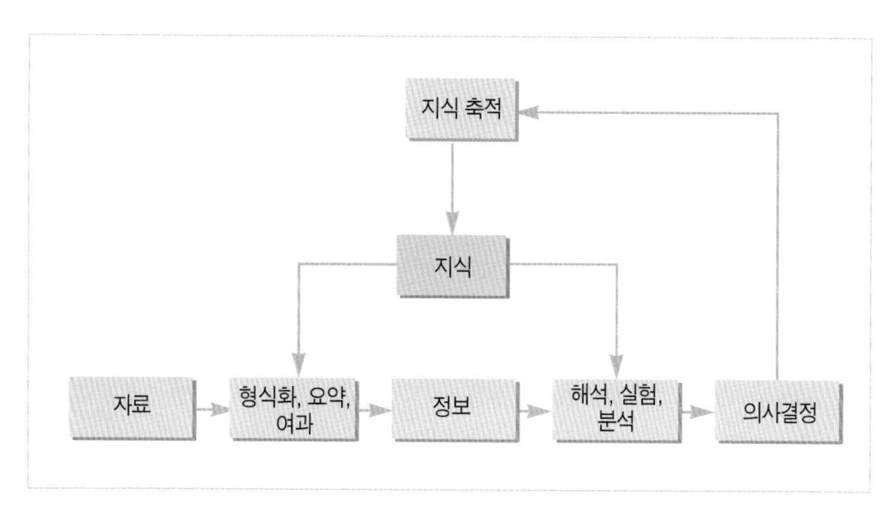

그림 11-2

자료 - 정보 - 지식 간의 관계

자료 : 김성근 · 양경훈(2001).

(1) 의사결정과 정보의 가치

외식기업은 경영과정에서 발생되는 문제를 해결하기 위해서 의사결정을 해야 한다. 의사결정(decision making)에 있어서는 정보가 필요하며 합리적인 의사결정은 기업의 경쟁우위와 직결된다. 의사결정은 탐색, 설계, 선택, 실행의 네 가지 기본단계를 거친다.

그림 11-3 의사결정의 단계

정보는 의사결정에 영향을 미치지만 모든 정보가 가치있는 것은 아니다. 가치있는 정보는 올바른 의사결정을 행하기 위해서 아주 중요한 역할을 한다. 즉, 정보는 절대적인 가치를 지니는 것이 아니라 누가, 언제, 어떤 상황에서 그 정보를 이용하느냐에 따라 상대적인 가치가 정해진다.

정보의 가치는 크게 정량적(quantitative) 가치와 정성적(qualitative) 가치로 구분할 수 있으나 주로 정성적 가치에 의해 결정된다. 정보의 정성적 가치는 타당

표 11-1 정보의 정성적 가치

구 분	내 용
타당성(relevance)	해결해야 할 문제와 얼마나 관련이 있는가?
정확성(accuracy)	얼마나 오류가 적은 정보인가?
적시성(timeliness)	필요한 정보를 꼭 필요한 시점에 제공하는가?
완전성(completeness)	문제해결에 필요한 정보 중 어느 정도의 정보를 제공할 수 있는가?
최신성(current)	얼마나 최근의 정보인가?
경제성(economy)	정보를 확보하는 데 소요되는 비용이 경제적인가?
접근성(accessible)	필요한 정보의 입수가 용이한가?

성, 정확성, 적시성, 완전성, 최신성, 경제성, 접근성에 따라 판단된다.

외식기업은 계층적인 조직구조를 갖고 있기 때문에 경영계층에 따라 요구하는 정보가 달라진다(표 11-2). 하부조직에서는 사실적이고 구체적인 정보를 요구하는 반면 최고경영자는 추상적이고 외부지향적이며 미래지향적인 정보를 요구한다.

표 11-2 외식기업의 조직계층에 따라 요구되는 정보의 특성

조직계층 / 정보의 성격	하부관리층	중간관리층	최고경영층
출 처	내부자료	←→	외부자료
범 위	좁고 명확함	←→	광범위함
압축도	구체적	←→	압축적
시간지향도	과거지향적	←→	미래지향적
정확도	높음	←→	낮음
이용빈도	매우 높음	←→	낮음
사실성	높음	←→	낮음

자료 : 김성근 · 양경훈(2001).

(2) 정보시스템의 개념

시스템(system)은 공동의 목표를 달성하기 위해 투입된 자원을 이용하여 산출물을 생산하는 구성요소들의 집합을 의미한다. 일반적으로 시스템은 개별적인 하위목표(subgoal)를 가진 여러 개의 하위시스템(subsystem)으로 구성된다. 시스템을 하위시스템들의 집합체로 간주하는 것을 시스템적 사고(systems thinking)라고 하며 이는 조직의 문제해결과 의사결정을 위한 개념의 틀(conceptual)이 되고 있다.

정보시스템(information systems)은 자료를 처리하고 정보를 생산하기 위해 함께 작동되는 모든 구성요소들이다. 대부분의 정보시스템은 하위목표를 가진 하위시스템을 보유하며 이들은 모두 기업조직의 주된 목표를 달성하는 데 공헌하고 있다. 일반적으로 조직의 정보시스템은 자료(data), 하드웨어(hard-ware), 소프트웨어(software), 원격통신(telecommuni- cation), 인간(people), 절차

표 11-3 정보시스템의 구성요소

구성요소	개 요
자료	시스템이 정보를 생산하기 위해 취하는 투입물
하드웨어	컴퓨터와 그 주변장치(입력장치, 출력장치, 저장장치)를 말하며 데이터통신 장비도 포함
소프트웨어	컴퓨터로의 자료 투입 및 처리정보 전시, 자료 및 정보의 저장에 대한 명령어의 집합
원격통신	전자적 자료형태인 문자, 사진, 소리, 동영상 등의 신속한 전송 및 수신을 촉진하는 하드웨어와 소프트웨어
인간	조직의 정보 · 요구 분석, 정보시스템 설계 · 개발, 컴퓨터 프로그램 개발, 하드웨어 운영, 소프트웨어 유지 · 보수하는 정보시스템 전문가와 이용자
절차	데이터 처리과정에서 최적의 연산을 수행하기 위한 규칙을 말하며 절차들은 응용소프트웨어와 보안척도를 분배하는 우선순위 포함

자료 : Oz(2002).

(procedure)로 구성되어 있다(표 11-3).

최근 들어 정보시스템은 다음과 같은 요인에 의해 외식기업에서 더욱 중요해지고 있다.

- 컴퓨터 가격은 내려가는 반면 컴퓨터 성능의 급속한 향상
- 컴퓨터 프로그램의 다양성과 정교함 증대
- 신속하고 신뢰할 수 있는 통신회선 인터넷 및 월드와이드웹(www)에 대한 접근 용이
- 인터넷의 급속한 팽창으로 인한 세계 시장에서의 경쟁 유발
- 컴퓨터 사용이 가능한 노동인구의 비율 증가

경영정보시스템(management information systems : MIS)은 조직의 전반적인 운영 · 관리 및 의사결정을 위한 정보를 적절한 시기에 적절한 형태로 적절한 구성원에게 전달함으로써 조직의 목표를 보다 효율적 및 효과적으로 달성할 수 있도록 조직화된 인간-컴퓨터 시스템이라 할 수 있다.

인간과 컴퓨터는 상호교환작용을 통해 시너지효과를 창출할 수 있다. 컴퓨터는 인간보다 자료를 빠르고 정확하게 처리할 수 있으나 독립적인 의사결정은 수

표 11-4 인간과 컴퓨터의 특성비교

인 간	컴퓨터
• 사고할 수 있다.	• 프로그램된 논리적 연산을 신속하게 계산하고 수행한다.
• 상식을 보유하고 있다.	• 자료 및 정보를 신속하게 저장하고 복구할 수 있다.
• 의사결정을 행한다.	• 복잡한 논리적 및 연산기능을 정확하게 수행할 수 있다.
• 새로운 방법과 기술을 학습한다.	• 지시받은 과업을 수행한다.
• 전문지식을 축적할 수 있다.	• 전문지식을 보관할 수 있다.

자료 : Oz.

행할 수 없는 반면, 인간은 사고를 통해 상식을 보유하고 새로운 방법과 기술을 학습할 수 있다(표11-4).

컴퓨터의 정보시스템은 네 가지 단계를 통해 주요 기능을 수행한다(그림 11-4).

첫째, 투입(input) 단계로서 자료를 정보시스템으로 투입한다. 둘째, 자료처리(data processing) 단계는 정보시스템 안에 있는 자료를 변환하고 조작한다. 셋째, 산출(output) 단계에서는 정보시스템에서 조작된 정보를 생산한다. 마지막으로 저장(storage) 단계는 자료와 정보를 저장한다.

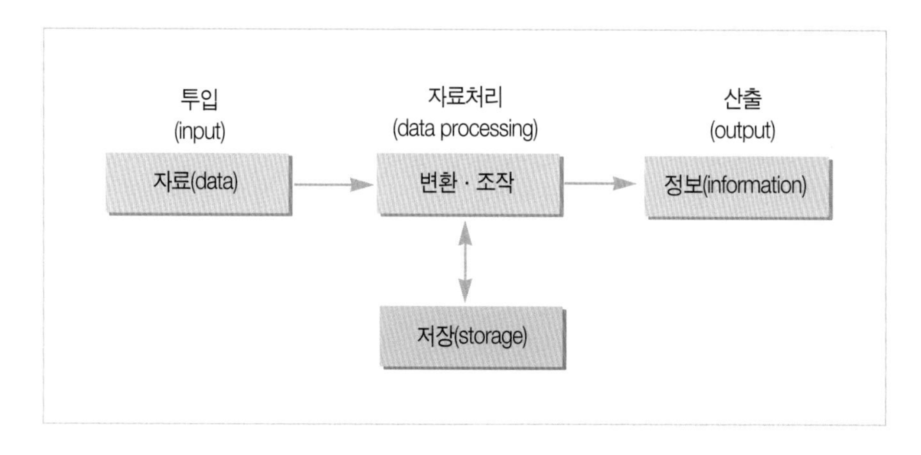

그림 11-4 정보시스템의 단계

2) 판매시점관리시스템

외식점포에서 판매시점관리(Point Of Sales : POS)시스템은 매출과 연관되어 가장 중요하고 기본적인 전산시스템으로서 자리를 잡아가고 있다.

판매시점관리(Point Of Sales : POS)시스템은 상품을 판매하는 시점에 실시간으로 매출을 등록, 집계 및 관리하여 경영자 및 관리자에게 필요한 경영정보를 제공하는 종합적인 시스템이다. 이 시스템은 모든 제품의 판매 순간마다 자료가 컴퓨터에 기록되어 집계를 통한 손실 파악, 판매수요 예측 분석 및 판매 증진의 수단으로 사용된다. 제품의 판매시점에서 발생하는 매출 자료에는 날짜 및 시간, 해당 점포, 고객 유형, 품목 및 수량, 금액, 수금방법 등이 포함된다.

POS 시스템의 시대에 따른 변천과정을 살펴보면, 1960~1970년대에는 단순집계기능을 하는 기계적 금전등록기, 전자식 금전 등록기 등이 활용되었으며, 1980년대에는 단순 기억장치인 ROM(Read Only Memory) POS 시스템이 사용되었다. 1990년대에는 높은 사양과 메모리의 중앙연산장치(CPU), 다양한 주변장치를 갖춘 PC POS의 등장으로 마이크로 소프트(Microsoft)사의 윈도우(Windows) 운영시스템을 사용하는 제품이 많이 개발되었다.

최근에는 유럽에서 널리 사용되는 터치(touch)방식을 통해 사용자의 편의를 증대시키고 멀티미디어 기능까지 갖춘 POS가 주목받고 있다. 또한 유통정보화의 기반이 되는 판매시점정보관리 POS 시스템이 빠르게 보급, 확산되고 있는 가운데 새로운 개념의 유통정보 시스템인 웹 POS 시스템이 등장하여 관련 업계의 눈길을 끌고 있다.

인터넷 기반의 웹 POS 시스템은 기존의 판매시점 매출 및 물류정보를 제공하는 POS 시스템의 기능을 인터넷 환경으로 옮겨와 각종 인터넷정보 조회기능으로 통합하고 강화한 것이다. 외식기업은 웹 POS 시스템을 통해 신용카드, 수표, 제휴카드, 전자화폐 등의 각종 결제 및 조회를 실시간으로 파악할 수 있으며, 점포를 방문한 고객의 특성 및 마케팅 목적에 따른 과학적 고객관리가 가능하고, 각종 영업 및 경영정보 등을 실시간으로 조회, 파악할 수 있다. 특히 웹카메라를 함께 활용하면 점포가 아닌 곳에서도 인터넷 접속을 통해 판매 및 운영상황을 살펴볼 수 있고 실시간 매출현황과 회전율이 높은 상품을 파악하여 공급을 조절하는 등 보다 과학적이고 체계적인 매장관리가 가능하다.

그림 11-5
POS의 종류

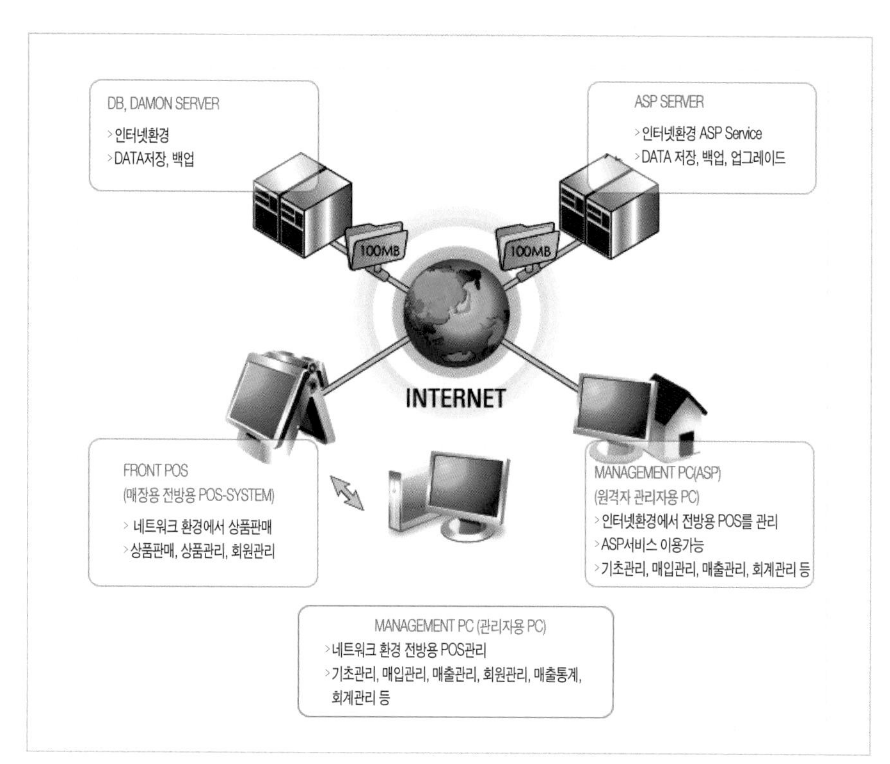

그림 11-6
ASP(webpos) 서비스 개념도

(1) POS의 하드웨어와 소프트웨어

POS의 전형적인 하드웨어는 주문입력장치, 중앙연산장치, 보조기억장치, 그리고 원격 및 지역에 존재하는 터미널 및 프린터로 구성된다.

주문입력장치에는 출납원 터미널(요구정산을 위한 서랍 포함), 사전점검 터미널(서랍 불포함) 또는 소형(handheld)의 터미널 등이 있다. 표준처리방식에는 독립방식(stand-alone)과 마이크로프로세서방식(micro-processor-based)이 존재한다. 보조 기억장치의 크기, 장소 및 본질은 시스템의 성능에 지대한 영향을 미친다. 소프트웨어가 수행하는 기능에는 서빙 종사원, 출납원, 매장의 신뢰성, 매출 분석, 판매 보고, 사전점검, 계산서 검증, 메뉴믹스(menu mix)분석, 조리법 탐색, 재고 분석, 시간 및 출결 기록 등이 있다.

POS의 소프트웨어는 직접 고객과 상대하게 되는 FOS(Front Office System), 점포관리에 사용되는 BOS(Back Office System), 본사에서 사용되는 HOS(Head Office System)로 세분화되어 있다. FOS의 구체적인 기능에는 첫째, 관리자 업무로서 매출분석(제품별 매출, 담당자별 매출, 고객층별 매출, 시간대별 매출), 종사원 출퇴근 보고서, 개별단가 설정, 정산 등의 기능이 있다. 둘째, 점포 종사원들이 주로 이용하는 기능으로 일반주문 입력, 정정, 반품거래, 판매복원, 출퇴근 등의 업무를 처리한다. 셋째, 점포 종사원들이 주로 행하는 지불처리로 신용카드 처리, 현금 처리, 판매 보류, 추가 주문, 전체 정정, 주문 확인, 고객카드, 제휴카드 등이 있다. FOS에서는 매일매일의 운영에 필요한 주문 및 계산이 이루어지며 고객을 직접 상대하므로 고장이 없어야 한다. 또한 외식기업의 특성상 시간제 직원을 고용하는 경우가 많으므로 사용상의 용이성과 간편성이 요구되고 있다.

BOS와 HOS의 기능에는 총계정원장(외상매출금과 외상매입금을 포함), 현금관리, 판매 및 매출분석, 고정자산계정, 재고관리, 메뉴계획, 임금계산, 예산, 재무보고 등이 포함된다.

(2) 외식기업의 POS 도입 효과

외식기업에서 POS를 사용함으로써 얻을 수 있는 효과는 다양하다. 첫째, 철저한 금전관리를 통해 금전적인 손실을 방지할 수 있다. 둘째, 세부적인 판매상황

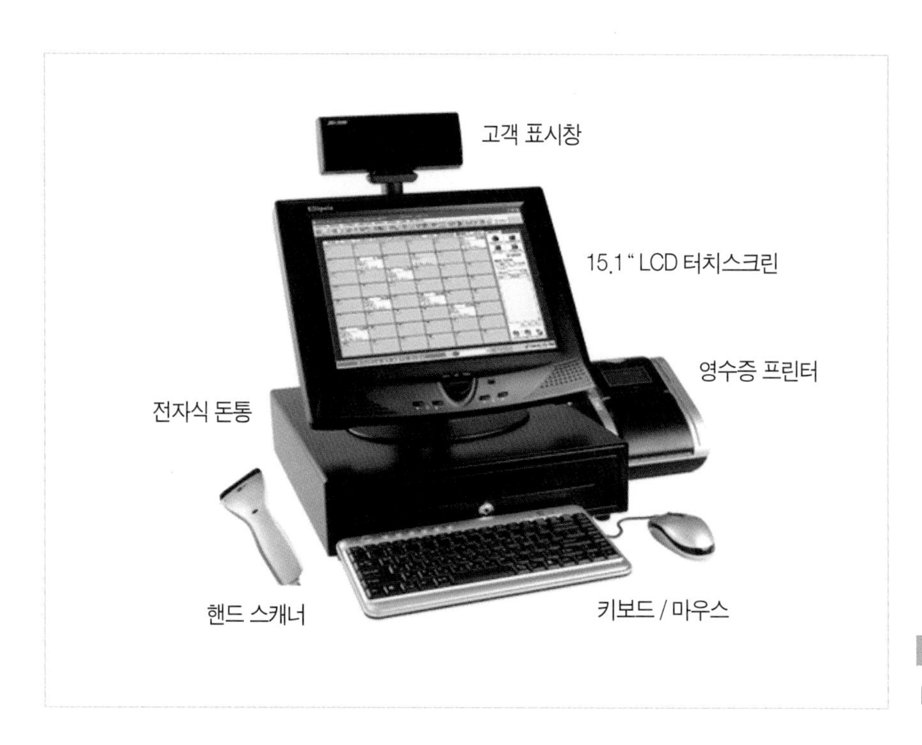

그림 11-7

POS의 구조

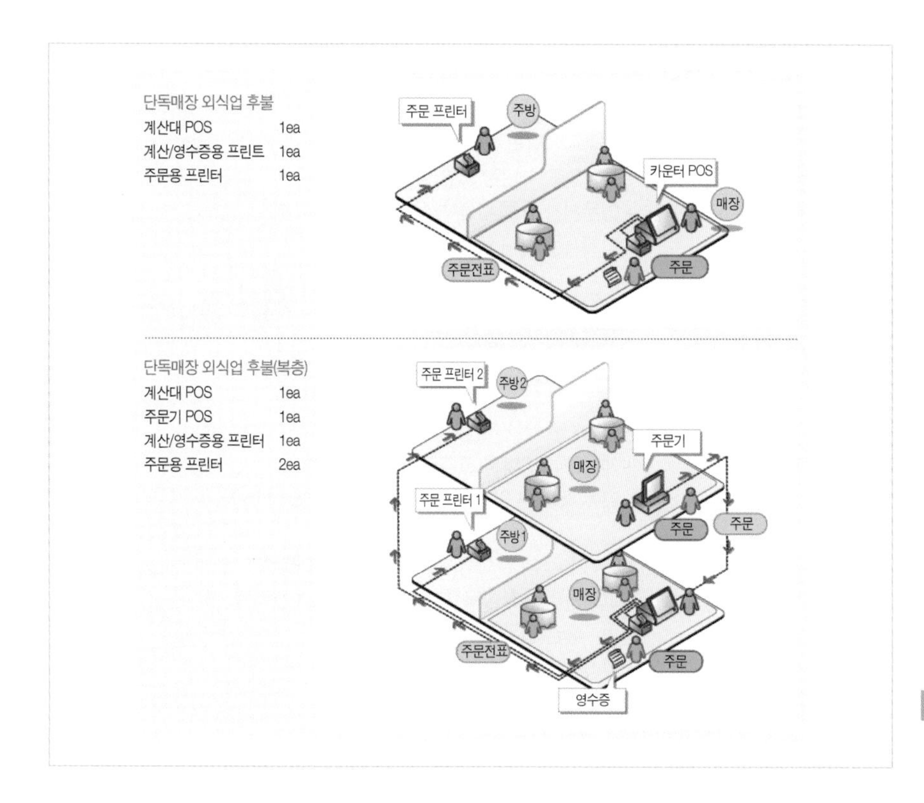

그림 11-8

POS 시스템 구성도

표 11-5 POS 도입효과

구 분	도입효과
등록작업	• 등록시간 단축 • 전임 계산원의 오류처리 감소 및 보안기능 강화 • 등록 오류 및 정정 등록의 감소 • 가장 혼잡할 때의 신속 · 정확한 업무처리 및 기능
전표 관련 작업	• 명세서 출력에 의한 기입 항목의 감소 • 주방 전달 및 오차 발생 감소 • 종사원의 동선 감소
정산작업	• 시간별 정산작업의 불필요 • 폐점 후 정산작업의 불필요 • 매출보고 처리시간 단축 • 인터포스 사용 시 원격지에서 실시간 매출정보현황 파악 가능
신용조회 및 고객조회	• 승인결제시간의 단축(2~3초 내외) • 신용카드 판매로 인한 금전손실 위험의 감소 • 고객에 대한 신뢰도 향상
재고조회	• 재고 손실 최소화 • 식자재의 규격화 • 적정 재고 유지를 통한 재고관리비용 절감 • 가공전표로 인한 손실 체크
업무생산성 증대	• 신속 · 정확한 판매계산 • 수작업으로 인한 오류 방지 • 업무시간 종료 후 정산작업의 불필요 • 명세서 출력에 의한 수작업 감소
효율적인 매장관리	• 다양한 통계 · 분석자료를 바탕으로 경영환경 개선 • 적정판매가격 설정 • 인기상품과 비인기상품의 정확한 자료파악
고객만족 증대	• 신속 · 정확한 계산기능으로 고객의 대기시간 단축 • 계산오류에 따른 고객과의 마찰 감소 • 메뉴(품목)가 명기된 영수증 등으로 신뢰성 향상
기타	• 관리 업무의 감소화(효율적 직원 근태 관리) • 고객관리의 최적화 (회원관리,단체고객 관리 우수) • 입 · 출금 업무의 간소화 • 계산원의 교육시간 감소

자료 : http://www.pos114.co.kr

을 매일 꼼꼼하게 기록할 수 있다. 셋째, POS는 자세한 매출상황을 제공하므로, 매출증대 계획을 세울 수 있다. 넷째, 본사와 점포 간의 원활한 의사소통으로 일괄적인 점포관리가 가능하다. 다섯째, 기록된 매출실적을 토대로 식재료 사용량 및 필요량을 산출함으로써 효과적인 식재료 수불관리가 가능하고 시간제 직원의 배치를 적절하게 할 수 있다. 여섯째, 고객 카드를 통해 재구매를 유도하거나 계산시에 POS를 통해 점포나 메뉴에 대한 광고를 함으로써 매출증진에 도움을 가져올 수 있다.

외식기업의 본사에서는 POS를 도입하면 공급망관리(supply chain management : SCH)에서 물류관리의 효율을 제고할 수 있고 실시간으로 직영점 및 가맹점 현황 분석이 가능하며 실시간 매출 집계를 통해 경영에 필요한 의사결정자료를 지원받을 수 있다. 또한 점포 고객의 통합 관리로 일 대 일 마케팅을 실시할 수 있으며 경비절감 등을 통한 효율적 경영이 가능하다.

가맹점포 및 단일점포에서도 POS를 도입하면 전산화를 통해 관리손실 비용을 감소시킬 수 있고 자료분석 및 통계결과를 바탕으로 경영환경의 개선 및 마케팅

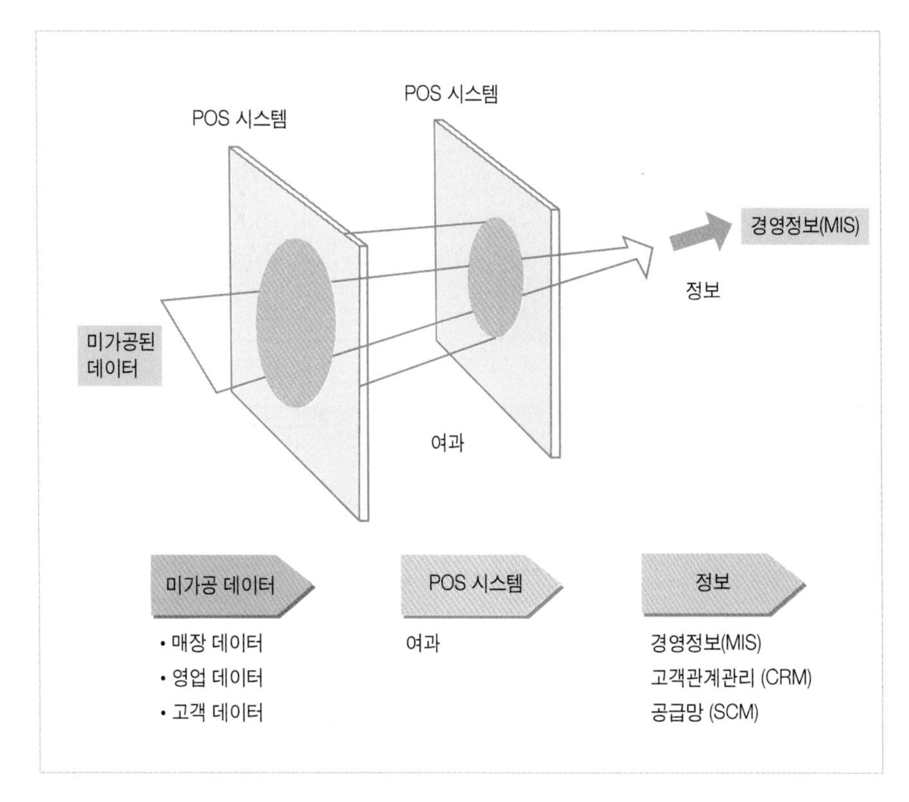

그림 11-9
POS 시스템의 경영정보화

전략을 수립할 수 있다. 또한 실시간 주문, 계산, 정산을 통해 신속하게 업무를 처리하고, 최소의 인력으로 매장 운영이 가능하며, 신속한 계산과 계산 착오로 인한 고객과의 마찰을 감소시킴으로써 고객만족을 증대시킬 수 있다.

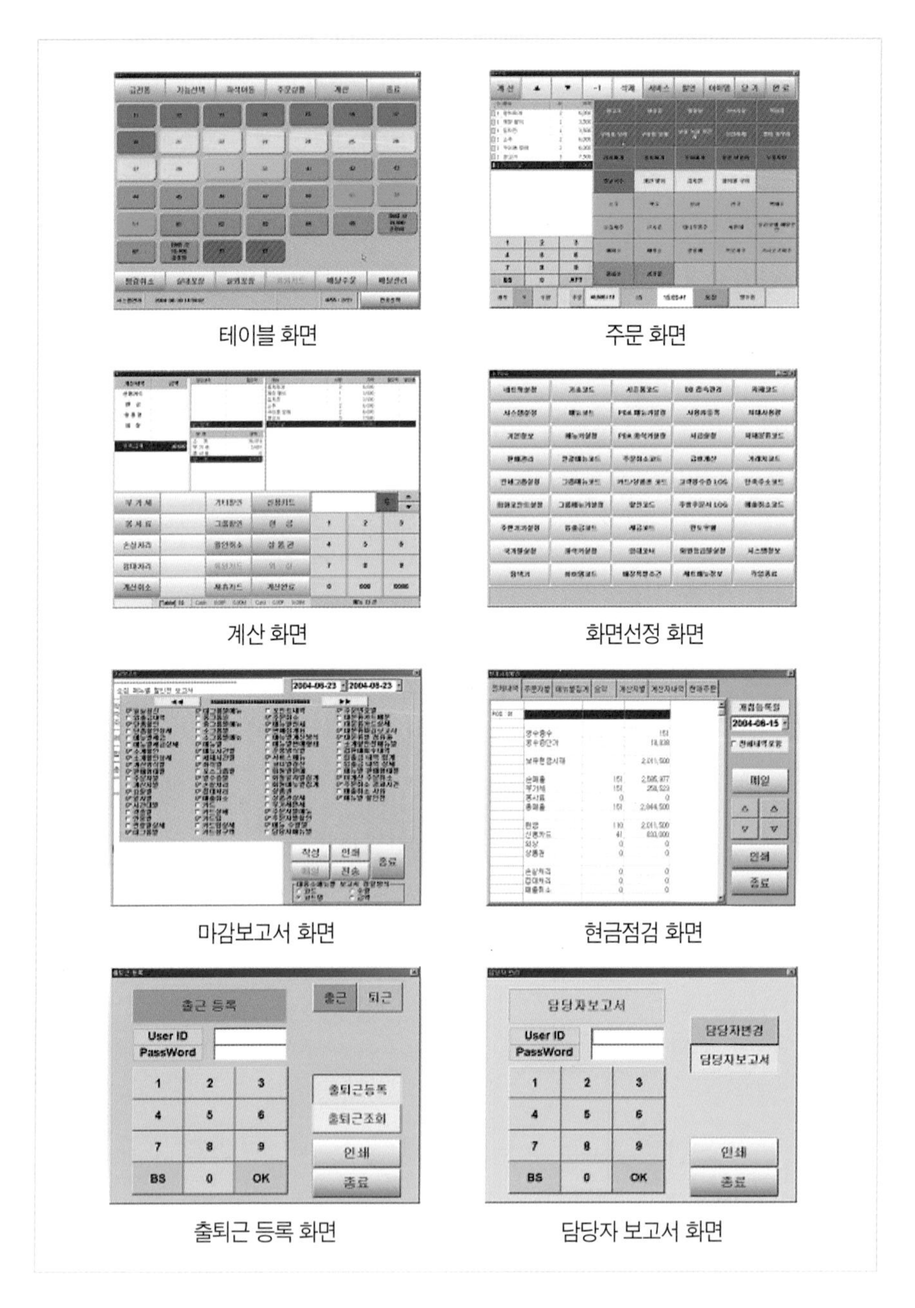

테이블 화면 / 주문 화면 / 계산 화면 / 화면선정 화면 / 마감보고서 화면 / 현금점검 화면 / 출퇴근 등록 화면 / 담당자 보고서 화면

그림 11-10 POS 입력화면

포스(POS)

◘ 외식기업의 팔방미인

금전등록기로 출발, 웹포스로 발전 포스(POS)는 '음식장사'에 경영의 개념이 도입되면서 외식점포의 필수품이 된 포스(POS). 포스의 전신은 금전등록기(cash register)로부터 출발한다. 단순히 돈을 건네받고 거스름돈을 돌려주던 '돈통'에서 로컬포스로, 로컬 포스에서 웹포스로, 이제 한 발 더 나아가 고성능 핸디터미널의 등장까지 비약적인 진화를 거듭해 왔다. 스팩 측면에서의 발전은 더욱 눈부시다. 키보드 입력 방식이 터치스크린으로 바뀌었고 듀얼모니터의 보급은 계산이 이뤄지는 짧은 시간에도 고객에게 효율적인 광고 메시지 전달을 가능케 하고 있다.

자기카드 판독기(Magnetic Stripe Reader : MSR)의 장착으로 별도의 카드승인기 설치가 불필요해졌고 매출집계와 재고파악에 그치던 솔루션은 이제 고객관리, 수발주업무, 사원관리까지 가능할 정도로 업그레이드 됐다.

1990년대 초부터 밀려들어 온 「KFC」, 「버거킹」, 「파파이스」, 「스카이락」 등 해외 수입 브랜드는 수백 곳에 달하는 매장에 본사에서 권장하는 사양의 포스를 설치하고 물류와 매출을 관리, 로열티 지급의 근거를 확보했다. 중소형 업장에까지 포스 보급이 활기를 띠기 시작한 것은 1990년대 중반 이후인데 온라인이 대중화되고 유통 · 물류 코드를 체계화하기 위한 정부 차원의 노력이 가시화되면서 중소형 매장에까지 포스의 필요성이 대두됐다. 한편 포스의 대중화는 포스 가격을 1990년대 초의 1/3수준으로까지 떨어뜨렸다. 시장 규모에 비해 많은 사업자가 경쟁에 뛰어들고 중국산 저가 장비가 국내 시장에 유입되면서 소비자가 낮아진 것이다.

최근에는 한국통신, 삼성전자 등의 대기업에서도 포스시장에 진출하고 일부 카드업체에서는 카드단말기에 포스 터치를 입혀 가맹점에 무상으로 제공하는 등 가격하락요인은 더욱 심화되고 있는 실정이다.

◘ (주)희테크

1990년 출범한 희테크는 일본의 NEC인프론티아와 포스 시스템 부문 국내 총괄 공급 계약을 체결하면서 포스사업에 뛰어들었다. 1991년 「KFC」 전 매장에 포스 시스템을 구축하고 1994년 스카이락 및 파파이스, 2001년 삼성에버랜드 단체급식업장 등 현재 2,300여 개 외식업 사이트를 확보하고 있다. 최근 스카이락과 기린비어페스타 등에 납품한 포스 시스템은 RF 무선 핸디터미널이다. 주문을 받는 동시에 중앙 컴퓨터 POS와 주방 프린터로 내역을 전송할 뿐더러 서브메뉴 및 스테이크 굽기 정도까지 선택할 수 있는 멀티 기능을 자랑한다. 대형매장의 경우 종업원의 동선을 1/3 이상 줄이고 따라서 인건비도 1/5 정도 감소시킬 수 있다는 설명이다.

◘ KT비즈메카

2003년 7월 외식기업을 대상으로 포스 솔루션 임대서비스를 시작한 KT는 2004년 9월부터 장비 임대서비스를 추가로 도입하며 본격적인 포스사업에 나섰다. 「BBQ」, 「교촌치킨」,

(계속)

「미스터피자」, 「김가네김밥」 등 900여 곳의 납품실적을 갖고 있으며 2004년 말까지 1,500여 곳의 사이트를 확보하는 것을 목표로 하고 있다.

(주)인포네트워크

VAN사 · 로펌과 제휴, 토털 서비스 제공

지난해 11월 출범한 인포네트워크는 VAN사인 KIS정보통신(주)과 제휴, MSR이 장착된 형태의 제품을 선보이고 있다. 삼성전자라는 브랜드 이미지와 원격제어가 가능한 웹포스, MSR을 통한 매출관리 일원화를 내세워 사업 시작 반 년 여만에 「호아빈」 전 매장과 「해리피아」, 「쪼끼쪼끼」, 「비어헌터」 등에 시스템을 구축하였다.

총판을 담당하고 있는 삼성스마트포스는 전용 OS로 윈도우XP Embedded를 채용, 안정성이 높으며 옵션으로 서명용 터치패드를 선택할 수 있는데, 이는 KIS정보통신에서 개발한 신기술로 종이전표 서명이 필요없어 대금 결제 소요시간이 단축되고 암호화되어 있으며 서명 시 압력과 각도를 인지함으로써 위변조까지 방지한다.

주문포스로는 NEXIO PDA에 탑재할 수 있는 솔루션을 개발, 무선 LAN 환경에서 사용가능하며 딜리버리샵을 위한 배달전용 포스로 지난 달 출시했다.

주변 상권과 주소, 고객정보 등을 입력해 놓으면 포스에 발신자전화번호가 뜨는 배달전용 포스는 포스 1대당 전화기 4대까지 연결이 가능하다(배달 전용포스).

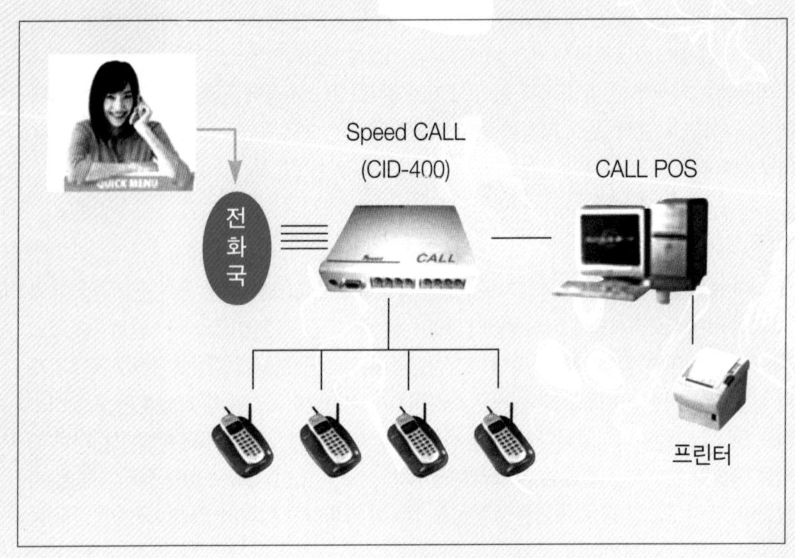

〈배달 전용포스〉

자료 : 월간식당(2004년 10월호).

3) 외식 정보시스템의 유형

(1) 서비스 형태에 따른 외식 정보시스템

외식점포의 자동화된 정보시스템은 서비스 형태에 따라 달라진다. 패스트푸드, 뷔페 또는 카페테리아 등의 셀프서비스 방식을 택한 점포에서는 카운터 종사원 또는 출납원이 각 주문이 발생될 때마다 요금 계산을 요청한다. 계산서가 따로 존재하지 않으며, 음식주문에서 요금지불까지 시간이 비교적 적게 소요된다.

테이블 서비스 방식의 점포에서는 서비스 종사원을 고용하며 계산서를 사용한다. 고객이 메뉴판을 보고 주문을 하면 계산서가 작성되고 계산서는 요금이 지불될 때까지 존재하게 된다. 자동화된 시스템하의 테이블 서비스 점포에서는 주문과 동시에 계산서가 컴퓨터 시스템에 저장되었다가 나중에 프린터를 통해

패스트푸드 업계의 정보시스템

「롯데리아」는 1999년 11월 구축 · 완료한 신정보시스템 EUC(End User Computing)을 통해 본사 전산망에 의해 점포의 최종사용자도 충분히 활용할 수 있도록 시스템을 가동하였다. 이에 따라 점포 증가에도 유연하게 대처할 수 있고 점포와 물류업무도 활성화시켜 점포를 과학적으로 운영할 수 있으며, 자동발주시스템을 구축해 최적의 적정재고 유지가 가능해졌다. 전 점포에 도입될 신 POS 시스템은 모든 전산시스템의 통합관리를 용이하게 하고, 기능이 확대되어 고객카드, 신용카드, 각종 제휴카드의 서비스를 제공하고 있으며 고객분석시스템을 기본으로 한 전사적인 데이터웨어하우스(Data Warehouse)를 구축하여 고객만족의 증대뿐만 아니라 고객의 불만을 감소시키고 있다.

「버거킹」은 ROM-POS인 일본 NEC의 SOT4500모델을 사용하고 있으며, 종사원 근태사항을 비롯, 자재발주, 경리, 회계 등 모든 업무를 웹을 통해 실시간으로 처리하고 있다. 고객관리를 위해서는 SK와 제휴 및 신용카드 기능 추가로 회원할인을 실시하고, 캐쉬백 포인트 지급과 온라인 Burger King 포인트 지원을 하고 있다. 또한 물류창고로의 배송 및 직송 거래처에서 사입을 위한 공급망관리도 실시하고 있다. 현재 Burger King의 ERP(전사적 자원관리 프로그램)는 JD-EDWARD의 ONWORLD로 회계처리 지원을 받고 있다.

「맥도날드」는 고객 로얄티 프로그램인 McPlus Card를 통해 홈페이지 회원관리를 하고 있다.

인쇄되며 전자계산서는 생성, 갱신, 해소과정을 거친다. 계산서는 사전점검에 내재된 통제기능과 더불어 세세한 재무거래에 대한 정보까지도 보유하고 있다. 사전점검 소프트웨어는 주문입력 터미널을 통하여 주문이 이루어지기 전까지는 어떤 서비스도 행해지지 않도록 설계되어 있어 주방과 홀의 의사소통을 통제하는 기능을 한다. 홀과 주방 사이의 의사소통시스템이 효율적이지 못하면 음식이 제 시간에 제공되지 못하는 등의 결과를 낳게 된다.

(2) 점포 수에 따른 외식 정보시스템

외식기업의 중점관리 분야가 메뉴계획에서 이익 창출로 이동하면서 우연성 예측이나 직관적인 마케팅조사 등의 관리기술보다는 컴퓨터 응용기술에의 의존도가 높아지고 있다. 또한, 다점포 외식기업들이 증가하면서 자동화된 정보시스템들이 신속하게 외식산업의 중요한 한 분야로 인식되고 있다.

■ 단일점포 외식기업의 정보시스템

단일점포의 관리자들은 전자 금전등록기와 POS(point-of-sale) 시스템을 이용하여 주문 입력에서부터 생산, 서비스, 요금 지불까지의 모든 단계들을 감독한다.

단일점포의 정보시스템이 처리하는 주요 업무는 매출관리, 재고관리, 인사관리, 회계관리, 운영관리 등이 있다.

단일점포에서는 서비스 분야와 관리 분야에서의 자료수집이 중복될 가능성이 있으나 이는 서비스 네트워크를 관리용 컴퓨터와 연결함으로써 해결할 수 있다. 고객의 거래 관련 자료를 영업 및 재무정보를 분석하는 관리자들과 공유하면 상승효과와 합리적인 응용업무를 개발하는 데 도움이 된다.

■ 다점포 외식기업 정보시스템

다점포 외식기업의 본사는 임금수준, 생산비용, 통계적 정보 등의 전략적 자료를 필요로 하고 개별 점포는 운영에 필요한 자료를 보관 · 유지한다.

각 점포에서 수집된 정보는 전자적인 온라인 전송방법에 의해 본사로 전달된다. 원거리통신(telecommunication)은 다점포 기업 내에서 자료를 이송하는 가장 좋은 방법이며, 전자메일, 중앙집중식 보고체계, 외부데이터 베이스 조회 등

다점포 외식업계의 정보시스템 현황

외식기업 및 점포는 외식 정보시스템 도입에 따라 업체 선정 시 각 점포에 어울리는 환경 설정, 꾸준한 사후관리가 관건이다. 각 점포의 특성과 환경적 변화요인에 따른 전산시스템의 구조는 바뀌게 마련이다. 따라서 관련 전산시스템 업체를 선정할 때 자체 프로그램 개발여부, 인터페이스 기술력 대형 서버장비 및 데이터베이스, 오피스시스템, 개발도구 기술이 가능한가 등을 꼼꼼히 살피는 외식기업들이 늘고 있다. 서버 운영 및 업무시스템은 당사가 자체적으로 유지보수를 하고 있으며, 점포의 각종 전산장애 해결 및 홈페이지 유지보수는 별도의 협력사를 통해 이루어지고 있다. 장애 발생 후 4시간 이내에 처리율 80% 이상을 기준으로 하고 있고, 협력업체와의 정기적인 합동 미팅으로 정보의 공유 및 객관적인 사후평가를 통해 안정성과 신뢰성의 유지에 노력하고 있다. 이는 전산시스템의 서비스 대상인 고객 및 점포의 만족을 최우선으로 여기고 있기 때문이다.

다점포 외식기업들은 고객관계마케팅(customer relationship marketing : CRM)을 마케팅 수단으로 활용하고 있으며, 전사적 자원관리(enterprise resource planning : ERP) ERP쪽으로 관심을 기울이고 있다. 「썬앳푸드」, 「㈜놀부」, 「TGI' F」, 「베니건스」 등이 ERP를 위한 준비작업에 착수한 것으로 알려지고 있으며, 외식기업 최초로 아모제가 LG EDS에서 분사한 넥서버의 ERP 페키지를 도입하였다.

「T.G.I.' F」의 전사적인 정보기술시스템은 하부 기반구조와 네트워크, 운용시스템의 설계와 개발을 새롭게 하여 2000년 9월부터 운영되었는데 인사, 회계, 영업-매출, 중역정보시스템(executive information system : EIS) 등의 서브 시스템이 구축되었고, 식자재 발주, 신규 인력 수급 부분은 인터넷 기술을 적용하여 업무효율을 높이고 있다. 홈페이지 응답속도의 일정 수준 유지와 무정지 가동을 위해 서버를 KIDC 데이콤에서 분사한 인터넷 데이터센터로 이전 관리하고 있으며, 사원들을 위한 전자 사보와 불만 또는 개선 의견란을 인터넷상에 개설하고 홈페이지 온라인상의 대고객 서비스의 하나로 메일 발송시스템을 활용하고 있다.

전체 업무에서 70%를 전산처리하는 「㈜놀부」는 자동응답시스템(Automated Response System : ARS)에서부터 입·출고 수불 관리, 경영정보시스템에 이르기까지 다양한 전산시스템을 운영한다. 업계 최초로 ARS 물류접수시스템을 가동했으며 현재는 가맹점 전 점포에 적용해 그 활용도를 확장해 나가고 있다. 전산을 통한 업무프로세서의 단축으로 편리한 경영을 하겠다는 지식경영방침을 제시한 「놀부」는 앞으로 이를 통해 고객서비스측면을 강화해 나갈 뜻을 전했다.

「썬앳푸드」는 약 2억 원 가량의 ERP 전산비용을 투자하였고, 회사환경에 맞게 변형한 ERP를 구축하고 있다. CRM 데이터, POS 데이터 및 신용카드의 매출까지 모든 자료를 공유하도록 했기 때문에 이중작업의 수고로움을 덜어 업무 프로세스를 단축시키면서 정보를 공유하고 있다.

「아웃백스테이크하우스」는 1999년 (주)인버스의 ERP 패키지 상품을 도입해 활용하고 있고, 기업 환경에 맞게 변형한 단독프로그램을 전매장의 전용선으로 연결해 회계, 급여, 인사, 구매관리, 매출관리 등의 업무가 실시간 가능하도록 하고 있다.

이 이용되고 있다.

새로운 POS 시스템에서는 각 점포 자료의 중앙화 및 통합화가 강조되고 있다.

2. 외식기업과 인터넷

인터넷(Internet)과 월드와이드웹(www)의 등장은 다양하고 복잡한 비즈니스 프로세스의 능률화, 운영비용의 절감, 생산성의 향상 등의 혜택을 제공하였고 기업에게 종전과는 전혀 다른 비즈니스 방식을 요구하고 있다. 이와 같이 정보기술의 경영환경에 대한 영향력은 점점 더 가중되고 있고, 전 세계 모든 산업분야에서 정보기술을 적절하게 활용하지 못하는 기업들은 생존이 더욱 힘들어지고 있다. 인터넷(Internet)의 출현은 외식기업에도 운영(operations)과 유통경로(distribution channels) 분야에 급격한 변화를 가져다 주었고, 정보기술이 경쟁우위의 창출을 위한 새로운 기회로서 외식기업들에 의해 보다 적극적으로 활용되고 있다.

인터넷은 잠재고객에게 외식점포의 시설과 상품 및 서비스에 대해 알릴 수 있는 기회를 제공하고, 고객들은 외식기업과 직접적인 접촉 없이도 가격을 비교하여 상품과 서비스를 구매할 수 있는 새로운 인터넷 유통구조를 창출하였다.

특히 1990년대 이후부터 가속화되고 있는 경영환경의 불확실성은 모든 기업에게 새로운 형태의 경쟁우위의 개발을 통한 가치의 창출이란 과제를 부과하고 있다. 인터넷의 등장으로 인하여 많은 분야에서의 상업혁명, 이른바 전자상거래(electronic commerce)의 시대가 도래하였다.

흔히 e-비즈니스(e-business)와 전자상거래(e-commerce)는 인터넷상에서 비즈니스를 수행하는 현상이란 유사한 개념으로 사용되어 왔다. 그러나 e-비즈니스는 전자상거래를 포함하는 포괄적인 개념(umbrella term)이다(그림 11-11). e-비즈니스와 전자상거래는 기존 산업구조의 동요 및 기업의 구조조정은 물론이고 사업방식의 변화 등을 야기시키고 있다.

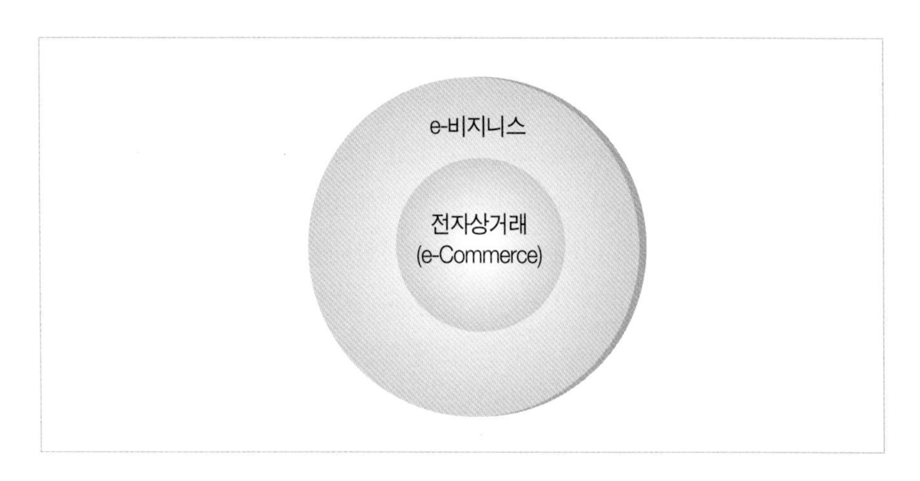

그림 11-11 e-비즈니스와 전자상거래의 차이

1) e-비즈니스

e-비지니스는 종전의 기업경영 전반에서 일어나는 상호작용을 인터넷을 기반으로 하는 보다 효율적인 상호과정으로 변환하려는 노력이다. e-비즈니스란 개념은 단순히 인터넷(Internet)상에 웹 사이트만을 올려놓는 것은 아니며 비즈니스 프로세스(business processes), 가치사슬(value chain), 교신(communication), 정보공유 등 기업의 모든 분야를 디지털화하는 것을 의미한다.

한편, Pernsteiner와 Rauseo는 e-비즈니스는 '높은 경영성과를 창출하는데 필수적인 비즈니스 모델로서 비즈니스 프로세스(business pro-cesses), 기업의 응용업무(enterprise applications)와 조직구조(organi-zational structure)로 구성된 복잡한 결합체' 라고도 정의하였다.

e-비즈니스는 기업의 모든 경영활동에 인터넷 기반기술과 디지털 정보기술을 전자적으로 통합 · 적용함으로써 경영의 효율성과 효과성을 극대화하고자 하는 새로운 경영방식이다. 즉, 기업 전체의 관점에서 내부 및 외부를 동시에 관찰하여 비즈니스 프로세스와 업무효율의 개선, 새로운 판매원의 창출, 비용 절감, 원재료 및 노동력의 절약 등에 정보기술을 응용하여 기업의 경영자원 및 역량을 효율적으로 강화하는 데 역점을 두고 있다.

현재 e-비즈니스분야에서 각광을 받고 있는 개발 품목은 기업 포털(corporate

portal)인데, 이것은 기업정보시스템이나 인트라넷(Intranet)을 이용하여 기업뉴스, 표준 업무절차, 보고서 등을 직원, 경영진, 프랜차이즈, 소유주/투자자, 공급업체, 전략적 제휴업체 등과 교신하는 통로로서의 역할을 수행한다. 외식기업들은 그들이 보유하고 있는 시스템과 응용기술을 '웹화(webify)' 함으로써 기업의 인트라넷(Intranet)과 인터넷(Internet)을 쉽게 통합한 e-비즈니스를 통해 광범위한 고객과의 대화체제 및 정보공유를 실현하는 서류 없는 사무실(paperless office)로 발돋움하고 있다. 즉, e-비즈니스를 활용함으로써 기업은 전통적인 상거래에서 걸림돌이 되었던 시간, 거리 및 물리적 장소에 대한 부담을 제거하게 되었다.

e-비즈니스 핵심은 부서별 혹은 기능별로 분산되어 있는 정보시스템을 하나로 엮어 정보의 통합적 · 효율적 활용을 도모하는 것이다. 예를 들어 외식기업은 e-비즈니스를 이용하여 고객관계관리, 공급망관리와 기업내부활동관리 등을 통합적으로 관리하여 경영효율을 극대화할 수 있다.

2) 전자상거래

(1) 전자상거래의 개념

전자상거래(e-commerce)는 상품과 서비스 등 경제적 가치가 교환되는 실제 상거래에 초점을 맞추고 있으며 상품과 브랜드에 대한 소비자 및 새로운 매출원의 확보를 목표로 하고 있다. 아직까지는 전자상거래 내에서 거래와 지불은 정보를 이용하여 수행할 수 있지만, 직접적인 인간접촉을 완전히 배제할 수는 없다. 그러나 디지털 대체기술이 더욱 발전되고 일반화되면 미래에는 정보기술이 인간이란 요소를 완전히 대체할 수 있을 것이다.

전자상거래에 대한 정의는 매우 다양한데 경제협력개발기구(Organi- zation for Economiz Copperation and Deuelopment : OECD)는 '텍스트, 음성, 화상을 포함한 디지털 자료의 처리 및 전송에 기초한 조직과 개인을 포함하는 상업적 활동과 관련된 모든 형태의 거래' 라고 정의하였다. 한국전산원은 전자상거래를 '기업, 정부기관과 같은 독립된 조직간 혹은 조직과 개인간에 다양한 전자적 매체를 이용하여 상품이나 서비스를 교환하는 방식' 이라고 하였다.

전자상거래는 전통적 상거래에 비해 다음과 같은 특성을 가지고 있다. 첫째, 도·소매상을 거쳐 소비자에게 전달되던 전통적 상거래 과정과는 달리 가상공간을 기반으로 하여 특정한 거래당사자에게 직접적인 거래를 가능하게 함으로써 상호 이익을 극대화할 수 있다. 둘째, 전통적 상거래에서는 고객의 요구를 조사하거나 수집된 자료를 분석하는 데 막대한 시간, 비용 및 노동력이 요구되어 시장 내에서 경쟁력을 제고하는 데 장애요소가 되는 반면, 전자상거래의 경우에는 거래당사자간에 쌍방향(interactive)으로 교신이 가능하므로 이러한 장애요소를 극복할 수 있다. 셋째, 네트워크로 연결된 가상공간은 시간적 제약을 극복할 수 있으므로 실시간 전세계를 상대로 거래를 수행할 수 있다. 넷째, 소비자가 요구하는 사양 및 요구사항에 따라 상품과 서비스를 개별화(customize)할 수 있으며, 소비자의 욕구를 가상공간에서 파악할 수 있어 공급자에게 상품과 서비스에 대한 불확실성을 줄여줄 수 있다.

전자상거래는 판매자와 구매자 모두에게 종전보다 나은 혜택을 제공하고 있지만(표 11-7), 아직 성장단계에 있으므로 여러 가지 문제점을 갖고 있다. 첫째, 소비자는 상품과 서비스를 직접 눈으로 확인할 수 없어 상품에 대한 정확한 사양과 품질을 확인하기 힘들고 사후보증체계 등에 대한 안전을 신뢰하기 어렵다. 이런 문제는 특히 국제간 거래에 있어 그 개연성이 매우 높으므로 관리자나 중앙정부차원에서 이를 보장하거나 규제할 안전장치의 개발이 시급하다. 둘째, 종전

표 11-6 전자상거래와 전통상거래의 차이점

구 분	전자상거래	전통상거래
유통	기업-소비자	기업-도매-소매-소비자
지역	전세계	제한된 지역
시간	24시간 실시간	제한된 영업시간
마케팅	쌍방향(one-to-one 마케팅)	한 방향(one-way) 마케팅
수요 파악	가상공간(digital)	영업사원에 의한 정보 재입력
고객 대응	신속한 감지 및 즉각적인 대응	대응 지연
판매거점	가상공간	시장 등 물리적 공간

자료 : 심종석 · 정경진(2000).

의 직접적인 대금지불방식 대신 전자결제가 이루어지고 있으나 지급과 결제과정에 있어서 보안과 인증에 대한 기술수준이 아직 완벽하지 못하여 수많은 개인의 정보가 유출될 수 있는 위험에 노출되어 있다. 셋째, 소비자의 경우 무한한 정보를 통해 구매의사를 결정하지만 종종 정보과잉으로 인한 혼선이 야기될 수 있으며 시간을 낭비할 수 있다. 마지막으로 소비자의 정보탐색 및 이용이 집중될수록 기업 간 경쟁이 과열되므로 브랜드에 대한 중요성이 증가하고 이에 따라 중소기업은 경쟁력이 더욱 약화될 수 있다.

표 11-7

전자상거래의 특성 및 장점

특 성	장 점
• 의사결정 시 가격 및 상품정보 비교 가능 • 충동구매, 체면구매, 바가지구매 방지 • 시간적 및 공간적 제약 극복 가능 • 가상공간에 제공되는 정보에 의해 안정된 구매 가능	• 물리적인 판매공간이 필요없어 저렴한 비용으로 상품 및 서비스 전시 가능 • 저렴한 비용으로 상품 및 서비스의 광고 · 홍보가 가능하고 수정 및 변경이 용이함 • 고객의 구매성향에 대한 분석으로 적시에 적절한 마케팅전략 수립 가능 • 지역에 구애받지 않고 전세계를 상대로 판매 가능

(2) 전자상거래의 종류

전자상거래는 개인, 기업, 정부 등 거래당사자 간의 상호 계약관계에 따라 기업과 개인 간의 전자상거래(business-to-customer : B2C), 기업과 기업 간의 전자상거래(business-to-business : B2B)로 구분할 수 있다. 이 밖에도 개인과 개인간의 전자상거래인 C2C(consumer-to-consumer), P2P(peer-to-peer)와 개인－기업－정부 간의 전자상거래인 C2B2A(consume-to-business-to-administration)가 있지만, B2C와 B2B에 비하면 규모가 아직 미흡하다.

① 기업과 개인 간의 전자상거래

기업과 개별적인 소비자 간의 전자상거래(business-to-consumer : B2C)는 새로운 시장형성 과정을 통해 다양한 비즈니스모델이 제시되고 있으며 전통적인 상거래와는 근본적으로 다르다. 개인을 대상으로 한 전자상거래는 판매하는 상품과 서비스에 있어서 상품의 성격, 취급상품 종류에 따라 구분되고 기업특성에 따라 가치상의 위치, 판매경로의 다양성 등의 요소로 분류된다. 결국 기업과 개인간의 전자상거래는 소비자의 선택여부에 따라 생존이 결정되며 외식산업에서의 B2C 전자상거래는 웹사이트를 통해 체인 점포나 본사와 소비자 간의 직접적인 상호작용을 바탕으로 이루어진다.

피자 점포의 온라인 주문 방법

① 배달 장소 등록 → ② 배달할 매장 클릭→ ③ "지금 주문" 또는 "예약주문 시간" 선택 → ④ 원하는 메뉴 선택 → ⑤ 금액 확인 → ⑥ 배달지 확인 → ⑦ 최종 확인

자료 : 미스터 피자

2 기업과 기업 간의 전자상거래

기업 간의 전자상거래(business-to-business : B2B)는 전자문서교환(electronic data inter-change : EDI)을 활용하면서 시작되었다. 전자문서교환은 일정한 거래관계에 있는 조직 간에 정형화된 자료를 제반 상거래 단계에 교환하는 형태이다. 이는 거래관계에 있는 기업 간 전자자료의 교환수단으로 활용되기 때문에 상거래 자체로서의 의미보다는 전자상거래의 기반으로서 그 가치를 평가할 수 있다. 최근의 B2B는 기존의 폐쇄적인 네트워크가 아닌 불특정 다수기업이 참가할 수 있는 개방적인 전자시장의 형태로 발전하고 있으며 인트라넷(Intranet)과 엑스트라넷(Extranet)이 그 예이다.

3 전자상거래가 외식산업에 미치는 영향

전자상거래가 외식산업에 미치는 영향은 긍정적인 측면과 부정적인 측면이

있다. 전자상거래가 외식산업에 미치는 긍정적인 영향으로는 첫째, 전자상거래는 네트워크를 이용하여 거래를 하기 때문에 음식 판매에 필요한 공간활용도를 높일 수 있어 토지구입이나 종업원 고용 등에 소요되는 비용을 절감할 수 있다. 둘째, 전자상거래는 영업시간에 대한 제약이 없기 때문에 식사시간대로 한정되어 있는 영업시간의 한계를 극복할 수 있다. 셋째, 전자상거래는 쌍방향 통신이 가능하고 고객정보의 획득이 용이하여 고객의 요구에 맞는 상품을 개발 · 판매할 수 있다. 넷째, 가상공간을 활용하므로 시장의 지역적 제한이 없어지고, 새로운 시장에 대한 진입장벽을 제거할 수 있다.

한편 전자상거래가 외식산업에 미치는 부정적인 영향은 다음과 같다.

첫째, 외식산업은 음식을 판매하는 것이므로 적온 · 적시에 제공해야 한다는 측면에서 전자상거래의 도입에 한계가 있다.

둘째, 타 상품의 원재료에 비해 식자재는 저장기간이 매우 짧으므로 주문 예상을 정확히 해야 하고 식자재의 손실율(loss)을 줄이기 위해 저장관리에 관심을 기울여야 한다.

셋째, 기업 자체의 홈페이지를 갖고 소품종 전문판매 또는 다품종 소량 판매하는 외식기업도 있으나 대형 쇼핑몰의 한 종목으로 전자상거래를 하는 영세업체들이 많다.

넷째, 상품 간의 경쟁이 치열해지기 때문에 전통적인 상거래의 독점이윤 혜택과 수익성이 떨어질 수 있다.

다섯째, 쇼핑은 온라인상에서 이루어지지만 배달은 실제로 이루어져야 하므로 지역적인 제약을 받기도 한다. 그러므로 전국적인 소규모 배달을 위한 물류시스템도 전자상거래에 있어서 매우 중요한 인프라 가운데 하나이다. 결국 단기적으로는 시장진입에 성공했더라도 궁극적으로 유통 노하우를 기반으로 하지 않는 업체는 도태될 수 있다.

참고문헌

갈정운(1999). 이것이 지식경영의 핵심이다.
강다원 · 이재진(2002). Working paper. 경기대학교 대학원.
김성근 · 양경훈(2001). e-Business 환경의 경영정보관리. 문영사.
김성희 · 장기진(2002). e-비즈니스 원론. 무역경영사.
김은홍 · 이진주 · 정문상(2005). 사용자중심의 경영정보시스템. 다산출판사.
심종석 · 정경진(2000). 전자상거래와 e-비즈니스. 청림출판.
안상협 · 이동만(2003). e-Business 새롭게 배우기. 대명.
호텔&레스토랑. 2002년 2월호. p. 107-110.

Bugalis, D. (1998). Strategic use of information technologies in the tourism industry. *Tourism Management, 19*(5): 409-421.
Cline, R. S. (2001). Hospitality e-business: The Future. *Andersen Hospitality and Leisure Executive Report, 8*(1): 1-8.
Connolly, D. J., Olsen, M. D., & Moore, R. G. (1998). The Internet as a Distribution Channel. *The Cornell HRA Quarterly, 39*(4): 42-54.
Kasavana, M. K. (1994). Computers and Multiunit Food-Service Operations. *The Cornell HRA Quarterly, 35*(3): 72-80.
Kasavana, M. L., & Cahill, J. J.(1997). *Managing Computers in the Hospitality Industry*, 3rd ed. Educational Institute: AH&MA.
Oz, E. (2002). *Management Information Systems, 3rd ed.* Course Technology: Thomson Learning.
Pernsteiner, C., & Rauseo, N. (2000). Transforming the hospitality industry into e-business. *FIU Hospitality Review, 18*(2): 10-21.

(주) 희테크 홈페이지 : http://www.heetech.co.kr
ipass communi 홈페이지 : http://www.ipasscom.com
경조사음식 홈페이지 : www.jejucleanfood.co.kr
구륜 소프트(주) 홈페이지 : http://www.pos114.co.kr
김치 또는 밑반찬류홈페이지 : www.gagafood.com
성원시스템 홈페이지 : www.esungwon.net
식재료배달 홈페이지 : www.gogi4u.com
아스템즈 홈페이지 : http://www.astems.co.kr
아침과일 홈페이지 : www.fruitime.com
아침식사 홈페이지 : www.myungga.net
케익배달 홈페이지 : www.cakeland.co.kr
포스뱅크 홈페이지 : www.posbank.co.kr
피엔시월드 홈페이지 : http://www.pncworld.com
피자헛 홈페이지 : www.pizzahut.co.kr
한국포스기술 홈페이지 : www.pos114.com

Our Food Story Co., Ltd.
www.ourfoodstory.com

Part 4 외식경영전략과 세계화

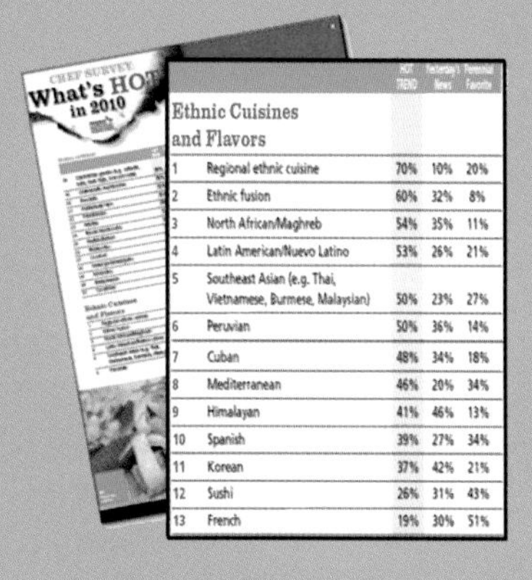

Ethnic Cuisines and Flavors

		HOT TREND	Yesterday's News	Perennial Favorite
1	Regional ethnic cuisine	70%	10%	20%
2	Ethnic fusion	60%	32%	8%
3	North African/Maghreb	54%	35%	11%
4	Latin American/Nuevo Latino	53%	26%	21%
5	Southeast Asian (e.g. Thai, Vietnamese, Burmese, Malaysian)	50%	23%	27%
6	Peruvian	50%	36%	14%
7	Cuban	48%	34%	18%
8	Mediterranean	46%	20%	34%
9	Himalayan	41%	46%	13%
10	Spanish	39%	27%	34%
11	Korean	37%	42%	21%
12	Sushi	26%	31%	43%
13	French	19%	30%	51%

Chapter 12
외식경영전략

외식기업은 성장과 생존을 위해 어떻게 경쟁해야 하는가?

1. 외식경영전략의 이해
2. 외식경영전략의 주요 개념

Chapter 12

외식경영전략

학습목표

1. 경영전략 개념을 이해한다.
2. 경영전략의 유형을 숙지한다.
3. 상호일치의 원칙이 무엇이며 왜 기업에게 중요한 개념인가를 인지한다.
4. 외식산업에서 이용되는 경쟁수단을 이해하고 효과적인 경쟁수단이 무엇인지를 파악한다.
5. 경영전략의 수립 및 실행과정에서 요구되는 단계별 주요 개념들을 숙지한다.

1. 외식경영전략의 이해

1) 외식경영전략의 개념

경영전략은 기업의 생존 및 성장을 도모하기 위해 환경변화에 대처하고, 한정된 자원을 배분하여 경쟁우위를 창출하기 위한 의사결정과정이다.

전략이라는 용어는 중국의 손자병법에서 사용되었고 고대 그리이스에서는 장군의 예술(art of the general)이란 뜻으로 이용되었다. 전략(strategy)의 어원은 그리이스어 strategos에서 유래한 것으로 군대를 의미하는 stratos와 통솔한다라는 의미를 가진 -ag가 합성되어 생겨났다.

군사전략에서 한층 발전하여 경영전략이란 용어가 이용되고 연구되기 시작한 것은 1950년대와 1960년대이다. 이 시기에 미국의 거대기업들은 다각화되고 비대해진 기업을 어떻게 효율적으로 관리할 것인가라는 현실적인 문제에 당면하였다. 즉, 거대기업에 속한 사업단위(business unit)들을 최고경영진이 어떻게 효과적으로 통제 · 조화할 수 있느냐는 것이 중요한 문제로 대두되었다. 또한 경영

표 12-1 경영전략론의 태동과 변천과정

	1950년대~1970년대 초	1970년대 후반~1980년대 중반	1980년대 후반~1990년대 초
주요 테마	경영정책(장기전략계획)	산업구조 및 경쟁구조 분석	경쟁우위의 창출 및 유지
주요 개념 및 분석기법	투자계획 수립, 시장 예측, 시장점유율 분석, SWOT 분석	산업구조의 분석, 포지셔닝 결정, 정태적 분석	기업의 경쟁우위를 창출하는 요인 분석, 동태적 분석
기업조직상 특징	재무관리가 기업의 주기능을 수행, 종합기획실 설립	수익전망이 좋은 사업분야로의 진입과 수익성이 낮은 분야의 퇴출	핵심역량 배양, 인적자원관리, 전략적 제휴, 리엔지니어링으로 인한 비용절감 및 서비스 품질 향상
대표학자	Ansoff, Andrews	Porter	Hamel, Prahalad

자료 : 장세진(2000).

학 분야에서도 생산, 재무, 회계, 인사, 마케팅 등 세분화된 기능분야들을 통합할 수 있는 새로운 이론이 필요하게 되었다. 이때 탄생된 학문분야가 장기전략계획(long-lange planning) 혹은 경영정책(business policy)이며 각 기능별 분야들을 종합하는 역할로 정의되었다.

마이클 포터(Michael Porter)는 전략의 정의를 3가지 측면으로 제시하고 있다. 첫째, 전략은 경쟁자와는 다른 활동을 수행하거나 또는 경쟁자와 유사한 활동을 하더라도 다른 방법으로 수행함으로써 경쟁우위를 창출하고 유지하는 것이다. 둘째, 전략에는 항상 상쇄효과(trade-offs)가 나타나며 이는 할 수 있는 것과 할 수 없는 것을 엄격히 선택하는 것을 뜻한다. 경쟁기업의 전략을 그대로 답습 또는 모방하는 것은 귀중한 자원의 낭비를 초래할 가능성이 매우 높으므로 전략이라 할 수 없다. 셋째, 전략을 구성하는 활동들은 전체 시스템을 구성하는 하나의 구성요소로서 서로 조화되고 상호연계되어 상승효과(synergy)를 거둘 수 있어야 한다.

전략은 기업에서 해마다 반복되는 계획수립 과정이 아니라 하나의 사고방법(a way of thinking)으로 보아야 하며, 기업의 의사결정, 경영활동과 고객서비스 등의 모든 과정에 내포되어 있어야 한다.

환경변화가 점점 가속화되고 있는 현재의 상황에서 아직도 많은 기업들이 과거를 돌아보며 미래를 예측하고 있다. 미래보다 과거에 더욱 집착하는 기업은 환경의 변화에 느리고 점진적으로 반응한다. 하멜(Hamel)과 프랄라드(Prahalad)는 기업은 반드시 과거에 대한 사고를 멈추고 미래를 위한 경쟁을 해야 한다고 주장하였다. 또한 미래의 경쟁을 위해 기업은 고정관념이 되어 버린 종래의 산업과 전략에 대한 통념에서 과감히 탈피하고 새로운 발상에 의해서 새롭게 재창출(reinvent)되어야 한다고 했다. 이를 위해서는 미래를 예측할 수 있어야 하며 미래의 예측은 환경이 어떤 새로운 기회(opportunities)와 위협(threats)을 제공할 것인가를 이해할 수 있는 능력을 말한다. 경영자들은 장기적인 성공이란 관점을 배제한 채 직면하고 있는 단기적인 문제에만 관심을 집중하는 경우가 많다. 장기적인 대비책 혹은 보완책 없이 단기적인 문제의 해결에만 힘쓴다면 기업의 생존과 성장은 보장받을 수 없다.

2) 외식경영전략의 유형

전략은 기업 · 사업 · 기능 등의 세 가지 수준으로 구분되며 집중분야, 의사결정의 책임 소재, 실행의 시간적 틀과 세부사항 등에 따라 각기 다른 특징을 나타낸다. 기업이 최대한의 수익을 달성하려면 이 세 가지 수준의 전략들이 서로 조화되어 상승(synergy)효과를 창출할 수 있어야 한다.

(1) 기업전략

기업전략(corporate strategy)은 기업 전체를 경영하기 위한 것으로, 기업이 진출해야 할 사업분야의 방향, 기업의 목표 및 운영범위를 결정하는 것을 말한다. 예를 들어, 맥도날드(McDonald' s)처럼 단일 브랜드에 집중할지 아니면 (주)CJ와 같이 다양한 스카이락, 빕스, 한쿡 등의 다양한 브랜드를 운영할지 결정해야 한다. 일반적으로 최고경영자(Chief Executive Officer : CEO)는 미래에 이익을 산출할 수 있는 기업으로 이끌어 나가기 위해 전략적 계획을 설계하고 기획하는 의무를 수행한다.

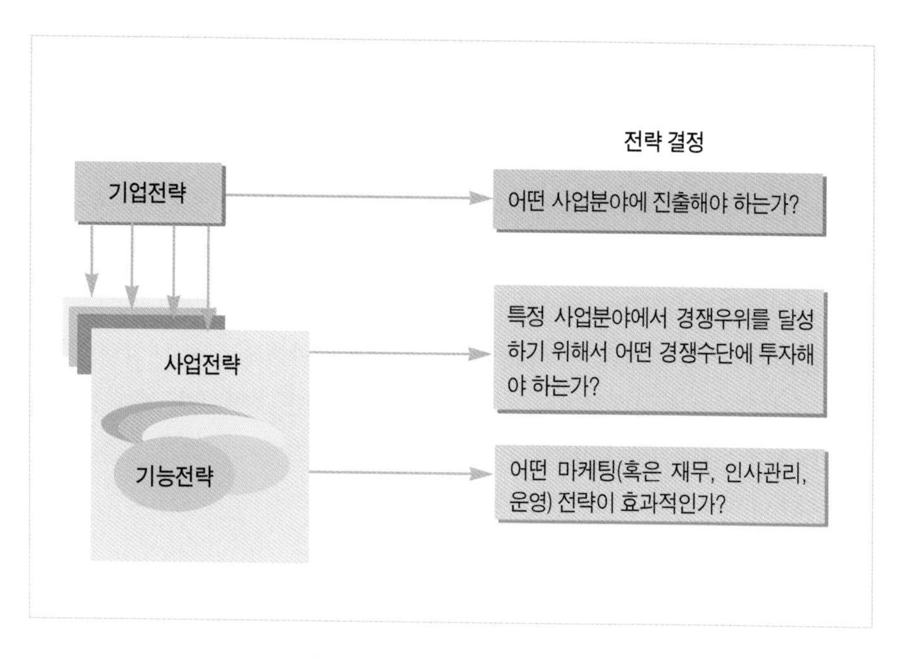

그림 12-1 경영전략의 유형

외식기업이 사업 분야를 결정하려면 보유하고 있는 자원들을 각 사업 분야별로 어떻게 배분할 것인가를 결정해야 한다. 외식기업이 보유하고 있는 한정된 자원을 합리적으로 배분하여 최대의 가치를 창출할 것인지와 서로 다른 특성을 지닌 사업들을 어떻게 통합하여 시너지효과를 달성할 것인가를 결정해야 한다.

일반적으로 기업전략은 1년부터 5년 사이의 기간을 범위로 한다. 왜냐하면, 다른 기업을 인수하거나 혹은 새로운 사업영역에 진출할지를 결정할 때 많은 대안들이 평가되어야 하고 연구와 분석을 위한 많은 시간이 요구되기 때문이다. 예를 들어, 미국의 Darden Restauraut은 Bahama Breeze란 새로운 상품개발과 실험, 입지 조건 조사, 재무적 타당성 조사 등에 2년 이상의 시간이 소요되었다.

(2) 사업전략

사업전략(business strategy)은 기업전략에 기초하여 수립되어야 하며 기업전략을 지원할 수 있어야 한다. 사업전략은 외식기업이 특정산업 내에서 어떻게 경쟁해야 하는지를 결정하는 것이며, 경쟁우위를 창출하는 것을 목표로 한다.

즉, 외식기업이 경쟁수단(competitive methods)과 핵심역량(core competencies)을 사용하여 특정 사업 분야에서 경쟁하는 것을 의미한다.

핵심역량은 기업이 보유하고 있는 고유하고 탁월한 자원(resources)과 능력(capabilities)을 뜻하며 기업의 강점이라 할 수 있다. 마케팅 및 재무관리에 대한 전문지식, 영업장소의 입지 우위, 생산과정, 경영정보시스템과 교육훈련 프로그램 등은 기업의 핵심역량의 예이다.

사업전략의 시간적 범위는 기업전략과 유사해서 일반적으로 1~5년인데, 경쟁이 점점 심화되면서 시간적 범위가 점점 짧아지고 있는 추세이다. 최고경영자 및 지역 본부장 등이 사업전략을 수립하는 책무를 맡고 있지만 최근 조직 내의 모든 수준의 직원들로 참가범위가 확대되고 있다.

(3) 기능전략(functional strategies)

외식기업에서 세 번째 수준의 전략은 사업조직 내의 기능전략(functional stategies)이다. 기능전략은 사업전략보다 그 대상 범위가 좁다. 기능전략들은 주로 사업을 운영하는 데 필요한 활동으로 재무관리, 마케팅, 생산관리, 인사관리, 운영, 경영관리와 연구개발로 구성되어 있다(표 12-2). 기능전략은 기업이 개발한 가장 가치있는 경쟁수단을 효과적으로 실행하는 데 필요한 각 기능 세부활동이다.

기능전략은 보통 1년을 수명주기로 하며 변화가 빈번하고, 경쟁기업의 움직임에 직접적인 영향을 받는다. 일반적으로 각 기능부서의 팀장과 종사원들이 기능전략을 수립한다.

오늘날의 경영환경을 고려할 때 외식기업의 경영자는 합리적인 전략적 결정을 위해 각 기능영역의 지식을 종합하고 통합해야 하므로 다기능을 보유한 의사결정자(multi-functional manager)가 되어야 한다.

표 12-2 기능전략

기능 영역	요 소
재무관리	자산경영, 예산 편성, 자본구조분석, 자금수급, 위험경영, 재무계획, 배당률 결정, 기업 인수 및 합병, 통제시스템 등
인사관리	종사원 관리, 조직행동, 노사관계, 리더십 등
마케팅	판매유통경로, 홍보 및 판촉, 가격결정, 상품 및 서비스 관리, 고객세분화 등
경영관리	보험관계, 회계시스템, 경영정보시스템, 전략적 계획, 법률문제 등
운영관리	생산관리, 품질관리, 자원의 획득 및 저장, 안전 · 보안, 공정관리 등
연구개발	상품개발, 고객개발, 새로운 사업계획 등

3) 상호일치의 원칙

경영전략은 기업 경영진의 능력이라 할 수 있으며, 그 능력은 자신의 기업이 경쟁하고 있는 경영환경에서 변화를 주도하는 요인들을 어떻게 효과적으로 파악하느냐에 달려 있다. 이런 변화의 파악을 통해 경영진은 최대의 재무적 가치를 산출할 수 있는 경쟁수단에 투자하게 되며, 경쟁수단에 일관적 · 효과적으로 경영자원을 배분할 수 있는 기업구조를 구축해야 한다. 기업은 이를 바탕으로 가치를 창출하게 되고 기업의 소유주와 투자자들은 원하는 재무적 성과를 달성할 수 있다. 이러한 관계를 상호일치의 원칙(co-alignment principle)이라 한다(그림 12-2).

현재 가장 많이 사용되고 있는 재무적 성과의 측정방법은 투자자들이 보유한 주식의 주당 현금흐름(cash flow per share)인데, 이는 미래지향적 현금흐름 측정방법이다. 바꾸어 말하면, 외식경영자는 반드시 외식기업의 미래가치를 최대화하여야 하고, 이를 위하여 반드시 각 경쟁수단을 선택할 경우 현재 및 수명주기 기간 동안의 현금흐름을 추정하여야 한다.

재무적 성과의 다른 측정방법들은 과거실적에 대한 경영성과를 보고하며 제한적이어서 미래를 반영하지 못하고 있다. 그러므로 경영진은 반드시 경영자원 배분과정에 있어서 어떠한 경쟁수단이 과거가 아닌 미래에 가장 많은 가치를 산출하는가를 바탕으로 의사결정을 해야 한다. 이것이 외식경영자들에게 경영환

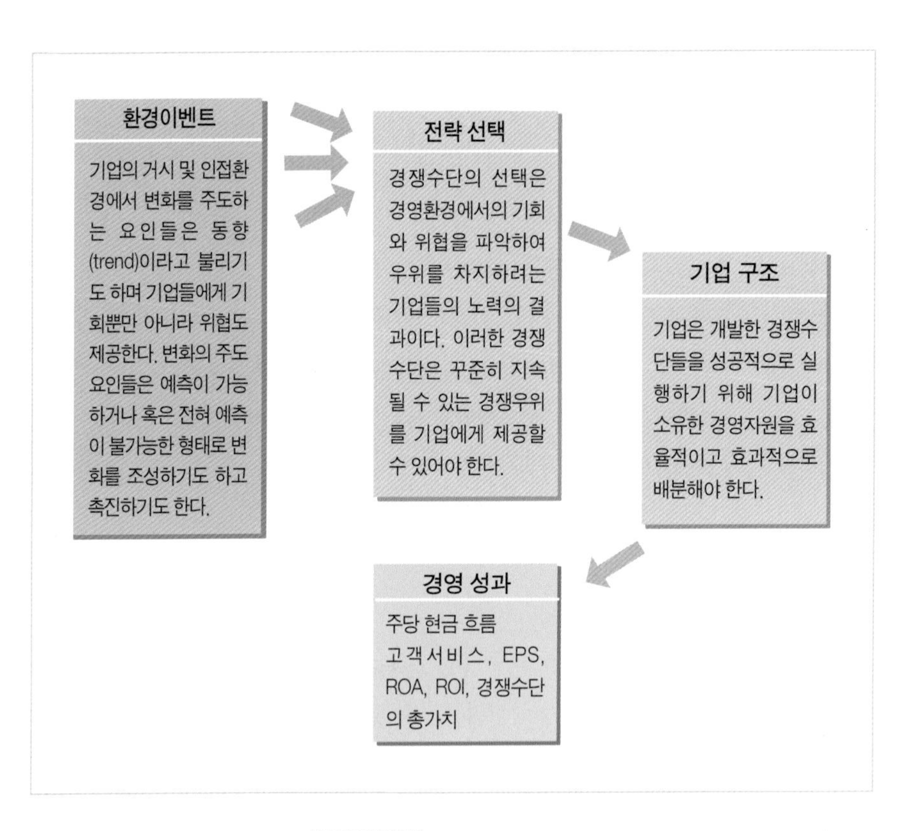

환경이벤트
기업의 거시 및 인접환경에서 변화를 주도하는 요인들은 동향(trend)이라고 불리기도 하며 기업들에게 기회뿐만 아니라 위협도 제공한다. 변화의 주도 요인들은 예측이 가능하거나 혹은 전혀 예측이 불가능한 형태로 변화를 조성하기도 하고 촉진하기도 한다.
전략 선택
경쟁수단의 선택은 경영환경에서의 기회와 위협을 파악하여 우위를 차지하려는 기업들의 노력의 결과이다. 이러한 경쟁수단은 꾸준히 지속될 수 있는 경쟁우위를 기업에게 제공할 수 있어야 한다.
기업 구조
기업은 개발한 경쟁수단들을 성공적으로 실행하기 위해 기업이 소유한 경영자원을 효율적이고 효과적으로 배분해야 한다.
경영 성과
주당 현금 흐름
고객서비스, EPS,
ROA, ROI, 경쟁수단의 총가치

그림 12-2 상호일치의 원칙

경을 진단하는 데 있어서 미래의 기회를 포착하는 데 집중해야 하는 중요한 이유이니다.

또한, 외식기업에서 산출된 가치는 투자된 자본비용(cost of capital)을 상회하여야 하고 고객의 현재와 미래의 욕구를 충족시켜야 한다.

4) 외식기업의 경쟁수단

(1) 경쟁수단의 정의 및 의의

경쟁수단(competitive methods)은 외식기업이 속한 환경 속에서 경쟁우위를 달성하기 위해 기업의 경영자원과 역량(capabilities)을 결합해서 설계된 상품과 서비스의 포트폴리오(portfolio)이다. 외식기업은 현금흐름을 산출하는 개별적인 상품과 서비스를 보유하므로 기업의 전반적인 전략을 구성하는 경쟁수단들을 생산하기 위해 상품과 서비스가 결합되어 포트폴리오를 구성한다(그림 12-3). 이들 상품과 서비스들이 독자적으로 포트폴리오로 결합되면 여러 가지 경쟁수단이 될 수 있으며 기업이 장기적인 경쟁우위를 달성할 수 있도록 지원해 준다. 경쟁우위는 경쟁기업을 능가하는 상품과 서비스의 포트폴리오를 개발하고 관리하기 위하여 기업이 보유한 기술과 자원이다.

외식기업의 경쟁수단은 외식기업전략의 가치창출에 중요한 수단이며, 급속히 변화하는 환경 속에서 경쟁수단의 수명이 점점 짧아지고 있으므로 장기적 안목에서 주기적으로 경영환경을 진단(scan)하여야 한다.

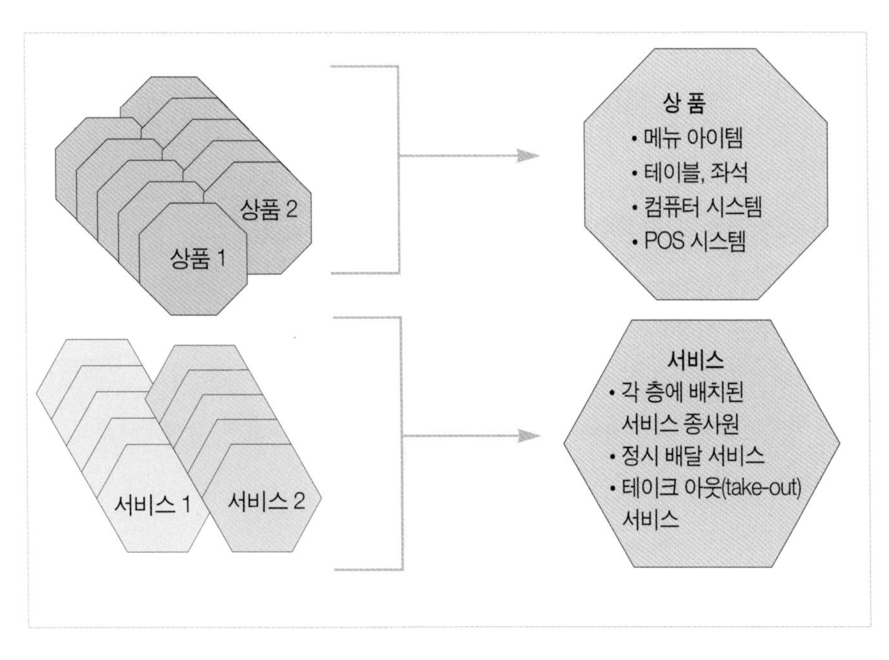

그림 12-3 상품과 서비스

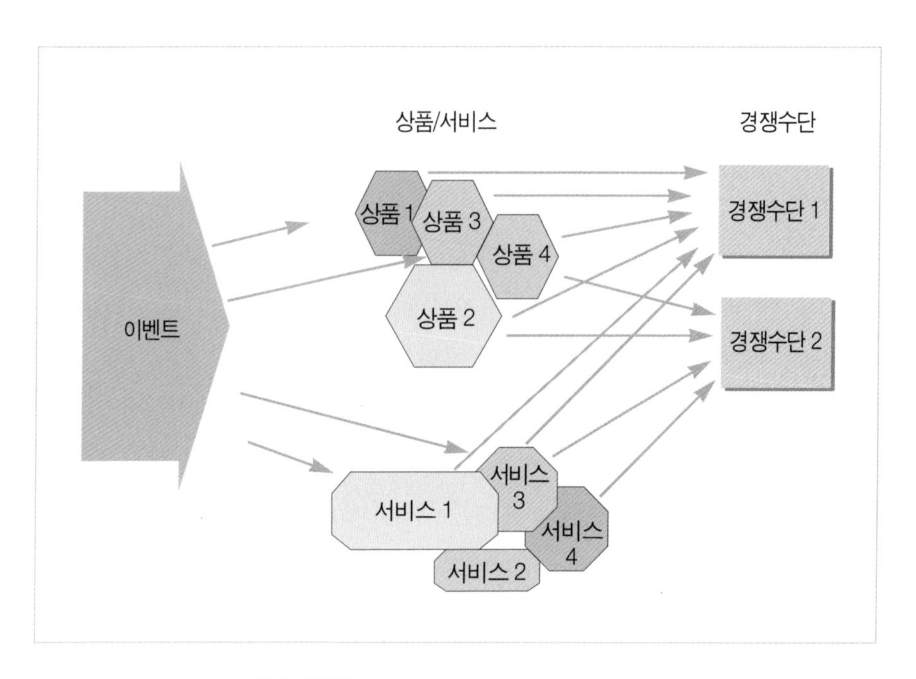

그림 12-4 상품과 서비스의 포트폴리오

(2) 외식기업의 경쟁수단

외식산업은 시장규모가 날로 성장하면서 환대산업(hospitality indudtry)의 중요한 영역으로 부상되고 있다. 환대산업의 실무자와 전문가들은 입지, 브랜드의 가치, 경영진의 능력, 효율적 운영 및 서비스 수준 등을 주요한 경쟁수단으로 제시하였다.

환대산업의 경쟁수단

- 상품과 서비스의 조합
- 자산의 수명주기와 생산성
- 위치(입지)
- 브랜드의 가치
- 경영능력
- 운영의 효율성
- 서비스품질 수준
- 기능적 역량
- 재고관리와 통제
- 조직상호간의 상승 효과
- 핵심기술과 유연성
- 최신기술의 활용

최근에는 재고관리, 전략적 제휴를 반영한 조직상호간의 상승효과(interorgauizational synergies), 상품과 서비스를 중요한 경쟁수단으로 전환하기 위해 활용되는 핵심 기술(core technology) 등도 경쟁수단에 포함시키고 있다.

외식기업들은 내부적인 사안에 집중하는 추가적인 경쟁수단들을 강조하고 있는데(표 12-3), 물리적 · 인적 및 조직적 경쟁수단으로 구성되어 있다. 가장 선호하는 물리적 경쟁수단은 장소와 시간이 결합된 편리함(convenience)이며 이는 외식점포가 최대한 고객 가까이에 위치함으로써 고객들이 원하는 상품과 서비스를 구매하기 위해 귀중한 시간을 낭비하지 않게 해야 함을 나타낸다. 예를 들어 가정식 대용(home replacement meal)의 개발 등이 편리함 측면의 좋은 경쟁수단이 될 수 있다. 즉, 고객들은 퇴근 시 가까이에 있는 외식점포에서 가정식 대용을 구입하여 저녁 식사를 해결함으로써 식사를 직접 준비하지 않아도 되는 편리함을 추구한다. 주유소와 편의점 혹은 외식점포와 상점이 한 장소에 위치하는 것 등도 고객의 편리함을 위한 경쟁수단의 예가 될 수 있다.

표 12-3 최근 외식산업의 경쟁수단

구분	경쟁수단
물리적	편리함, 다양하고 특징 있는 메뉴, 청결함, 실내장식/분위기, 점포규모 축소, 포장, 경영정보시스템, 자산의 수명(장비, 빌딩), 자산 보안 시스템, 부동산 보유 현황, 유지 · 보수시스템
인적	경영진의 능력, 종사원 간의 팀 워크, 종사자의 동기부여, 혁신적인 종사자, 종사자의 기술, 종사자 몰입, 종사자 충성도, 성과 측정, 적절한 태도 및 용모, 교육 프로그램, 이직률
조직적	적절한 표준 및 절차의 통제, 품질 인식, 프랜차이저/프랜차이지의 좋은 관계, 서비스마케팅 지향, 내부 마케팅 지향, 변화 적응 능력, 시장조사 능력, 브랜드 정체성, 명성, 여러 콘셉트 간의 상승 효과

Darden Restaurant의 환경요인에 따른 경쟁수단

Darden Restaurants Inc.는 세계에서 가장 큰 외식기업의 하나이며 연간 매출액이 약 32억 달러에 이른다. 이 기업은 Red Lobster, Olive Garden 및 같은 유명한 레스토랑 브랜드를 보유하고 있다.

요즘 같은 경쟁적 환경에서 Darden은 성숙된 캐주얼다이닝 세분시장, 가격과 가치에 대한 고객들의 요구 변화, 경쟁을 위한 기술(technology) 사용의 증가 등의 세 가지 중요한 환경요인에 직면하고 있다고 판단하였다. 따라서 Darden기업은 이런 환경요인들이 부과하는 과제들을 충족하기 위한 경쟁수단들을 개발하였다. 이런 경쟁수단들은 경쟁사에 의해 쉽게 모방될 수 있으므로 항상 완전하게 실행되지 않으면 지속적이고 장기적인 경쟁우위를 창출할 수 없다.

환경요인	경쟁수단
성숙된 캐주얼다이닝 세분시장	• 다중 콘셉트 • 브랜드 인지도와 명성 • 부동산 보유 현황 • 새로운 콘셉트의 개발 • 점포의 외부 개장 및 향상된 실내분위기
고객 요구의 변화	• 고객제일주의 • 새로운 핵심 메뉴 개발 • 높은 품질의 재료만을 사용 • 가격전략의 변화 • 친근하고 우호적인 종사자 • 더욱 생동감 있는 음악 제공
기 술	• 효율적인 취사시스템 • 웹사이트 • 경영정보시스템 • 운영절차의 단순화

2. 외식경영전략의 주요 개념

외식경영전략의 개발은 지속적인 과정으로 미래의 경쟁을 위한 사고의 방법이며 기업 내의 최고경영자로부터 서비스 종사원까지 모든 수준에서 수행되어야 한다.

전략은 경쟁상황을 올바르게 파악하여 적합한 경쟁수단을 찾아내고 기업의 재무적 성공에 공헌할 수 있는가에 주안점을 두고 수립되어야 한다. 전략의 수립은 반드시 미래지향적이고 역동적이어야 하며, 기업의 모든 구성원들과 쌍방향적(interactive)인 관계에서 이루어져야 한다. 왜냐하면 전략의 실행과 전략목표의 달성은 모든 조직구성원들의 시간, 에너지, 몰입(commitment)을 요구하기 때문이다.

경영전략 과정은 환경진단과 평가, 전략 수립, 전략 선택, 전략 실행 등으로 구성되어 있다.

1) 외식환경진단과 평가

외식기업의 경영환경은 급속하게 변화하고 있고 불확실하며 불연속적이므로 환경진단과 평가(environmental scanning and assessment)는 중요한 전략적 활동이 되고 있다. 그러므로 외식경영자는 외식기업이 속한 경쟁시장에서 어떤 이슈들(issues)이 변화를 주도하는 요인(driving forces)들이 되고 새로운 경쟁우위를 위한 기회를 어떻게 제공할 것인지를 이해해야 한다. 이러한 이슈들(issues)은 통합되어 일정한 패턴을 형성하고 향후 기업과 고객간의 관계를 결정짓는 중요한 요인이 되며 경영진의 지각, 인식, 경험 등에 의해 파악된다.

따라서 경영자는 변화의 요인들이 기업에 어떤 영향을 미칠지를 파악하기 위해 많은 정보를 분석하고 종합할 수 있는 능력을 갖추어야 한다.

경영환경은 외식기업에게 기회와 위협을 동시에 제공하고 있다. 즉, 경영환경은 외식기업에게 부가가치 창출의 목표를 달성 또는 초과할 수 있는 기회를 제공하기도 하고 외식기업의 목표 달성을 방해하며 또는 기업의 생존까지도 위협할 수 있다. 따라서 외식기업은 거시(remote), 과업(task), 산업(industrial), 기업(firm)

및 기능(functional) 환경 등의 계층별 환경을 분석함으로써 미래의 위협과 기회를 규명해야 한다.

거시환경은 외식기업의 외부환경에서 유래된 요인들로 외식기업이나 다른 조직의 행동에 의해 변경되거나 통제받지 않는다. 거시환경에는 사회문화적(socio-cultural), 기술적(technological), 정치적 · 법적(political legal), 생태적(ecological), 경제적(economic) 환경 등이 해당된다.

과업환경은 거시환경에 비해 기업에 직접적인 영향을 미치며 고객, 공급업자, 정부기관, 경쟁기업 등으로 구성된다.

거시환경과 과업환경에서 교류되는 통합적인 행위들은 궁극적으로 기업이 속한 산업분야에 영향을 미친다. 산업환경은 사업영역을 정의하며 경영자들은 산업환경에서 발생되는 행위들을 평가하는 것이 가장 용이하다.

기업환경은 기업이 속한 경쟁적인 상황을 나타내므로 외식기업에게 특히 중요하다. 외식기업의 경쟁은 한편으로는 전국적(national)이며 다른 한편으로는 지역적(local)인데, 많은 외식기업들은 전국 혹은 지방 체인 외식기업들의 마케

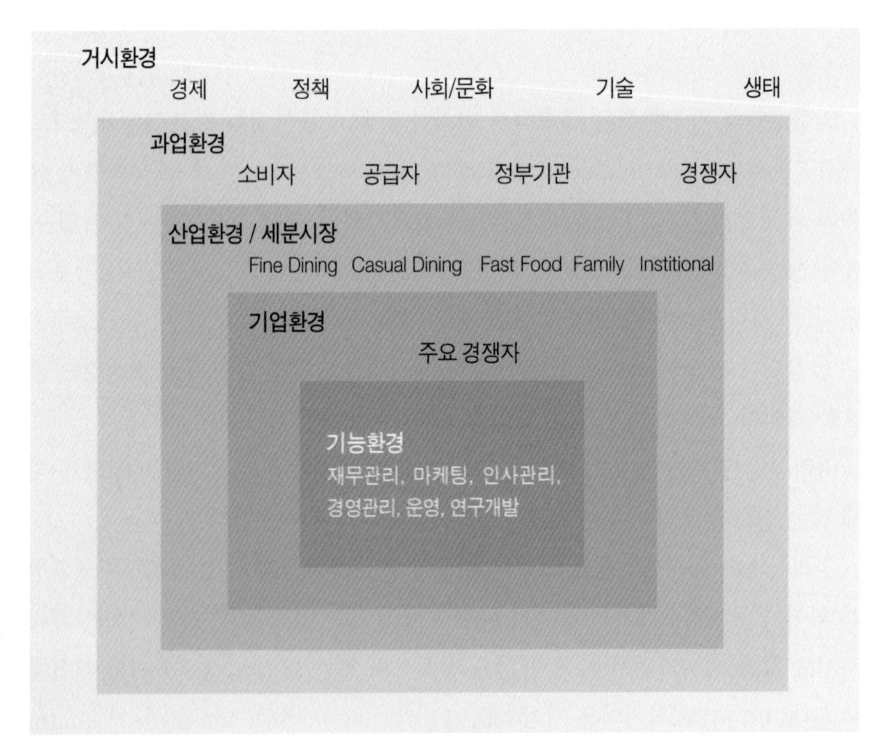

그림 12-5
환경의 분류
(외식기업의 경우)

팅과 홍보 프로그램의 강화로 지역시장에서도 큰 위협을 느끼고 있다. 또한 지역시장의 경영환경이 전국 혹은 다른 지방의 경영환경과 항상 일치하는 것은 아니므로 기업은 모든 환경에서 발생하는 변화를 파악해야 한다.

기능환경은 재무관리, 마케팅, 인사관리, 경영관리, 운영, 연구개발 분야에서의 변화를 일으키는 주도요인들로 구성된다. 일반적으로 기능환경의 변화는 각 기능영역의 지식구조가 진화함에 따라 나타나며, 경영자가 최상의 업무(best practices)을 수행함으로써 일어날 수도 있다. 외식기업들은 효과적으로 경쟁하기 위해 끊임없이 최상의 수단과 업무를 찾으며 성과의 향상을 위한 새로운 방법을 발견하지만 경쟁기업들에 의해 재빨리 모방될 수 있다. 그러므로 외식기업들은 경쟁력을 유지하거나 경쟁에서 한발 앞서기 위해서 기능환경을 항상 주시해야 한다.

환경과 환경진단이란 개념은 특히 현재처럼 역동적으로 변화하는 환경 하에서 경영전략의 전반적인 면을 이해하는 데 매우 중요하다. 오늘날의 경영은 변화를 예측하고 그에 따른 기회를 선점하여 경쟁에서 주도적 기업이 되는 것을 의미한다. 이러한 과정은 매우 복잡하며 경영자들에게 다르게 사고하고 행동할 것을 요구하고 있다. 경영자가 기업의 가치를 창출하려면 반드시 미래지향적이어야 하며 신속히 행동하고 가끔은 상당한 위험(risk)을 감수해야 한다.

2) 외식전략의 수립

전략수립(strategy formulation)은 과정이며 경영진이 기업의 미래 방향을 수립하는 데 관여하는 행위이다. 전략수립은 환경진단에서 평가까지의 모든 과정의 기초가 되며 지속적으로 수행되어야 한다(그림 12-6).

기업은 경영환경을 진단하면서 경쟁을 위한 계획을 시작하는데 이는 전반적인 경영전략 과정에서 매우 중요하다. 환경을 진단한 후 경쟁하게 될 사업영역의 범위를 결정해야 하는데, 이는 경영진이 사업영역에서 주도적인 위치를 차지하기 위해 환경에서 일어나는 변화를 이해 · 분석 · 관찰하는 데 필수적이다.

기업의 사업영역이 결정되면 경영진은 경쟁우위를 차지하기 위한 경쟁수단을 파악하여야 하며, 이를 토대로 기업사명(mission statement)을 개발해야 한다.

외식기업의 사명은 기업 내 모든 구성원들의 행동지표가 되며 고객, 종사원, 투자자, 주주들에게 쉽게 전달될 수 있게 간략한 내용이어야 한다. 또한, 외식기업의 사명은 기업의 전략적 의도를 충분히 반영해야 하며, 사업의 컨셉, 목표 고객층, 고객 요구에 맞는 상품과 서비스, 핵심가치 등의 요소를 구성된다.

외식기업은 전략목표의 달성에 적합한 사업 콘셉트를 결정하는 것이 첫 번째 기업 사명이고, 콘셉트가 결정되면 목표고객층을 설정하여야 한다. 외식기업의 마케팅분야가 지속적으로 발전하면서 목표시장은 중요한 개념으로 부각되고 있으며 목표고객시장에서 개별고객시장이 중요해지고 있다. 개별고객시장은 개별

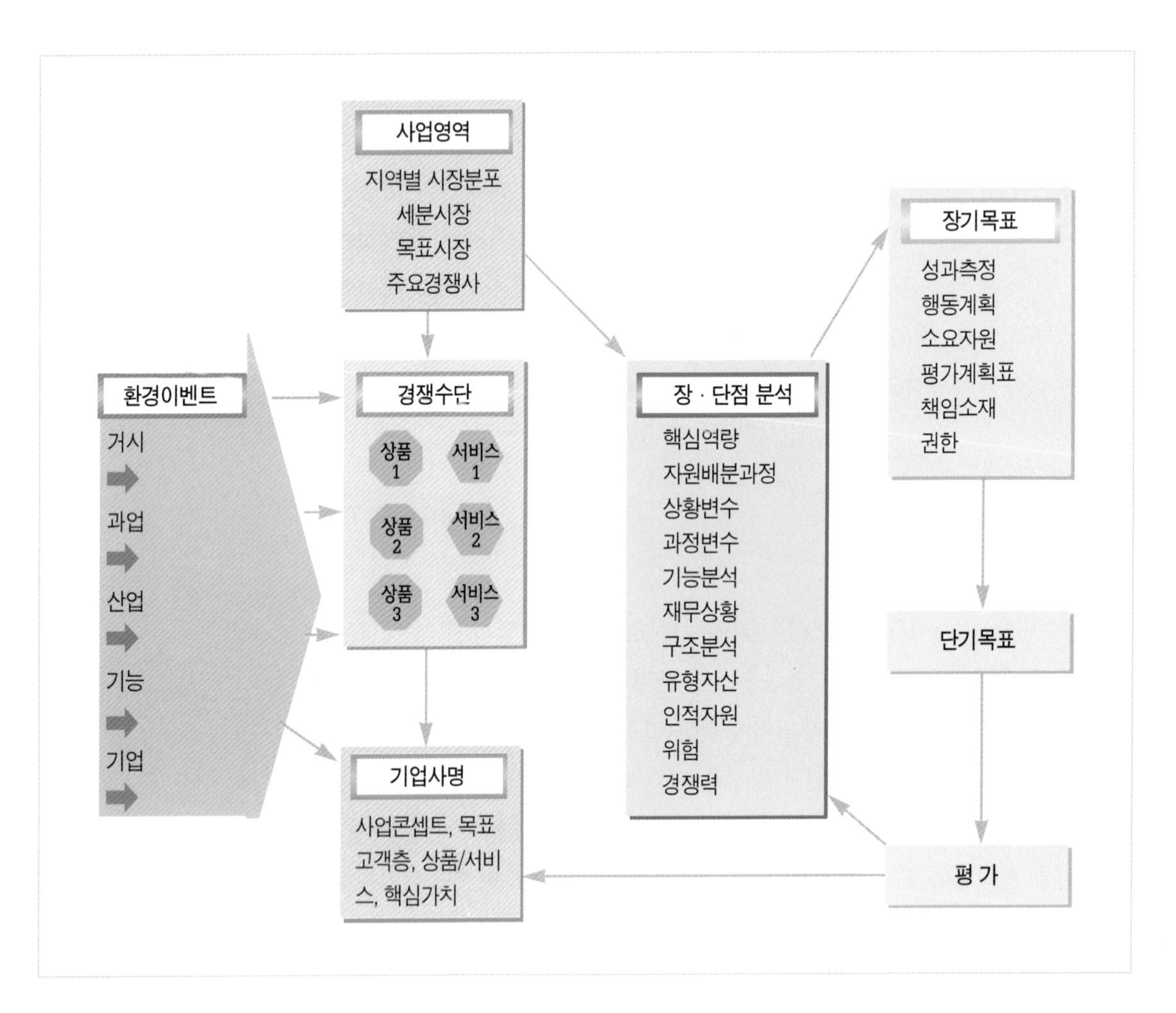

그림 12-6 외식경영전략모형

적인 행동양상을 보이는 고객들의 요구에 부합하는 특화된 상품과 서비스를 요구하며, 이런 욕구에 부합하는 것만을 구매하게 된다. 따라서, 최근 외식기업의 사명은 더욱 세분화된 상품과 서비스를 통해 개별고객들을 위한 많은 종류의 브랜드와 상품을 제공하는 것이다.

기업사명은 기업이 고객, 종사원과 경영진에 대한 보상을 결정하는 가치지표를 반드시 포함하여야 한다. 핵심가치(core value)는 구성원 간에 중요한 개념이며 이를 바탕으로 공동의 목표를 달성하기 위해 함께 노력한다. 즉, 핵심가치가 없다면 외식기업이 의도하는 전략을 달성하는 데 주요한 역할을 하는 핵심 기업문화를 수립하기 어렵다.

3) 외식전략의 선택

전략의 선택(strategy choice)은 기업이 목표를 달성하기 위한 경쟁수단을 개발하는 것을 의미한다. 여기서 선택이란 경영환경에 의해 제공되는 기회에 일치하고 가장 높은 수준의 수익을 가져다 주는 경쟁수단에만 집중적으로 투자되어야 함을 의미한다.

환대산업(hospitality industry)에 대한 연구에 의하면 전략유형에는 마케팅 기능을 강조한 차별자(differentiators), 혁신자(innovators), 가격주도자(price leaders), 직접 및 간접판매(pull and push selling), 이미지 경영(image management) 등과 반면에 운영(operations)을 강조한 통제자(controllers), 자원 보존자(resource conservors)와 효율 집중(focused efficiency) 등이 있다.

4) 외식전략의 실행

전략의 실행(strategy implementation)은 최대의 가치를 창출하기 위해 많은 변수들을 가장 효과적으로 결합하는 것이다. 이러한 변수들은 기업의 상황과 성공적인 실행을 위한 과정들을 포함한다. 여기서 기업의 상황은 내부 환경을 말하며 기업의 구조, 전략, 문화, 수명주기 단계, 지리적 확산 등으로 표현되고, 과정은 종사원의 보상체계, 교육훈련 등에 전략적 사고과정을 어떻게 접근시킬 것

표 12-4 전략의 유형

특 성	내 용
Porter(1980)	차별화, 비용우위, 집중
Hofer & Schendel(1978)	시장점유율 증가, 성장, 이익, 자산 감소, 회생, 청산
Miles 외(1978)	선구자, 분석자, 방어자, 반응자
Schaffer(1987)	차별자, 내부자원보존자, 시장혁신자, 효율/품질, 통제자, 지역 편중 가격주도자
West & Olsen(1989)	차별집중자, 혁신자, 이미지경영, 통제자
Murthy(1994)	품질 주도자, 기술주도자, pull(직접판매), push(간접판매), 비용 통제, 단체판매, 상호 훈련

인지를 나타낸다.

전략의 실행은 외식기업의 장점 및 단점을 파악하는 것으로 시작된다. 외식경영진은 장점을 유지하기 위해 자원을 배분해야 하며, 단점도 정확하게 파악하여 가장 많은 현금흐름을 산출하는 경쟁수단에 자원을 배분할 수 있어야 한다.

기업의 장점 및 단점이 파악되면 경영진은 장기 및 단기 목표를 수립해야 한다. 전략실행과정에서 가장 중요한 평가기준의 하나는 대부분의 기업목표가 핵심역량 및 경쟁수단과 일치되어 있는가 이다.

기업의 목표는 일반적인 것과 예외적인 것으로 나뉘는데, 일반적 목표는 경쟁수단의 성과에 따라 설계되어야 한다. 바꾸어 말하면, 각 경쟁수단은 가치창출을 위해 매출목표, 비용절감과 직무과정 향상 등과 같은 일반적인 목표수준을 가지고 있어야 한다. 예외적인 목표는 새로운 상품과 서비스를 개발하려는 기업의 노력을 반영하는 것이다.

외식기업의 목표는 다음의 기준을 충족시켜야 한다. 첫째, 목표는 측정 가능해야 한다. 전략의 효과를 측정하는 방법에는 주당 현금흐름(cash flow per share)이 있다. 둘째, 목표는 반드시 시간을 고려해야 한다. 1년 이하의 기간을 소요하는 것을 단기목표라 하고 1~5년까지의 기간을 소요하는 것을 장기목표라고 한다. 셋째, 목표는 실현 가능해야 한다. 즉, 목표는 기업이 처한 상황, 보유하고 있는 자원 및 능력을 고려해야 한다. 새로운 상품과 서비스가 지속적으로 출시되는 상황에서 경영자들은 투자에 대한 보상이 짧은 기간 내에 이루어지지 않으면 투자자체를 포기해야 한다는 사실을 인지하여야 한다.

기업목표는 전략실행의 청사진이며, 자원 배분과 우선순위를 결정하고 경영성과를 판단하는 기준이다. 또한 기업목표는 기업에 의해 선택된 경쟁수단을 지원해야 하며, 이를 위해서는 첫째, 기업목표를 환경에 존재하는 변화의 주도요인과 비교해야 하고, 환경에 의해 제공되는 기회를 포착하여 경쟁우위를 차지하기 위해 고안된 경쟁수단과 연계시켜야 한다. 둘째 기업의 목표는 기업사명 및 사업영역과 일관적인 관계를 맺고 있어야 한다. 마지막으로, 기업목표는 기업의 핵심역량을 정확히 반영하고 핵심역량을 최고도로 활용해야 한다.

평가는 전략의 전반적 결과 및 개별적 경영성과 파악 등 기업의 몇 가지 수준에서 행해질 수 있다. 경영진과 종사원은 모두 기업이 과연 실제 계획에 따라 전략을 수행하였는가를 판단해야 하는 책임이 있으며, 이 결정은 환경의 철저한 분석과 환경에서 일어나는 변화를 바탕으로 이루어져야 한다.이러한 전략적 평가는 분기별로 혹은 매년마다 반드시 행해져야 한다.

평가는 각 경쟁수단의 성과를 중심으로 목표에 비추어 각 경쟁수단의 가치창출 능력을 측정할 수 있어야 한다.

평가의 다음 단계는 경쟁수단을 실행하기 위해 자원들이 얼마나 효율적으로 배분되고 있는가를 파악하는 것이다. 경쟁수단을 실행하는 데 사용된 과정들이 계획대로 전개되지 않으면 경영진은 그 이유를 파악하여야 하며, 적절한 자원이 정해진 계획대로 정확한 경쟁수단에 배분되었는가도 함께 파악해야 한다. 평가는 경쟁수단의 세부행위를 반영하는 경영정보시스템에 의해 지원될 수 있다.

사례연구

「아웃백스테이크하우스」

「아웃백」은 Chris Sullivan, Robert Basham, Timothy Gannon의 세 동업자에 의해 시작되었고, Sullivan은 부동산, Basham은 레스토랑 운영, Gannon은 요리 전문가였다. 이들은 음식과 서비스에 대한 품질관리에 의해 레스토랑이 성공할 수 있다고 믿었으며, 캐쥬얼다이닝 스테이크하우스 사업의 가능성에 관심을 두었다. Morton' s of Chicago와 Ruth' s Chris같은 고급 스테이크하우스와 저가 체인인 Panderosa와 Golden Corral은 있었으나 중저가시장에서 캐쥬얼다이닝(casual dining)의 분위기에 높은 품질의 음식과 서비스를 제공하는 스테이크하우스는 거의 존재하지 않았다.

1988년 3월 첫 번째 「아웃백스테이크하우스」 점포가 플로리다주의 템파시에 문을 열었으며 그 후 캐쥬얼다이닝 시장은 경쟁적인 환경으로 변해갔다. 주요 경쟁사로는 Longhorn Steaks, Lone Star Steakhouse & Saloon과 Santa Fe Steakhouse가 존재했다. 치열한 경쟁에도 불구하고 「아웃백」은 미국에서 가장 경쟁력 있는 레스토랑 콘셉트의 하나가 되었다. 1991년 주식시장에 상장된 이후 「아웃백스테이크하우스」는 그들의 슬로건인 'No rules ... Just Right' 에 의해 운영되어 왔으며 지속적으로 성장하였다. 1994년에 「아웃백」은 4억 5,000만 달러의 매출액에 당기순이익은 약 7,300만 달러를 기록하고 있었으며, 그 해에 68개의 새로운 점포를 개점했으며 이들의 연평균 매출액은 320만 달러였다. 「아웃백」은 새로운 국제사업부를 창설하여 유럽, 남아메리카, 중동 및 태평양지역으로 진출하려는 계획을 수립하였으며, Outback Steakhouse Gator Bowl라는 대학 미식축구대회의 후원도 자청하였다. 「아웃백」의 목표는 경영성과를 통한 성장이었으며, 구체적으로는 향후 5년 동안 미국 국내시장에서 1년에 70여 개의 새로운 점포를 신설하는 것이었다. 「아웃백」은 1996년 말에 350여 개소의 점포와 10억 달러의 매출액을 달성하는 목표를 추진하고 있다. 「아웃백」의 경영성과에 감명을 받아 Fidelity Investments Magellan Fund의 Peter Lynch같은 자본시장의 저명한 투자자도 「아웃백」의 가맹점에 투자하기에 이르렀다.

◐ 기업철학과 창의적인 경영전략

「아웃백」은 분산화를 강조한 창의적인 기업문화를 통해 재무적 성과를 달성하였고 메뉴개발, 입지선정 및 혁신적인 보상계획 등의 창의적인 경영전략들을 개발하였다.

분산된 기업문화. 「아웃백」은 전통적인 기업구조를 무시한 분산되고 비공식적인 조직을 갖고 있다. 합작투자 동업자(joint-venture partners) 및 경영 동업자(managing partners)의 분산화된 경영조직의 두 계층을 가지고 있는데 이는 각 점포관리자들이 레스토랑을 운영하고 투자함으로써 점포의 성장에 기여하고 있다. 또한 스테이크하우스는 고용을 위한 인사관리 부서를 두지 않고 있다. 교육 및 개발담당 부사장인 Trudy Cooper는 교육을 담당하는 부하 직원을 두지 않고 '내가 교육부서다." 라고 말했다. 최고재무책임자(CFO)인 Merritt에 의하면 가맹점들은 구체적으로 '정의된' 프랜차이즈 영역과 개발권을 갖고 있지 않다. 합작투자 동업자나 가맹점들은 「아웃백」 레스토랑을 개점하여 크게 성공하였기 때문에 누가 어디서 개점을 하든 개의치 않고 있다.

매출액과 종사자의 수를 포함한 규모에도 불구하고 「아웃백」의 본부에는 단지 55명의 직원만을 두고 있다. 슬림화된 경영조직을 원하는 Sullivan은 '나는 관료주의체제로 회사가 변하는 것을 원치 않는다' 라고 말했다. Dennis Rouse 는 1988년 독립적인 위치에서 「아웃백」의 입지선정전략을 지원하였고 지금은 「아웃백」의 부동산이사로서 가맹점과 동업자들과 함께 새로운 입지선정을 조정하고 있다. 그는 '직원들은 책임감을 갖고 있으며 또한 이직하더라도 우리회사와 연관된 일을 한다. 그리고 책임이란 말에는 전폭적인 권위가 있는 것과는 다르다' 라고 말하며, 설립자의 조직철학을 약술했다.

입지선정. 새로운 입지를 선정할 때 「아웃백」은 아주 보수적이다. 「아웃백」은 새로운 시장을 개척할 때마다 가격이 적정한 B급 지역에만 진출하는 전통을 강하게 고수하고 있다. 「아웃백」은 60만 달러를 초과하는 입지는 진출하지 않으며 점포건설비용, 주변환경 향상비용, 및 사전운전자금을 포함하는 150만 달러에서 160만 달러보다 두 배나 많은 매출액을 산출할 수 있는 잠재력이 있는 입지만을 선택하였다. 최고재무책임자인 Robert Merritt는 '점포당 총투자에서 현금이익이 40~50%가 되도록 목표를 삼고 있다' 라고 말했다. 운영담당 부사장인 Paul Avery는 '부동산에 대한 엄격한 규율이 있다. 많은 체인들은 어느 정도의 규모에 이르면 이런 규율을 잊고 입지선정에 막대한 자금을 쏟아 붓는다' 라고 말했다.

혁신적인 보상계획. Basham과 Sullivan은 「아웃백」의 보상계획을 설계할 때 아주 창의적이었다. 「아웃백」을 '주인이 경영하는 외식기업(a company of owners)' 로 만들기 위해 합작투자 동업자와 경영 동업자란 시스템을 개발하였다. 대부분의 외식경영자들이 레스토랑 주인이 되고자 하는 조건을 이용해 총지배인 혹은 한정된 사업주를 만들었는데, 이들은 본인이 운영하는 점포에 2만 5천 달러를 투자하고, 기본 연간 급여 4만 5,000달러 및 점포의 현금흐름의 10%를 총 급여로 받을 수 있는 5년간의 근로계약을 맺는다. 현재 경영 동업자의 연평균수입은 약 11만 8,000 달러이며 일부 경영 동업자들은 약 12만 달러에서 14만 달러를 벌어들이고 있다. 그들은 또한 각 점포의 개점일의 주식시세를 기준으로 계약기간 동안 4,000주의 스톡옵션을 보유한다. 합작투자 동업자들은 5만 달러를 투자하고 기본 연간 급여 5만 달러 및 점포의 현금흐름의 10%를 총 급여로 받을 수 있으며 기본급여는 주5일, 55시간 근무를 토대로 하여 책정되었다. 「아웃백」의 각 점포관리자들은 다른 체인에서는 보통 본부임원들에 의해 수행되는 모든 중대한 의사결정을 내릴 수 있는 권한을 가지고 있다.

보상프로그램은 여러 방면에서 효과적이었다. 가장 중요한 것은 「아웃백」은 모든 점포에서 음식과 서비스의 일관성을 추구하는 체인에게 중대한 요소인 일관된 운영관리를 수행할 수 있었다. 비교적 높은 수준의 수입과 적절한 노동시간(다른 체인들은 보통 주당 70~80시간 일을 한다)으로 관리자들의 이직률이 매우 낮았다. 「아웃백」의 이직률은 연간 약 9.7%였으며, 지난 6년 동안 이직한 경영동반자의 수는 불과 10명도 채되지 않았다. 더군다나 5년의 계약기간은 「아웃백」만의 공동사회를 수립하는 토대가 되었다. 한정된 사업자 패케지는 또한 좋은 근무경험과 대인기술을 보유한 많은 훌륭한 관리자들을 유인할 수 있었다.

낮은 이직률. Sullivan과 Basham의 체인을 위한 근본적인 비전의 하나는 관리자와 종사원들이 서로 편한 근무시간을 선택하도록 하는 것이었다. 그래서 그들은 점심시간에 영업을 않기로 결정했다. 그들은 점심 및 저녁식사시간대 모두 영업을 하면 저녁만 영업을 할 때보다 최소한 관리자 한 사람이 더 필요하다는 것을 깨달았고, 모든 관리자들에게 승진기회를 제공하는 것도 쉽지 않다는 것도 파악했다. 「아웃백」은 각 점포당 약 80여 명의 직원을 고용하고 있는데 만일 점심시간대도 영업을 하게 되면 이 인원은 약 110~120명 정도로 늘어난다. 일반적인 레스토랑산업의 100% 이직율을 적용하면 비용절감은 크다고 할 수 있다. 「아웃백」은 관리자 이직율처럼 직원들의 이직률도 매우 낮으며, 한 경영사업주는 그의 목표 이직률은 40%라고 말했다.

메뉴개발. 친근하고, 재미있고, 활동적인 오스트레일리아식 취향은 「아웃백」의 콘셉트이다. 「아웃백」의 목표고객층은 25세부터 54세까지의 성인층이었다. 「아웃백」 설립자들은 체인을 설립하기 전에 많은 경험을 축적하고 있었다. 아직도 Steak & Ale시절의 메뉴를 보관하고 있는 Basham은 원래 Brinker의 콘셉트와 현재 「아웃백」의 콘셉트 사이에는 아주 많은 차이점이 있다고 자인했다. 그 중 하나가 주메뉴이다. Steak & Ale은 1973년에 그들의 대표 스테이크메뉴를 'Henry the VIII' 라고 명명했으며, 15년 후 「아웃백」은 'Michael J. Crocodile Dundee' 라고 불리는 14온스 뉴욕 스트립 스테이크를 주메뉴로 내세웠다.

건강문제를 중요시하는 소비자들이 붉은 고기(red meat)의 소비를 기피할 때 「아웃백」은 개업을 하였다. 그러나 Sullivan이 지적하였듯이 소비자들이 무엇을 하고있는 것에 대해 듣기보다는 소비자들이 구매행동이 어떤가를 파악하는 것이 더욱 중요하다. 현재 붉은 고기는 「아웃백」 전체 매출액의 약 60%를 점유하고 있으며 Outback Special이라는 12온스 써로인 스테이크가 주종을 이루고 있다. 체인의 메뉴 및 음식담당 전문가인 수석부사장인 Gannon은 뉴올리언즈의 유명한 요리사이자 레스토랑업자인 Warren Leruth와 함께 여러 향료와 허브향을 개발하여 모든 품목의 맛을 향상하였다. 「아웃백」의 콘셉트는 분명 오스트레일리아식이지만 그 뿌리에는 많은 비평가에 의해 이미 사라진 것으로 주장되는 루이지애주의 Creole 및 Cajun 맛을 가지고 있다.

질좋은 서비스와 수행. 「아웃백」의 메뉴가격이 경쟁사보다 높아서 경기가 안 좋을 때 매출이 급격한 매출저하를 경험하게될 것이라고 하였지만 이에 대해 sullivan과 Basham은 예전의 '행동' 주장을 되풀이했는데 가격이 높은데도 불구하고 「아웃백」은 Applibee의 저녁식사대 평균 객단가인 11달러보다 훨씬 높은 16달러를 유지하고 있다. 「아웃백」의 전형적인 점포의 매장은 약 6,000평방미터에 달하며 주방이 반 이상을 차지하고 있는데, 이 의도는 주방을 더 확대하고 매장을 축소하여 바쁜 시간대에 업무수행을 보다 순조롭게 수행하기 위해서였다. Sullivan은 레스토랑이 고객의 기대수준을 능가하는 수준의 수행을 하면 매출은 자동적으로 향상된다고 강조했다.

「아웃백」은 예약을 받지 않기 때문에 고객을 위한 서비스는 절대 훌륭해야 한다. 각 서빙 종사원의 구역은 3개 테이블로 한정되어 있고, 매장에는 3~4명의 여자 혹은 남자 직원들이 배치되며 기다리는 고객에게 샘플 상품과 음료를 제공한다. 어떤 주문이든지 고객의 기대를 충족하지 못한 것은 관리자에게 의해 주방으로 되돌려진다. 「아웃백」은 줄을 서서 기다리는 고객들의 불편을 덜어주기 위해 매장에 좌석을 늘리고 있는데, 현재의 품질을 유지하면서 좌석을 추가하는 것은 주방을 확장해야 하는 결과를 낳으며 좌석 수를 추가하고 매출이 향상되지 않으면 이익은 줄어들거나 혹은 증가하는 비용을 감당하기 위해 메뉴 가격을 인상해야 할 것이다. 그러나 「아웃백」은 가치에 대한 명성이 하락되는 것을 원치 않으며 그래서 가격은 절대 인상하지 않았다.

관리자들은 최소 6개월 동안 집중적인 교육을 받는다. 서버는 관리자의 주문에 대한 검증이 끝나도 최종 순간에 해당 주문에 대한 가부를 결정할 수 있다. '푸짐하고 맛있는 식사를 적정한 가격으로' 라는 「아웃백」에서의 외식경험은 대부분의 고객들이 매일 식사하기 위해 한 시간 정도 기다리는 것을 감수할 정도로 인기를 모으고 있으며, 이것은 「아웃백」에서의 외식경험이 16달러 가치가 있다는 것을 의미하고 있다.

뉴욕증권시장의 Goldman Sachs사의 Steve Kent는 '「아웃백」은 분명한 성장방향이 설정되어 있으며 어떤 다른 레스토랑보다도 훌륭한 경영진의 노하우와 경험을 보유하고 있다' 라고 주장했으며, 「아웃백」은 미국에서 '1994년 올해의 기업가' 로 선택되었다.

참고문헌

김경환(1999). 호텔레스토랑산업의 경영전략. 백산출판사.
장세진(2000). 글로벌경쟁시대의 경영전략(2판). 학문사.

Bracker, J.(1980). *The historical development of the strategic management concept. Academy of Management Review, 5*: 219-224.
Finegan, J. 1994. Conventional wisdom. Inc. (December): 44-59.
Hayes, J. 1995. Inside Outback: Company profile. *Nation' s Restaurant News. 29*(13): 47-86
Porter, M. E.(1996). What is Strategy? *Harvard Business Review, 74*(6): 61-78.

Chapter 13
외식기업의 세계화

외식기업은 어떻게 세계화되고 있는가?

1. 세계화의 이해
2. 다국적 외식기업
3. 다국적 외식기업의 세계화전략

Chapter 13

외식기업의 세계화

학습목표

1. 세계화 현상의 배경을 이해하고 세계화를 촉진하는 요인들을 인지한다.
2. 세계화 현상의 긍정적 및 부정적 영향을 숙지한다.
3. 다국적기업이 무엇인지를 이해한다.
4. 다국적기업의 세계화 전략의 유형을 파악한다.
5. 세계적인 다국적 외식기업을 파악하고 그들의 세계화 전략을 이해한다.

1. 세계화의 이해

1) 세계화의 정의 및 유래

국제화(internationalization)는 시장의 단위가 각 국가별로 구성되었으며 특정국가의 기업이 다른 국가로 진출하는 것을 의미하였다. 그러나 세계화(globalization)는 과거와 같이 물리적인 국경에 의한 시장구분이 무의미함을 의미한다. 즉, 세계화된 경제 질서에서는 상품 · 서비스 · 자본 · 기술 · 인적자원 등이 세계 각국으로 통제 없이 자유롭게 이동할 수 있다.

일반적인 경영학 측면에서의 세계화란 특정 기업이 해외시장에 진출할 때 각 개별적인 국가의 상황에 맞춘 전략보다는 세계를 하나의 단일시장으로 간주하고 이에 맞는 통합된 전략을 수립하고 실행하는 것을 의미한다.

이와 같이 통합된 단일시장으로 특징지을 수 있는 세계화 과정은 과거부터 지속적으로 진행되어 왔으며, 19세기 이후 현재까지 세계는 두 번의 세계화 물결을 경험하였다. 1차 세계화는 산업혁명을 성공한 영국의 주도 아래 행해진 19세기

태국음식의 세계화

세계 6대 요리 중 하나로 손꼽히는 태국 요리는 향신료를 자유롭게 사용하여 그 독특한 맛이 일품이다. 태국 고유 음식의 특징은 살리면서 중국과 이탈리아의 요리법 국수, 카레, 달콤하고 신 요리, 오래 요리해야 하는 재료와 짧게 요리해야 하는 재료, 색다른 조미료와 양념 등을 가장 적절하게 조화시킨 요리라고 일컬어지고 있다.

타이 음식은 최근 몇 년간 각광 받는 요리로 떠오르고 있는데, 그 이유는 먹음직스러운 맛뿐만 아니라 신선한 재료와 허브를 사용해 건강에 아주 좋으며 또한 미각들의 섬세한 조화가 이루어지기 때문이다.

또 다른 태국 요리의 매력은 그 아름다움이다. 타이 요리사들은 음식을 만드는 것뿐만 아니라 야채, 고기, 과일을 썰고 잘라 예술로 표현하는 데 있어 높은 명성을 자랑한다. 온갖 과일이나 야채로 만든 조각품은 음식을 먹는 것뿐만 아니라 눈으로 보는 즐거움이 있다는 사실을 일깨워 주기도 한다. 이러한 향미와 섬세함, 달콤함, 상큼함이 조화되어 시각, 후각, 미각을 모두 만족시키는 것이 바로 태국 음식인 것이다.

한편, 태국 정부는 탁신 친나왓 총리와 쏨킷 짜뚜씨피탁 부총리의 주도하에 태국 요리 세계화 프로젝트 (Kitchen of the World)를 발표하였고, 국제 소비자들에게 태국을 세계에서 가장 신뢰할 수 있는 식자재 생산국들 중의 하나라는 인식을 심어주고, 태국 요리를 세계 수준으로 만들겠다는 목표하에 관련 기관을 선정하여 홍보를 진행하고 있다.

이 프로젝트의 일환으로 태국 상무부 수출 진흥국, DEP(Department of Export Promotion, Ministry of Commerce, Thailand)는 1만 2,083여 개(2007년10월 기준) 에 이르는 해외 태국 레스토랑을 2010년까지 2만여 개로 늘인다는 계획하에, 해외의 우수 레스토랑을 선별하고 홍보하기 위해 공식 인증서를 발급하는, 일종의 해외 태국 레스토랑 인증제인 〈타이 셀렉트 (thai select)〉 프로그램을 운영하고 있다. 또한, 태국 레스토랑의 식자재와 조리 기구, 인테리어 소품 및 테이블 웨어 등을 태국에서 수입하도록 권장하고 있으며, 유형별 태국 레스토랑 해외 체인점 개설과, 전문 태국 요리사 과정을 통한 우수 인재 육성 등, 태국요리 세계화 및 태국 레스토랑을 태국 문화 보급 전진 기지로 만들고자 노력하고 있다.

이와 관련하여, 주한 태국 대사관 상무공사관실(The Office of Commercial Affairs, Royal Thai Embassy, Korea)은 2007년부터 한국에서도 태국 레스토랑 인증제인 〈타이 셀렉트(Thai Select)〉 프로그램을 진행하여 왔다. 주한 태국 대사관, 주한 태국 상무공사관실, 한국 주재 타이 항공, 그리고 주한 태국 관광청 대표로 구성된 타이 셀렉트 위원회(Thai Select Committee)가 인증서를 신청한 태국 레스토랑을 방문하여, 태국 요리, 실내 장식, 위생 등을 평가하고 심사한 후, 자격을 갖춘 태국 레스토랑을 선정, 인증서를 수여한다. 인증서는 소비자들이 태국 전통 요리를 제공하는 레스토랑을 선택하는 기준이 될 뿐만 아니라, 선정된 레스토랑 역시 인증서를 홍보의 도구로 활용할 수 있다.

자료 : 주한 태국대사관 홈페이지.

(1820~1914)의 세계화이며, 2차 세계화는 1960년대 이후 미국이 주도한 세계화 과정이다. 1차 세계화에서는 무역, 투자, 이민, 자본 흐름, 공업화가 급속하게 진행 · 확대되었고 산업혁명으로 공업화를 이룩한 소수 국가들이 공산품 수출로 고도성장을 구가하였지만 제3세계는 원료공급지로 전락하게 되었다. 1879년경부터 유럽 국가들이 보호무역주의로 복귀하게 되면서 세계화는 후퇴하였고 결국 이는 1차 세계대전의 원인으로 이어지게 되었다.

1960년대 후반부터 시작된 2차 세계화는 제2차 세계대전이 종료된 후 다시 유럽과 일본의 경제가 부흥하면서 시작되었다. 특히 외국인 직접투자(foreign direct investment : FDI)는 시간이 경과함에 따라 국제투자자금의 핵심적인 역할을 하면서 2차 세계화의 견인차 역할을 하였다. 그리고 금융자유화, 규제완화(deregulation), 정보통신기술(information and communication technology : ICT)의 혁신적 발전 등으로 금융 분야의 세계적인 통합도 신속하게 진행되고 있다. 한편, 우루과이라운드의 타결로 설립된 WTO(World Trade Organization)는 종전의 GATT에 비해 국제무역의 규율 제정 및 분쟁 감독에 더 많은 권한을 보유하게 되었으며 공산품에 대한 관세도 대폭 인하되었다.

2차 세계화과정에서는 선진국들의 소득은 증가되었고 아시아의 일부 신흥공업국들은 공업화를 통해 거의 선진국 수준까지 향상되었지만 아프리카, 중남미, 일부 아시아 국가들의 소득은 1960년대에 비해 오히려 감소하였다.

세계화는 덫인가, 기회인가?

세계화는 한 순간의 추세나 유행이 아니다. 동서독을 가르던 베를린 장벽의 붕괴와 함께 냉전의 시대는 가고 세계화의 시대가 왔다.

세계화는 냉전과 마찬가지로 그 나름의 규칙과 논리를 가지고 있다. 그 규칙과 논리는 오늘날의 정치, 환경, 지정학, 경제 등 모든 부분에 관철되고 있다. 말하자면 그것은 이 시대의 '게임의 법칙' 이다. 법칙을 모르는 사람들은 게임에 참여할 수 없다. 참여하지 못하는 사람들은 도태된다. 오늘날의 세계는 바로 이 게임에 참여하여 세계화 시대의 주역을 결정짓는 한마당이다.

우리에게 세계화는 과연 '덫' 이 될 것인가, 새로운 '기회' 가 될 것인가?

자료 : 신동욱 역(2002).

2) 세계화의 특징

오늘날의 세계화 과정에서는 선진국과 저개발국간의 빈부의 격차가 한층 심화되고 있다. 실제로 아시아의 몇몇 국가를 제외하고는 편익과 손실의 배분과정에서 불평등을 낳아 국가 간의 소득격차가 더욱 확대되고 있다. 이 밖에도 정보력의 격차 심화, 환경파괴, 경제위기의 발생, 지역문화의 훼손 등 세계화에 의한 부작용도 적지 않다.

그러나 세계화를 통한 저개발국들의 고용창출은 무시할 수 없으며 개발도상국 혹은 저개발국들은 경제부흥을 위해 부족한 자본과 기술을 확보하기 위하여 외국인의 직접투자를 적극 활용하고 있다. 예를 들면, 최근 중국의 눈부신 경제성장의 원동력은 외국인 직접투자의 유치를 통해서 이루어진 것이라 할 수 있다.

외국인의 직접투자가 활성화되면 고용창출, 기술이전 외에도 경상수지의 적자를 보충하고 외환보유고의 유동성(liquidity)을 확충할 수 있다.

세계화에 대한 부정적인 시각에도 불구하고 세계경제의 통합이라는 차원에서 세계화는 계속 진행될 것이며 세계화는 정보통신기술의 지속적인 혁신, 다국적 기업들의 해외시장 개척을 통한 왕성한 이윤추구활동, 자국민의 소득향상을 위한 경제부흥을 성취하려는 개발도상국가의 전략 등에 의해 지속될 것이다. 특히 일부 핵심지역을 중심으로 한 지역화나 유럽 연합국(EU)과 같은 블록화를 통해 세계화는 점점 더 가속화될 전망이다.

3) 세계화의 촉진요인

기업의 세계화 또는 국제화를 보다 정확히 이해하기 위해서는 어떤 요인들이 세계화를 촉진하고 또는 억제하는지에 대한 충분한 이해가 필수적이다(표 13-1).

세계화의 가장 중요한 촉진요인은 기술혁신이라 할 수 있다. 소비자는 자국의 상품과 서비스뿐만 아니라 여러 해외 국가의 상품과 서비스도 구매할 수 있다. 예를 들어, 우리나라 국민이 뉴욕 월스트리트의 증권시장에서 세계 여러 기업의 주식을 사고 팔 수 있고 인터넷(internet)을 이용하여 아마존(amazon)에서 책과 CD 등을 구입할 수 있다. 기술혁신은 규모의 경제(economies of scale)의 중요성

표 13-1

세계화의 촉진요인 및 억제요인

촉진요인	억제요인
• 국제무역환경의 자유화 – 무역장벽의 감소 – 사회주의 경제체제의 몰락과 개방화	• 신보호무역주의 및 지역주의의 대두 – 상호주의 및 공정무역 – 지역별 경제통합 추진
• 기술 및 경제적 요인 – 기술변화율 및 개발비용의 급격한 증가 규모의 경제 – 수송비용의 절감(컨테이너 등 운송수단의 발전)	• 기술 및 경제적 요인 – 유연한 생산시스템의 발전 – 규모의 비경제성 증가 – 수송 및 물류비용 감소의 한계
• 통신수단의 발전 – 전 세계적 조정 및 통합능력의 증대 – 전 세계적 정보탐색능력의 증대 – 정보지식의 국제교류 활발	• 조정비용의 증가 – 전 세계적 정보수집비용의 증가 – 전 세계적 조정 및 통합비용의 증가
• 소비자 기호의 동질화 – 상품의 현지(지역) 적합성 증가 – 전 세계적 단일시장의 등장	• 각국별 시장의 특성 차이 – 기호 및 관습의 국가별 차이 존재 – 각국별 시장구조의 차이 – 소비자 기호의 세분화 추세

자료 : 어윤대 외(2001).

이 부각되는 계기가 되었고 국가단위의 시장만으로는 신기술에 의한 규모의 경제를 활용하기 어려웠다. 즉, 대규모 생산설비에 의한 규모의 경제효과를 극대화

김치찌개 지수

재외동포신문이 전 세계 32개국 도시를 대상으로 조사한 김치찌개 가격을 토대로 산정한 김치찌개 지수를 발표하여 화제가 되고 있다. 스위스 제네바의 한인식당에서 판매되는 김치찌개가 1인분에 21유로(3만 1,000원)로 가장 비쌌고, 파리, 암스테르담 등 유럽의 도시들은 15유로(2만 2,000원) 선으로 나타났다. 미국은 워싱턴이 13달러(1만 5,000원)로 가장 높았으나 대체로 10달러 선을 유지하였고 중국 장춘이 15위안(2,000원)으로 가장 낮은 가격을 보였다. 이처럼 가격이 큰 차이를 보이는 데는 여러 가지 요인이 있으나 한국음식에는 사용되는 양념의 가짓수가 많으므로 이를 각각 구매할 경우 식재료의 원가가 높아지는 데에서도 그 원인을 찾을 수 있다.

자료 : 외식 경제논문(2004년 12월).

하기 위해서는 주변시장을 통합해야 할 경제적 필요가 대두되었다. 정보통신기술과 더불어 교통수단의 발전은 국제물류비용을 혁신적으로 감소시켜 세계화를 촉진하였다.

세계화를 촉진하는 또 다른 요인은 기술혁신의 결과로 나타나는 규모의 경제를 감당할 수 있게 해주는 부수적인 환경변화 즉, 전 세계 소비자의 욕구가 점점 동질화되고, 각 나라의 인위적이고 물리적인 무역장벽의 붕괴라 할 수 있다.

또한 냉전체제의 붕괴와 경제활동에 대한 국가(정부) 통제권의 약화도 세계화를 촉진하는 요인이 되었다. 즉, 러시아를 비롯한 동유럽 국가들이 대부분 시장경제를 채택하면서 기업들에 대한 진입장벽이 소멸되고 생산요소의 이동도 자유롭게 되었다. 1960년대 이후 대외지향적 성장전략을 채택했던 국가들의 고도성장은 개발도상국들의 세계화를 자극하였다.

세계화는 기업들의 필요에 의해서 발생한 사회·경제적 현상이라고 볼 수 있다. 즉, 대부분의 기업들은 존재 이유와 직결되는 생존과 성장을 위해서 세계화를 선택하고 있다.

2. 다국적 외식기업

1) 다국적기업의 정의 및 진출배경

다국적기업(multi-national corporation : MNC)은 세계시장을 대상으로 생산 및 판매활동을 하며 안정성과 수익증대를 이룩하기 위해 세계화를 다각적으로 추진하고 있다. 다국적기업들은 자국의 경기가 침체되거나 장기간 저성장이 지속되면 성장목표를 달성하기 위해 해외시장으로 눈길을 돌려왔다. 1997년 다국적기업의 부가가치생산은 세계총생산의 25%에 달하였으며, 다국적기업의 활동은 세계 전체의 경제활동 증가속도보다 훨씬 빠르게 나타나고 있다.

다국적기업은 일반적으로 2개 이상의 국가에 현지법인을 보유하고 있는 기업을 말한다. UN통계에 의하면 전 세계적으로 약 3만 5,000여 개의 다국적기업이 세계 각지에 약 17만여 개의 자회사를 거느리고 있으며 세계 100대 다국적기업은 전체 해외자산의 약 40~50%를 차지하고 있다. 거대한 다국적기업은 전체매출의 98%를 해외에서 벌어들이고 있고 전체 직원의 97%가 해외법인에서 종사하는 사람들이며 초국적기업(transnational corporation)이라고도 한다. 이러한 기업들이 점점 늘어나고 있는 것은 기업들이 국가라는 경계를 뛰어넘어 전세계 시장을 무대로 경제활동을 수행하고 있음을 의미한다.

다국적 외식기업이 해외시장으로 진출하는 동기는 다음과 같다. 첫째, 외식기업의 성장을 지속하기 위한 새로운 시장의 확보이다. 성장을 최우선 과제로 하는 외식기업은 현재의 국내시장 확대, 표적시장에 맞는 새로운 상품의 창출, 해외의 새로운 시장 개척등을 추구한다. 세계 최대의 외식기업인 맥도날드(McDonald' s)는 해외시장 개척을 통하여 기업의 성장잠재력을 극대화하였다(표 13-2). 둘째, 사업의 다각화이다. 즉, 높은 매출신장이 예견되는 새로운 지역의 개발을 통해 수익성을 향상시키는 것이다. 이는 해외진출국가의 경제상태가 호황일 경우 매출기회를 최대화함으로써 불황지역의 매출부진을 완화하려는 노력의 일환이다. 이와 같이 다국적 외식기업들은 전략적으로 영업활동을 분산시

표 13-2 맥도날드의 6년간 영업 및 매출 현황

(단위 : $백만, 개)

구분	2009	2008	2007	2006	2005	2004
총 매출액	22,745	23,522	22,787	20,895	19,117	17,889
직영점매출	15,459	16,561	16,611	15,402	14,018	13,055
프랜차이즈매출	7,286	6,961	6,176	5,493	5,099	4,834
영업이익	6,841	6,443	3,879	4,433	3,984	3,554
총 영업장 수	32,478	31,967	31,377	31,046	30,766	30,395
직영점	6,262	6,502	6,906	8,166	8,173	8,179
프랜차이즈	26,216	25,465	24,471	22,880	22,593	22,317
지역분포	미국	유럽	아중아	기타	합계	
2009년 말 기준	13,980	6,785	8,488	3,225	32,478	

주 : 아중아 – 아시아, 태평양, 중동아프리카

자료 : 2009 McDonald' s Annual Report.

킴으로써 투자위험을 줄일 수 있는 사업 포트폴리오(business portfolio)를 구축할 수 있다. 셋째, 외식산업의 사업주기(business cycle)가 서로 다른 국가로 진출함으로써 얻을 수 있는 위험 분산 효과이다. 그 예로서, 미국의 외식산업이 성장기를 지나 포화상태에 이르자 미국의 외식기업들은 해외시장 진출이라는 전략을 채택하였다. 마지막으로, 외식기업의 브랜드 인지도(brand recognition)를 전 세계적으로 최대화하기 위한 것이다.

다국적 외식기업의 경영자들은 특정 국가에 대한 투자를 결정하기 전에 다음과 같은 요인들을 철저히 분석해야 한다.

첫째, 정치적 요인들로 자본의 본국 송출 제한, 이익과 정기납입경비(royalty)에 대한 제한, 자본유치 국가들의 불공정한 세금체제 전환에 대한 제한, 가격 통제, 정치적 불확실성과 불안정, 제한적인 노동법과 특허관계법 등이다.

둘째, 해외진출국가의 경제상황도 중요한 요인이며 국내총생산(GDP)과 사회기반시설, 해외진출국가의 중산층 규모 가처분 소득 등이 해당된다.

셋째, 사회문화적 요인인 해외진출 국가의 인구통계학적 특성, 언어, 문화, 가치, 생활양식을 고려해야 하며, 다국적기업들은 반드시 지역적 관습과 문화를 반영할 수 있도록 메뉴를 수정 · 보완해야 한다. 1973년 KFC가 처음 홍콩에 진출했을 때 홍콩고객들의 욕구를 파악하지 못해 실패하였으나, 1985년 재진출하였을 때 서양식의 닭고기 대신 아시아식 양념을 가미한 닭고기를 제공하는 새로운 접근방법을 시도하여 크게 성공하였다. 맥도날드(McDonald' s)의 경우도 1996년 인도에 첫 번째 점포를 개업했을 때 종교적 믿음이 강한 인도 고객들의 욕구를 충족시키기 위해 양고기 햄버거를 개발하였다.

넷째, 다국적 외식기업은 경쟁 외식기업을 파악하고 철저하게 분석하여 적절한 전략을 선택해야 한다. 다국적 외식기업이 해외시장에 진출하면 해당국가의 자국기업 및 타 다국적 기업들과 경쟁하게 된다. 자국기업은 그 지역의 고객들을 정확히 이해하고 있는 반면에 다국적 기업은 세계적인 명성, 마케팅 유통경로, 경영의 노하우 및 재무상황 등의 우세함을 이용할 수 있다.

다섯째, 교통수단의 발전으로 원재료의 이동은 물론이고 국 · 내외 간의 인구이동이 용이해졌지만 일부 국가에서는 자유로운 수출 · 수입에 장애가 있다. 최근 외식기업들은 식재료를 확보하기 위한 전략을 개발하였으며맥도날드(McDonald' s)는 미국에서 프랑스로 감자를 운송하는 대신 이스라엘에 감자밭을 개간하는 것에 대한 타당성을 조사하는 데 이러한 전략은 원재료의 운송료 절감뿐만 아니라 해당국가에 새로운 고용창출의 기회를 제공할 수 있다.

마지막으로, 다국적 기업의 재무, 마케팅, 인사, 운영 등의 관리와 연구 및 개발 기능은 새로운 해외시장에 쉽게 적용되지 않는다. 또한 해외진출국가의 법률, 규칙, 정책 등도 외식기업 경영진에게 어려운 과제이다. 그러므로, 다국적기업은 기업의 능력을 향상시키기 위해 해외진출국가의 파트너로서의 협조가 필요하고, 파트너들은 지역금융, 노동시장 및 목표시장에의 접근 등에 도움을 줄 수 있다.

표 13-3 세계 15대 다국적 외식기업의 매출액 및 점포 수

체인명	해외매출액(천$)	총매출액대비(%)	해외점포 수	총점포수대비(%)	해외진출국가 수
McDonald' s	16,513,000	49.09	10,752	46.48	115
KFC	4,330,000	51.98	5,117	49.99	73
Pizza Hut	2,525,000	34.95	3,836	30.60	83
Burger King	2,042,410	20.62	2,060	21.46	55
Tim Hortons	749,901	97.14	1,499	94.99	NA
Domino' s Pizza	680,000	21.51	1,521	25.55	60
Wendy' s	625,000	11.95	632	12.14	30
Baskin-Robbins	500,000	46.70	1,927	41.85	NA
Subway	500,000	14.71	1,851	14.22	64
Hard Rock Cafe	425,000	61.15	55	64.71	30
Dairy Queen	370,000	12.11	733	12.63	25
Coco' s	333,000	53.28	298	60.45	NA
Dunkin' Donuts	286,136	13.97	1,386	28.74	37
YogenFrz/Papa-duse/Java	281,000	98.25	1,300	99.24	NA
Planet Hollywood	267,000	47.51	33	50.77	NA

자료 : Olsen & Choi(1999).

2) 다국적 외식기업의 현황

전 세계적으로 외식산업에서는 1980년대 이후 세계화가 중요한 이슈가 되었다. 미국, 서유럽 및 아시아의 많은 다국적 외식기업들은 새로운 성장기회를 찾기 위해 활동범위를 전 세계 시장으로 확대하게 되었다. 많은 외식기업들이 2개 또는 3개 이상의 국가로 진출하였고 일부 외식기업들은 100여 개 이상의 국가에 진출하여 다국적 기업이 되었다. 특히 1990년대 중반 이후부터 이루어지고 있는 기업 인수합병(merger & acquisition : M & A)의 영향에 의해 세계 외식산업도 다른 산업과 같이 거대한 기업들에 의해 통합(consolidation)되었다. 현재 세계 외식산업은 맥도날드(McDonald' s), 버거킹(Burger King), YUM! Brands(KFC, Pizza Hut, Taco Bell 등), 아웃백스테이크 하우스(Outbacksteak House), 스타벅스(Starbucks) 등의 거대한 다국적 외식기업에 의해 주도되고 있다.

현재 150여 개의 미국 외식기업들이 해외시장에 진출해 있고 1995년에 상위 50개 기업들이 전 세계적으로 26,000여 개의 점포를 보유하고 있으며 총매출액은 약 270억 달러에 육박하고 있다. 이들 기업들이 활동하는 주요 해외시장으로는 캐나다, 유럽, 아시아, 남아메리카 및 중동지역이다.

다국적 외식기업

세계적인 다국적 외식기업인 Yum! Brands, Inc는 아래와 같은 세계적 유명 브랜드들을 보유하고 있다.

3) 다국적 외식기업의 유형

광의의 다국적 외식기업에는 초국적 기업(transnational corporation), 글로벌 기업(global corporation), 다국적 기업(multinational corporation) 등의 세 가지 유형이 있다.

초국적 기업은 전 세계를 사업영역으로 하여 영업활동을 전개하며 각 지역의 점포 본부는 해당 지역시장의 욕구에 부합하는 고유한 영업전략을 수립할 수 있는 권리를 부여받는다. 글로벌 기업은 전세계를 단일시장으로 간주하여 세계 각 국가에서 표준화된 동일한 영업전략을 운용하고 있다. 다국적 기업은 국내에서의 사업경험을 해외시장으로 확대하는 것이다. 즉, 특정 분야에서 성공한 영업전략

표 13-4 초국적 기업, 글로벌기업, 다국적 기업의 사업과제 및 대응방안

	초국적 기업	글로벌기업	다국적 기업
사업과제	• 전 세계를 상대로 현지의 지역적 특색을 감안하여 영업 • 전 세계 자원으로 지역시장 확대 • 본사와 해외점포의 상호 학습과 공유된 목표를 최대화	• 전 세계를 상대로 영업을 하며, 표준화된 동일한 품질의 상품을 판매 • 전 세계 자원으로 전세계 시장의 규모 확대 노력 • 국내영업전략으로 전세계시장으로 진출	• 국내시장을 전 세계로 확대 • 국내자원으로 세계시장 규모 확대
조직적 대응	• 세계화전략/현지 영업 • 다시장 개발 및 독립생산	• 세계화전략/중앙집권식 영업 • 저비용 생산 및 표준화된 품질기준 개발	• 국제시장에서의 기업 구축 • 국제적인 마케팅 및 자원 활용 전략의 개발 • 국내전략을 국제시장에서활용
교육 프로그램	• 인적자원의 혁신능력개발 • 기업의 비전, 사명 및 전략에 집중 • 전사적인 권한 위임	• 총체적인 영업효과의 향상 • 일관성과 기술개발에 집중	• 효율 향상 및 성장 추구 • 국내시장과 동시에 국제시장 확대에 집중 • 국제영업을 국내조직처럼 지원
예	피자헛(Pizza Hut), 맥도날드(McDonald' s)	스타벅스(Starbucks), 코카콜라(Coca-Cola)	외국에 진출한 국내 외식기업들

에 대한 아이디어를 진출한 나라에 새로운 외식사업의 형태로 제공하는 것이다.

다국적 외식기업은 유형에 따라 각기 다른 사업과제, 조직적 대응, 교육프로그램을 보유하고 있다(표 13-4).

초국적기업은 중앙본부 혹은 지역본부가 모든 문제에 대한 해법을 알지 못하므로 각 국가마다 관리자 및 종업원들이 거래처 및 정부기관과의 강구해야 하며, 지역적 특성에 의해 유래되는 측면을 중시해야 한다.

글로벌기업의 사업과제는 획일성 및 규모의 관점에서 유래되며 전세계를 시장으로 간주하고 가능한 많은 소비자들이 선호할 수 있는 단일상품을 개발한다. 글로벌기업들은 상품 및 기업철학에서 글로벌 스탠더드(global standard)의 달성을 강조하며, 의사결정은 중앙본부에서 주로 행하고 교육훈련을 통해 전체 기업조직이 동일한 방식으로 운영 · 지원할 수 있도록 설계되었다.

다국적 기업의 과제는 주로 시장침투문제와 관련되어 있으며, 국내에서 사용했던 전략을 국제시장에 응용함에 있어 파생되는 문제에 대한 대체방안을 강구해야 한다. 외국인 근로자들을 내국인 근로자만큼 능숙하게 육성할 수 있도록 인적자원을 개발해야 한다.

3. 다국적 외식기업의 세계화전략

1) 다국적 외식기업의 세계화전략의 이해

다국적 외식기업들은 비용을 절감하기 위해 일정 지역에 생산시설을 집중하고 규모의 경제를 이룩하여 대량생산을 통한 가격경쟁력을 갖춘 상품을 전세계 시장에 판매하고자 한다. 이를 위해서 낮은 비용으로 상품을 생산할 수 있는 입지를 확보해야 하고, 규모의 경제를 이용하기 위해서는 전세계 고객들의 욕구를 만족시키는 표준화된 음식 및 서비스를 제공해야 한다.

한편 다국적기업은 각국의 상이한 지역적 · 문화적 특성을 고려하여 차별화된 상품을 생산해야 한다. 그리고 생산시설을 여러 지역으로 분산하여 건설함으로써 환율변동에 효과적으로 대응하고 각국의 보호무역장벽에 대비해야 한다.

다국적기업이 글로벌 스탠더드를 달성하려면 세 가지 측면을 고려해야 한다. 첫째, 수익성(profitability)이다. 아무리 좋은 아이디어 혹은 상품일지라도 수익성이 없으면 기업의 발전에 도움이 되지 않는다. 둘째, 투명성(transparency)이다. 기업의 모든 정보는 투명하게 수집 · 제작되고 세계 각지에서 이용될 수 있어야 한다. 셋째, 다양성(diversity)이다. 글로벌 스탠더드는 세계 모든 지역의 고유한 특성과 쉽게 융화되어야 한다.

(1) 세계화와 지역화

다국적기업들은 세계화와 지역화의 측면을 동시에 고려해야 하는데(그림 13-1), Prahalad와 Doz는 세계화 및 지역화에 대한 갈등을 다국적기업들이 보유하고 있는 근본적인 상충된 면이라고 하였다. 맥도날드(McDonald' s)의 경우는 세계화와 지역화를 균형적으로 조화하여 세계시장 진출에 성공한 대표적인 사례이다.

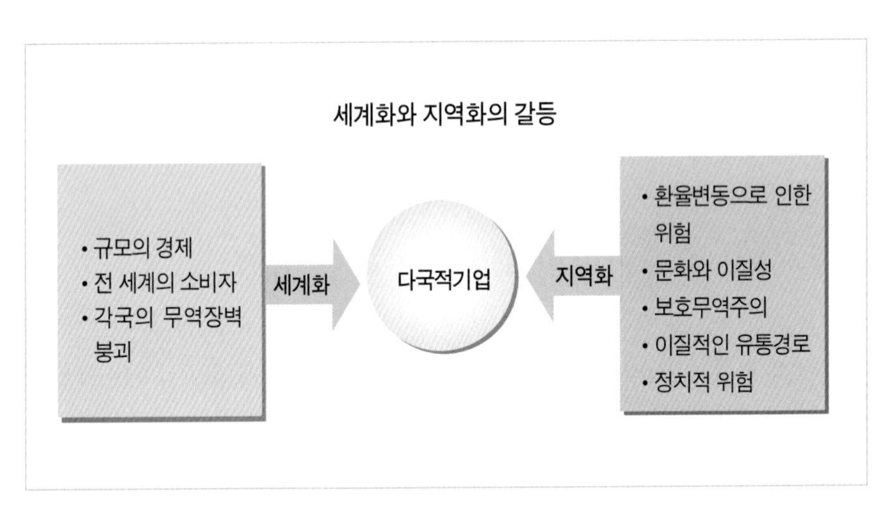

그림 13-1 세계화와 지역화

자료 : 장세진(1999).

「맥도날드」의 세계화전략

「맥도날드」는 초국적기업의 대표적 기업으로 외국에 진출하면 현지인의 입맛에 맞는 신상품을 개발하는 전략을 시도했다. 쇠고기를 먹지 않는 인도에서는 채소 햄버거를 개발하고, 노르웨이에서는 북해산 연어를 사용하여 연어샌드위치를 개발하였다. 또한 맥주의 나라 독일에서는 세계 최초로 매장 내에서 고객에게 맥주를 판매하기 시작했다. 1988년 처음 우리나라에 진출한 한국 「맥도날드」를 불고기버거, 김치버거 등의 상품들과 함께 한국적 이미지를 담은 기업광고 및 홍보를 통해 현지화에 대한 노력을 다하고 있다.

(2) 세계화전략의 고려사항

다국적 외식기업들의 세계화전략은 다음과 같은 요인을 고려해야 한다.

첫째, 외식기업이 보유하고 있는 경영자원이 해외국가로 이전 가능한가의 여부를 고려한다. 즉, 기업이 보유한 유형 및 무형의 경영자원을 해외시장에서 어떻게 활용해야 할 것인가를 심사숙고해야 한다.

둘째, 외식기업의 입지선정을 심각히 고려해야 한다. 세계화전략을 수립 할 때는 생산활동을 다단계로 구분하여 각 생산활동 분야별로 가장 적합한 국가를 구분하여 배치하는 것이 필요하다.

셋째, 세계화전략을 고려하고 있는 기업은 생산활동의 배치와 관련하여 구체적인 진입시장의 선택이 중요하다. 즉, 기업의 핵심역량을 통한 경쟁력 확보의 가능여부를 중심으로 진입시장을 선택해야 한다.

넷째, 해외진출 국가에 어떠한 방법(mode)으로 진입할 인가를 선택해야 한다. 해외시장 진입방법은 각국의 고유한 경영환경과 외식기업 본사의 전략적 필요성에 따라 다양하게 선택할 수 있다.

다섯째, 세계시장으로 진출한 후 전 세계에 존재하는 수많은 자회사를 어떻게 효과적으로 통제할 것인가를 결정해야 한다.

2) 다국적 외식기업의 해외시장 진입방법

다국적 외식기업들의 해외시장 진입방법(entry mode)에는 프랜차이징(franchising), 전략적 제휴(strategic alliances), 합작투자(joint ventures), 전액투자 자회사(wholly owned subsidiaries), 장기 리스(long-term leasing), 인수 및 합병(mergers & acquisitions) 등이 있다. 이러한 진입방법들은 외식기업 경영자에 의해 선택되어지고, 정치적 및 경제적 요인, 자기자본의 투자수준 등이 고려된다.

프랜차이징은 낮은 수준의 통제와 자원투자를 요구하고, 합작투자는 전략적 제휴와 다양한 형태의 통제와 자원투자를 해야하며, 전액투자 자회사와 장기리스는 비교적 높은 수준의 통제와 자원투자를 필요로 한다.

프랜차이징은 해외시장 확장 시에 가장 선호되는 진입방법으로 1950년에 미국의 Tastee-Freez International이 패스트푸드와 아이스크림의 해외영업을 위해 도입한 이래 현재까지도 다국적 외식기업들이 해외시장으로 사업확장을 하기 위한 가장 중요한 방법으로 활용되어지고 있다. 다국적 기업들이 프랜차이징 시스템을 사용하는 것은 적은 자본투자, 신속한 성장과 확장, 부가적인 매출과 이익, 시장점유율 향상의 잠재력 등 때문이다.

다국적 기업은 일부 지역 혹은 권역에서의 프랜차이즈 사업을 개발하기 위해 해당국가의 기업들과 마스터 프랜차이징(mas ter franchising) 협약을 체결하였는데, 이 방법은 신속한 성장과 프랜차이즈 개념의 확산에 많은 도움을 제공하였다. 그러나 마스터 프랜차이징은 품질저하 혹은 프랜차이저(franchisor)와 프랜차이지 간의 충돌 위험 등의 단점이 있다.

다국적 외식기업은 전 세계에서 경쟁하기 위해 전략적 제휴를 사용하기도 한다. 성공적인 전략적 제휴는 시장 확대, 규모 및 범위의 경제, 브랜드의 인지도 증가, 상호마케팅 등과 같은 혜택을 공유하며, 자본투자의 최소화와 상호 강점 및 약점을 보완할 수 있다.

미국의 다국적 기업들은 케이에프씨(KFC)와 맥도날드(McDonald' s)는 가 1970년대에 홍콩시장에 진출했을 때 프랜차이징 대신에 합작투자를 하였다.

합작투자에서는 다국적 기업이 부분적으로 자본을 투자하여 지역 파트너들과 합작기업을 설립한다. 투자되는 자본의 금액은 재무적 공헌, 인력 및기술공급 등에 따라 계약마다 다양하며 자본이 충분한 기업들이 이 방법을 활용하고 있다.

전액투자한 자회사를 통한 진출방법은 다국적 기업이 해외진출 국가의 외식기업에 직접 투자를 하고 모든 재무자원, 인력 및 기술을 제공한다. 이 방법을 사용한 외식기업들은 자회사에 직접 경영권을 행사하므로 전체 소유권의 확보와 자회사에 대한 강력한 통제권의 행사 등의 장점이 있다.

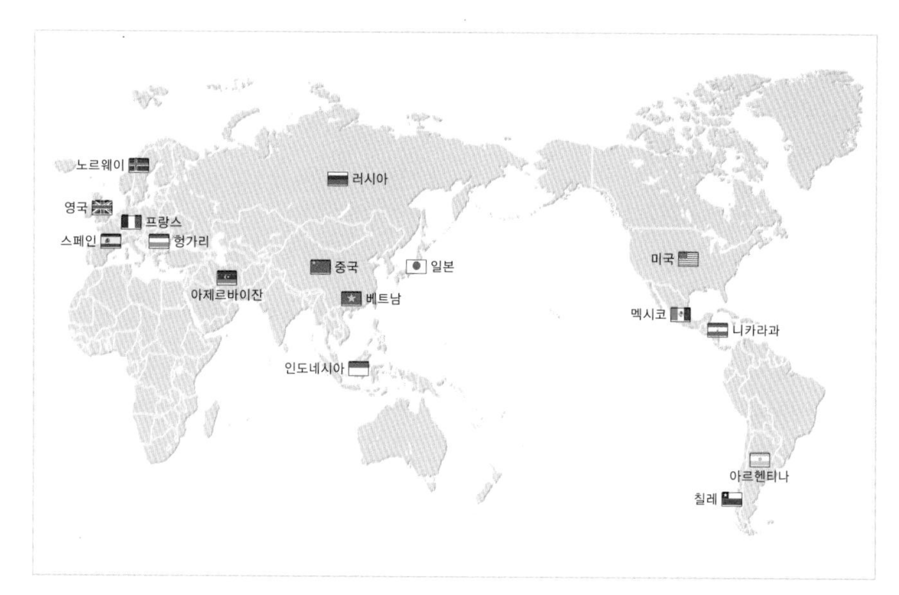

그림 13-2

국내 외식기업의 세계시장 진출 현황

자료 : 한식재단 홈페이지.

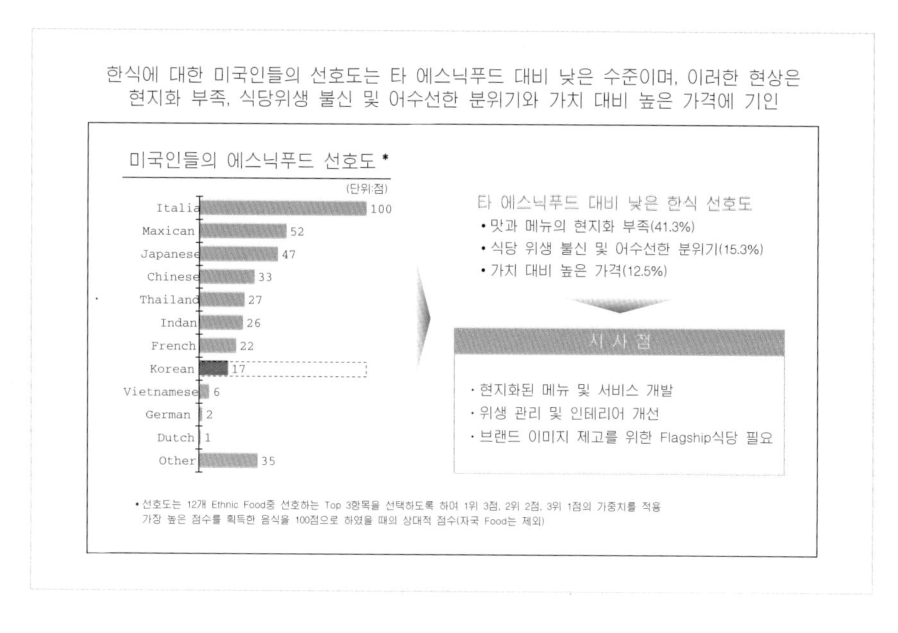

그림 13-3

한식의 문제점과 도전과제

자료 : 한식재단 홈페이지.

참고문헌

김경환(1999). 호텔 · 레스토랑산업의 경영전략. 백산출판사.

민동원외(2003). 한국음식의 상품화 · 국제화 전략 연구보고서. 삼성경제연구소.

박번순 · 전영재(2001). 세계화와 지역화 연구보고서. 심성경제연구소.

신동욱 역(2003). 렉서스와 올리브나무. 창해.

어윤대외(2001). 국제경영. 학현사.

장세진(2009). 글로벌경영. 박영사.

한국외식경영학회(2004). 제1회 외식 · 조리 · 호텔 식음료 국제학술대회 심포지움 자료집

Gee, C. Y.(1994). *International Hotels: Development and Management*. Educational Institute: AH&MA.

Hotel $ Restaurant. 2003년 8월호.

Olsen, M. D. *et al.*(1999). *The Restaurant Revolution: Growth, Change and Strategy*. IH&RA.

World Tourism Organization(1985). *The Role of Transnational Tourism Enterprises in the Development of Tourism*.

찾아보기

ㄱ

ㄴ

ㅂ

ㅅ

ㅈ

ㅊ

ㅋ

ㅌ

ㅍ

ㅎ

A~Z

저자 소개

한경수

연세대학교 이학박사 급식경영전공

현재 경기대학교 관광대학 외식조리학과 교수
한국관광학회 호텔외식분과 수석 부회장
한국외식경영학회 재정 부회장
CHRIE(The International Council on Hotel Restaurant & Institution Education)
Faculty member
한국식생활문화학회 재무이사

저서 단체급식(2008), 레스토랑 운영 노하우(2010, 역), 레스토랑 원가관리 노하우(2010, 역),
레스토랑 마케팅 노하우(2010, 역), 레스토랑 창업 노하우(2010, 역),
한국외식산업연감(2006 · 2011, 편저)

채인숙

연세대학교 이학박사 급식경영전공

현재 제주대학교 자연과학대학 식품영양학과 교수
한국식생활문화학회 지부장
제주특별자치도 향토음식 육성위원회 위원
CHRIE(The International Council on Hotel Restaurant & Institution Education)
Faculty member

저서 식품과 조리과학(2004), 단체급식(2008)

김경환

미국 Florida International University(호텔경영학 석사)
미국 Virginia Tech(호텔경영학 박사)

현재 경기대학교 관광대학 호텔경영학과 교수

저서 호텔/레스토랑산업의 경영전략(1999. 역), 호텔/레스토랑 서비스(2000),
호텔경영학(2002), 호스피탈리티산업의 이해(2004)

개정판
외식경영학

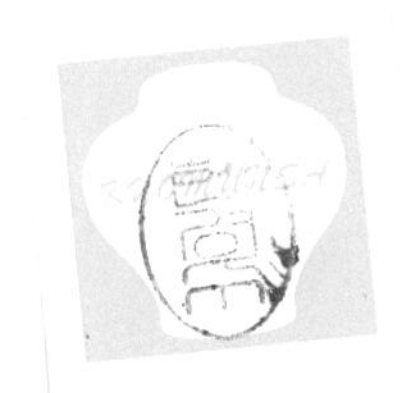

2005년 02월 28일 초판 발행
2011년 03월 10일 개정판 발행
2016년 09월 6일 개정판 4쇄 발행

지은이 한경수 · 채인숙 · 김경환
펴낸이 류제동
펴낸곳 **교문사**

책임편집 성혜진
본문디자인 다넷미디어
표지디자인 신나리
제작 김선형
영업 이진석 · 정용섭 · 진경민

인쇄 동화인쇄
제본 한진제본

주소 (10881) 경기도 파주시 문발로 116
전화 (031) 955-6111(代)
FAX (031) 955-0955
등록 1960. 10. 28 제406-2006-000035호
홈페이지 www.gyomoon.com
E-mail genie@gyomoon.com
ISBN 978-89-363-1134-6(93590)

값 24,000원